高职高专土建类“十四五”规划教材

建筑工程概论

JIANZHU GONGCHENG GAILUN

主　编　薛忠泉　杨　洁　陈　晨

副主编　阚张飞　侯　潇　黄伟彪　赵　朋　蒋凌锋

華中科技大學出版社
http://www.hustp.com
中国·武汉

内容简介

建筑工程概论是一门实践性很强的课程。因此，本书的基本内容依据高职高专的教学规律和教学特点，以适合职业岗位实际需要为宗旨，始终坚持以"素质为本、能力为主、需要为准"的原则，使学生了解建筑工程专业及初步了解建筑工程专业知识为目标来编写。本书力求内容实用、精练、重点突出，注重与建设工程现行设计、施工规范及标准紧密结合。本书共分8个学习情境，包括建筑工程概述、民用建筑构造、建筑制图与识图、建筑材料、建筑设计、高层建筑、单层厂房构造、建筑工程项目管理等。本书充分结合我国目前建筑工程施工的实际情况，力争理论联系实际，注重学生的实践能力培养，突出知识的针对性和实用性，以满足学生的学习需要。本书可作为建筑工程技术、工程造价、工程管理、给水排水、建筑设备工程、安全工程、物业管理、环境工程、房地产经营与管理等专业的教材，以及其他与建筑工程相关的非土木类专业的教学参考书。对书中内容进行适当取舍后，也可以作为相关专业的职业与培训教材。

图书在版编目(CIP)数据

建筑工程概论/薛忠泉，杨洁，陈晨主编. —武汉：华中科技大学出版社，2021.6
ISBN 978-7-5680-5551-2

Ⅰ.①建… Ⅱ.①薛… ②杨… ③陈… Ⅲ.①建筑工程－概论 Ⅳ.①TU

中国版本图书馆 CIP 数据核字(2021)第110704号

建筑工程概论
Jianzhu Gongcheng Gailun

薛忠泉 杨 洁 陈 晨 主编

策划编辑：康 序
责任编辑：李曜男
责任监印：朱 玢
出版发行：华中科技大学出版社(中国·武汉) 电话：(027)81321913
武汉市东湖新技术开发区华工科技园 邮编：430223
录 排：武汉三月禾文化传播有限公司
印 刷：武汉开心印印刷有限公司
开 本：787mm×1092mm 1/16
印 张：14.25
字 数：374千字
版 次：2021年6月第1版第1次印刷
定 价：45.00元

前言

建筑工程概论是土木工程、工程管理专业重要的基础课。2010 年以后，我国土木工程领域相继实施《混凝土结构设计规范》(GB 50010—2010)(2015 年局部修订)、《建筑抗震设计规范》(GB 50011—2010)(2016 年版)、《混凝土结构工程施工质量验收规范》(GB 50204—2015)等新规范。为了尽快适应新规范的要求，我们根据土建类专业指导性教学计划及教学大纲组织编写了本书，对施工技术的内容进行了调整。考虑到高校的专业建设和课程内容体系改革，也为了读者学习方便，本书更新了建筑施工技术方面的内容。

本书共分 8 个学习情境，包括建筑工程概述、民用建筑构造、建筑制图与识图、建筑材料、建筑设计、高层建筑、单层厂房构造、建筑工程项目管理。本书充分结合我国目前建筑工程施工的实际情况，力争理论联系实际，注重学生的实践能力培养，突出知识的针对性和实用性，以满足学生的学习需要。本书可作为建筑工程技术、工程造价、工程管理、给水排水、建筑设备工程、安全工程、物业管理、环境工程、房地产经营与管理等专业的教材，以及其他与建筑工程相关的非土木类专业的教学参考书。

本书由辽宁省交通高等专科学校薛忠泉、湖北轻工职业技术学院杨洁、南京科技职业学院陈晨担任主编，由扬州中瑞酒店职业学院阚张飞、南京科技职业学院侯潇、广东建设职业技术学院黄伟彪、天津渤海职业技术学院赵朋、甘肃能源化工职业学院蒋凌锋担任副主编，最后由薛忠泉审核并统稿。

为了方便教学，本书还配有电子课件等教学资源包，读者可以登录“我们爱读书”网(www.ibook4us.com)浏览，任课教师可以发邮件至 husttujian@163.com 索取。

本书大量引用了有关专业文献和资料，未能在书中一一注明出处，在此对有关文献的作者表示感谢。由于编者水平有限，加之时间仓促，本书难免存在错误和不足之处，诚恳地希望读者批评指正。

编 者

2020 年 3 月

目录

学习情境 1

建筑工程概述

学习目标

了解建筑的基本构成要素，了解建筑工程的概念及其基本属性，熟悉工程建设的程序，掌握建筑的分类与分级，掌握建筑标准化和建筑模数协调的意义。

任务 1 建筑及建筑工程的概念

一、建筑的概念

建筑一词的英文为 architecture，来自拉丁语 architectura，建筑学可理解为关于建筑物的技术和艺术的系统知识。汉语“建筑”是一个多义词，它既可以表示建筑工程或土木工程的营造活动，又可表示这种活动的成果。中国古代把建造房屋及其相关的土木工程活动统称“营建”“营造”，而建筑一词则是从日本引入的。有时，建筑也泛指某种抽象的概念，例如罗马建筑、拜占庭式建筑、哥特式建筑、明清建筑、现代建筑等。

建筑是一种人为的环境，它的产生和发展与社会的生产方式、思想意识、民族的文化传统、风俗习惯等密切相关，又受地理气候等自然条件制约。自有人类以来，为了满足生产、生活的需要，从构木为巢、掘土为穴的原始操作开始，到今天能建造摩天大厦、万米长桥，以至移山填海的宏伟工程，经历了漫长的发展过程。

建筑的形成主要涉及建筑学、结构学、给水排水、供暖通风、空调技术、电气、消防、自动控制、建筑声学、建筑热工学、建筑材料、建筑施工技术等方面的知识和技术。同时，建筑也受到政治制度、自然条件、经济基础、社会需要以及人工技巧等因素影响。建筑在一定程度上反映了某个时期的建筑风格与艺术，也反映了当时的社会活动和工程技术水平。因此，建筑是一门集社会、工程技术和文化艺术于一体的综合性学科，是一个时代物质文明、精神文明和政治文明的产物。

二、建筑的基本构成要素

构成建筑的基本要素是指不同历史条件下的建筑功能、建筑的物质技术条件和建筑形象。

1. 建筑功能

建筑功能一是满足人体尺度和人体活动所需的空间尺度，即人是建筑空间活动的主体。人体的各种活动尺度与建筑空间有十分密切的关系。二是满足人的生理要求，即要求建筑应具有良好的朝向、保温、防潮、隔声、防水、采光和通风的性能，为人们创造出舒适的卫生环境。三是满足不同建筑的使用特点要求，即不同性质的建筑物在使用上又有不同的特点。

满足建筑功能要求是建筑的主要目的，体现了建筑的实用性，在构成的要素中起主导作用。

2. 建筑的物质技术条件

建筑的物质技术条件是建造建筑物的手段，一般包括建筑材料、土地、制品、构配件技术、结构技术、施工技术和设备技术(水、电、通风、空调、通信、消防、输送等设备技术)等。建筑的物质技术条件是建筑发展的重要因素。例如,建筑材料是构成建筑的物质基础,运用建筑材料,通过一定技术手段构建建筑骨架,形成建筑空间的实体。建筑技术和建筑设备对建筑的发展同样起到重要作用,例如,电梯和大型起重设备的利用促进了高层建筑的发展,计算机网络技术的应用产生了智能建筑,节能技术的出现产生了节能建筑等。

建筑不可能脱离建筑技术而存在,例如,在19世纪中叶以前的几千年间,建筑材料是以砖瓦木石为主,所以古代建筑的跨度和高度都受到限制,19世纪中叶到20世纪初,钢铁、水泥相继出现,为大力发展高层和大跨度建筑创造了物质条件,可以说高度发展的建筑技术是现代建筑的一个重要标志。

3. 建筑形象

建筑除满足人们的使用要求外,又以它不同的空间组合、建筑造型、立面形式、细部与重点处理、材料的色彩和质感、光影和装饰处理等,构成一定的建筑形象。建筑形象是建筑的功能和技术的综合反映。

不同时代的建筑有不同的建筑形象,如古代建筑与现代建筑的形象就不一样。不同民族、不同地域的建筑也会产生不同的建筑形象,如汉族和少数民族、南方和北方都会形成本民族、本地区各自的建筑形象。

上述三个基本构成要素中,建筑功能是主导因素,它对建筑的物质技术条件和建筑形象起决定作用;物质技术条件是实现建筑功能的手段,它对建筑功能起制约或促进的作用;建筑形象则是建筑功能、建筑的物质技术条件和建筑艺术的综合表现。在优秀的建筑作品中,这三者是辩证统一的。

三、建筑工程的概念及其基本属性

1. 建筑工程的概念

建筑工程是指为新建、改建或扩建房屋建筑物和附属构筑物设施所进行的规划、勘察、设计、施工和竣工等各项技术工作和完成的工程实体,是指各种房屋、建筑物的建造工程,又称建筑工作量。这部分投资额必须兴工动料,通过施工活动才能实现。

2. 建筑工程的基本属性

建筑工程是土木工程学科的重要分支,从广义上讲,建筑工程和土木工程应属同一意义上的概念。因此,建筑工程的基本属性与土木工程的基本属性大体一致。

1)综合性

一项建筑工程项目的建设一般都要经过勘察、设计和施工等阶段。每一个阶段的实施过程都需要运用工程地质勘探、工程测量、土力学、建筑力学、建筑结构、工程设计、建筑材料、建筑设备、建筑经济等学科以及施工技术、施工组织等不同领域的知识。所以,建筑工程具有综合性。

2）社会性

建筑工程是伴随着人类社会的发展而发展起来的。所建造的工程设施反映出各个历史时期社会经济、文化、科学、技术发展的面貌，因而建筑工程也就成为社会历史发展的见证之一。

3）实践性

建筑工程涉及的领域非常广泛，因此，影响建筑工程的因素必然众多且复杂，使建筑工程对实践的依赖性很强。

4）技术上、经济上和建筑艺术上的统一性

建筑工程是为人类需要服务的，所以它必然是集一定历史时期社会经济、技术和文化艺术于一体的产物，是技术、经济和艺术统一的结果。

任务 2 工程建设程序

一、工程建设程序概述

工程建设程序是在认识工程建设客观规律的基础上总结出来的，是工程建设全过程中各项工作都必须遵循的先后顺序，也是工程建设各个环节相互衔接的顺序。

建筑工程作为一个国家的工业、农业、文教卫生、科技和经济发展的基础和外部表现，属于基本建设。建筑工程涉及的面广，内外协作配合环节多，关系错综复杂，因此，一幢建筑物或者房屋的建造从开始拟订计划到建成投入使用必须按照一定的程序才能有条不紊地完成。

建筑工程的建设程序一般包括以下几个方面的内容。

1. 工程建设前期工作阶段

1）立项和报建

立项和报建是建筑工程项目建设程序的第一步，其主要内容是建设单位（或业主）对拟建项目的目的、必要性、依据、建设设想、建设条件以及可能进行初步分析，对投资估算和资金筹措、项目的进度安排、经济效益和社会效益进行估价并将上述内容以书面的形式（项目建议书）报请上级主管部门批准后兴建。

2）可行性研究

上级主管部门对拟建的工程项目批准立项之后，即可着手进行可行性研究，建设单位（或业主）组织有关人员或委托有关咨询机构在决策之前，通过调查、试验、研究、分析与项目有关的工程、技术、经济等方面的条件和情况，对建设项目可能的多个方案进行比较，同时对项目建成后的经济效益进行预测和评价。可行性研究为建设项目投资提供决策依据，也为项目设计、申请开工建设、项目评估、科学研究、设备制造等提供依据。

3）编制设计任务书

在建设项目和可行性报告获得批准后，由建设单位（或业主）组织编写工程地质勘察设计任务书。

4）选址

按照建设布局需要和经济合理、节约用地的原则，考虑环境保护等方面的要求，调查原材料、能源、交通、地质水文等建设条件，在综合研究和进行多方案比较的基础上，提出选址报告，得到城市规划部门和上级主管部门批准后，才能最后确定建设地点。

5）编制设计文件

在建设项目和可行性报告获得批准后，由建设单位（或业主）组织编写设计任务书，并以此设计任务书为标准，通过招标的方式选择设计单位。中标的设计单位按照设计任务书的要求编写设计文件。

设计单位交付建设单位（或业主）的设计文件一般有全套的建筑、结构、给排水、供热制冷通风、电气等施工图纸以及必要的设计说明和计算书，工程概预算，协助建设单位编制的施工招标标底，主要结构、材料、半成品、建筑构配件品种和数量以及需用的设备等。

设计时，可分为方案设计、初步设计和施工图设计三个阶段，最终使设计结果都落实到施工图设计阶段中去。

2. 施工阶段

1）施工准备

（1）建设开工前的准备

建设开工前的准备主要内容包括征地、拆迁和场地平整；完成施工用水、电、路等工程；组织设备、材料订货；准备必要的施工图纸；组织招标投标（包括监理、施工、设备采购、设备安装等方面的招标投标）并择优选择施工单位，签订施工合同。

（2）项目开工审批

建设单位在工程建设项目可研批准、建设资金已经落实、各项准备工作就绪后，应当向当地建设行政主管部门或项目主管部门及其授权机构申请项目开工审批。

2）建设实施

（1）项目新开工建设时间

开工许可审批之后即进入项目建设施工阶段。开工之日按统计部门规定是指建设项目设计文件中规定的任何一项永久性工程（无论生产性或非生产性）第一次正式破土开槽、开始施工的日期。公路、水库等需要进行大量土、石方工程的，以开始进行土方、石方工程的日期作为正式开工日期。

（2）年度基本建设投资额

国家基本建设计划使用的投资额指标是以货币形式表现的基本建设工作，是反映一定时期内基本建设规模的综合性指标。年度基本建设投资额是建设项目当年实际完成的工作量，包括用当年资金完成的工作量和动用库存的材料、设备等内部资源完成的工作量；财务拨款是当年基本建设项目实际货币支出。投资额是以构成工程实体为准，财务拨款是以资金拨付为准。

(3) 生产或使用准备

生产准备是生产性施工项目投产前所要进行的一项重要工作,它是基本建设程序中的重要环节,是衔接基本建设和生产的桥梁,是建设阶段转入生产经营的必要条件。使用准备是非生产性施工项目正式投入运营使用前所要进行的工作。

3. 竣工投产阶段

1) 生产准备

生产准备是项目投产前由建设单位进行的一项重要工作,它是衔接建设和生产的桥梁,是建设阶段转入生产经营的必要条件。生产准备工作包括如下内容:

① 组织管理机构制定管理制度和有关规定。

② 招收并培训生产人员,组织生产人员参加设备的安装、调试和工程验收。

③ 签订原料、材料、协作产品、燃料、水、电等供应及运输的协议。

④ 进行工具、器具、备品备件等的制造或订货。

⑤ 其他必需的生产准备。

2)竣工验收和交付使用

竣工验收是工程项目建设程序中最后的环节,是全面考核工程项目建设成果、检验设计和施工质量、实施建设过程事后控制的重要步骤,同时,也是确认建设项目能否动用的关键步骤,所有建设项目在按照批准的设计文件建成所规定的内容后,都必须组织竣工验收。竣工验收时,施工企业应向建设单位提交竣工图(即按照实际施工做法修改的施工图)、隐蔽工程记录、竣工决算以及其他有关技术文件。另外,施工企业还要提出竣工后在一定时间(即缺陷责任期)内保修的保证。

竣工验收一般以建设单位为主,组织使用单位、施工企业、设计单位、勘察单位、监理企业和质量监督机构共同进行。竣工验收后都要评定工程质量的等级。验收合格后办理移交手续。

交付使用是工程项目实现建设的过程。在使用过程的法定保修期限内,一旦出现质量问题,应通知施工单位或安装单位进行维修,因质量问题造成的损失由承包单位负责。

4. 后评估阶段

建设项目后评估是工程项目竣工投产、生产运营一段时间后,再对项目的立项决策、设计施工、竣工投产、生产运营等全过程进行系统评价的一种技术经济活动。通过建设项目后评价达到肯定成绩、总结经验、研究问题、吸取教训、提出建议、改进工作、不断提高项目决策水平和投资效果的目的。我国目前开展的建设项目后评估一般都按三个层次组织实施,即项目单位的自我评价、项目所在行业的评价和各级发展计划部门(或主要投资方)的评价。

二、与工程建设相关的机构

根据我国现行法规,除政府的管理部门(行政管理、质量监督等部门)和建设单位(或业主)以及建筑材料、设备供应商外,在我国从事建筑工程活动的单位主要还有房地产开发企业、工程总承包企业、工程勘察设计单位、工程监理单位、建筑企业以及工程咨询服务单位等。

任务3 建筑物的分类与分级

一、建筑物的分类

1. 按使用功能分类

1) 民用建筑

民用建筑是指供人们居住、生活、工作和学习的房屋和场所,一般可分为居住建筑和公共建筑。居住建筑是供人们生活起居的建筑物,如住宅、公寓、宿舍等。公共建筑是供人们进行各项社会活动的建筑物,如办公、科教、文体、商业、医疗、邮电、广播、交通和其他建筑等。

2) 工业建筑

工业建筑是指供人们从事各类生产活动的建筑。工业建筑一般包括生产用建筑及辅助生产、动力、运输、仓储用建筑,如机械加工车间、机修车间、锅炉房、车库、仓库等。

3) 农业建筑

农业建筑是指供农业、牧业生产和加工用的建筑,如温室、畜禽饲养场、种子库等。

2. 按层数分类

1) 住宅建筑按层数分

① 1~3 层为低层建筑。

② 4~6 层为多层建筑。

③ 7~9 层为中高层建筑。

④ 10 层以上为高层建筑。

2) 公共建筑及综合性建筑按高度分

建筑物高度超过 24 m 者为高层建筑(不包括高度超过 24 m 的单层建筑),建筑物高度不超过 24 m 者为非高层建筑。

3) 超高层建筑

建筑物高度超过 100 m 时,不论住宅或公共建筑均为超高层建筑。

3. 按主要承重结构的材料分类

1）木结构建筑

木结构建筑是指用木材作为主要承重构件的建筑，是我国古建筑中广泛采用的结构形式。目前，这种形式已较少采用。

2）混合结构建筑

混合结构建筑是指用两种或两种以上材料作为主要承重构件的建筑，如用砖墙和木楼板的为砖木结构，用砖墙和钢筋混凝土楼板的为砖混结构，用钢筋混凝土墙、柱和钢屋架的为钢混结构。

3）钢筋混凝土结构建筑

钢筋混凝土结构建筑是指主要承重构件全部采用钢筋混凝土的建筑。这类结构广泛用于大、中型公共建筑，高层建筑和工业建筑。

4）钢结构建筑

钢结构建筑是指主要承重构件全部采用钢材的建筑。钢结构具有自重轻、强度高的特点，大型公共建筑和工业建筑、大跨度和高层建筑经常采用这种形式。

4. 按结构的承重方式分类

1）砌体结构建筑

砌体结构建筑是指用叠砌墙体承受楼板及屋顶传来的全部荷载的建筑。这种结构一般用于多层民用建筑。

2）框架结构建筑

框架结构建筑是指由钢筋混凝土或钢材制作的梁、板、柱形成的骨架来承受荷载的建筑，墙体只起围护和分隔作用。这种结构可用于多层和高层建筑中。

3）剪力墙结构建筑

剪力墙结构建筑是指由纵、横向钢筋混凝土墙组成的结构来承受荷载的建筑。这种结构多用于高层住宅、旅馆等。

4）空间结构建筑

空间结构建筑指横向跨越 30 m 以上空间的各类结构形式的建筑。在这类结构中，屋盖可采用悬索、网架、拱、薄壳等结构形式，多用于体育馆、大型火车站、航空港等公共建筑。

二、建筑物的分级

由于建筑的功能和在社会生活中的地位差异较大，为了使建筑充分发挥投资效益，避免造成浪费，适应社会经济发展的需要，我国对各类不同建筑的级别进行了明确的划分。设计时应根据不同的建筑等级，采用不同的标准和定额，选用相应的材料和结构形式。

1. 按建筑物的设计分等级

例如，民用建筑设计等级一般分为特级、一级、二级和三级，如表 1-1 所示。

表 1-1 民用建筑设计等级

类型	特征	设计等级			
		特级	一级	二级	三级
一般公共建筑	单体建筑面积	80 000 m^2 以上	20 000～80 000 m^2	5000～20 000 m^2	5000 m^2 以下
	立项投资	2 亿元以上	4000 万元～2 亿元	1000 万元～4000 万元	≤1000 万元
	建筑高度	100 m 以上	50～100 m	24～50 m	≤24 m
住宅、宿舍	层数		20 层以上	12～20 层	≤12 层
住宅、小区等	总建筑面积		>100 000 m^2	≤100 000 m^2	
地下工程	地下空间总建筑面积	>50 000 m^2	10 000～50 000 m^2	≤10 000 m^2	
	附建式人防(防护等级)		四级及以上	五级及以下	
特殊公共建筑	超高层建筑抗震要求	抗震设防区特殊超限高层建筑	抗震设防区建筑高度 100 m 及以下的一般超限高层建筑		
	技术复杂,有声、光、热、抗震、视线等特殊要求	技术特别复杂	技术比较复杂		
	重要性	国家级经济、文化、历史、涉外等重点工程项目	省级经济、文化、历史、涉外等重点工程项目		

2. 按建筑结构的设计使用年限分等级

建筑物的耐久年限主要根据建筑物的重要性和建筑物的质量标准而定,是建筑投资、建筑设计和选用材料的重要依据,如表 1-2 所示。

表 1-2 按主体结构确定的建筑耐久年限分级

级别	适用范围	耐久年限/a
一	重要建筑和高层建筑	>100
二	一般性建筑	50～100
三	次要建筑	25～50
四	临时性建筑	<25

3. 按耐火性能分等级

建筑物的耐火等级是由组成建筑物的墙、柱、梁、楼板等主要构件的燃烧性能和耐火极限决定的,共分四级。多层民用建筑构件的燃烧性能和耐火极限如表 1-3 所示。

表 1-3　多层民用建筑构件的燃烧性能和耐火极限(单位:h)

构件名称		下列耐火等级下的燃烧性能和耐火极限			
		一级	二级	三级	四级
墙	防火墙	不燃烧体 3.00	不燃烧体 3.00	不燃烧体 3.00	不燃烧体 3.00
	承重墙	不燃烧体 3.00	不燃烧体 2.50	不燃烧体 2.00	不燃烧体 0.50
	非承重墙	不燃烧体 1.00	不燃烧体 1.00	不燃烧体 0.50	燃烧体
	楼梯间的墙、电梯井的墙、住宅单元之间的墙、住宅分户墙	不燃烧体 2.00	不燃烧体 2.00	不燃烧体 1.50	难燃烧体 0.50
	疏散走道两侧的墙	不燃烧体 1.00	不燃烧体 1.00	不燃烧体 0.50	难燃烧体 0.25
	房间隔墙	不燃烧体 0.75	不燃烧体 0.50	难燃烧体 0.50	难燃烧体 0.25
柱		不燃烧体 3.00	不燃烧体 2.50	不燃烧体 2.00	难燃烧体 0.50
梁		不燃烧体 2.00	不燃烧体 1.50	不燃烧体 1.00	难燃烧体 0.50
楼板		不燃烧体 1.50	不燃烧体 1.00	不燃烧体 0.50	燃烧体
屋顶承重构件		不燃烧体 1.50	不燃烧体 1.00	燃烧体	燃烧体
疏散楼梯		不燃烧体 1.50	不燃烧体 1.00	不燃烧体 0.50	燃烧体
吊顶(包括吊顶搁栅)		不燃烧体 0.25	难燃烧体 0.25	难燃烧体 0.15	燃烧体

构件的耐火极限是指对任一建筑构件,按时间-温度标准曲线进行耐火试验,从受到火的作用时起,到失去支持能力、完整性被破坏或失去隔火作用时止的这段时间,用小时(h)表示。

燃烧体:用燃烧材料做成的构件,燃烧材料包括木材等。

不燃烧体:用非燃烧材料做成的构件,非燃烧材料包括金属材料和无机矿物材料。

难燃烧体:用难燃烧材料做成的构件或用燃烧材料做成而用不燃烧材料做保护层的构件,难燃烧材料包括沥青混凝土、经过防火处理的木材、用有机物填充的混凝土等。

4. 建筑物的危险等级

危险的建筑物(危房)实际是指结构已经严重损坏或者承重构件已属危险构件,随时可能丧失稳定性和承载力,不能保证居住和使用安全的房屋。建筑物的危险性一般分为以下四个等级。

① A 级:结构承载力能满足正常使用要求,未发生危险点,房屋结构安全。

② B 级:结构承载力基本满足正常使用要求,个别结构构件处于危险状态,但不影响主体结构。

③ C 级:部分承重结构承载力不能满足正常使用要求,局部出现险情,构成局部危房。

④ D 级:承重结构承载力不能满足正常使用要求,房屋整体出现险情,构成整幢危房。

5. 建筑结构的安全等级

根据结构破坏可能产生的后果(危及人的生命、造成经济损失、产生社会影响等)的严重性,《建筑结构可靠度设计统一标准》(GB 50068—2018) 将建筑物划分为三个安全等级。大量的一般建筑物列入中间等级，重要的建筑物提高一级，次要的建筑物降低一级。建筑结构安全等级的划分应符合表 1-4 的要求。

表 1-4　建筑结构安全等级划分

安全等级	破坏后果	适用范围
一级	破坏后果很严重	适用于重要的工业与民用建筑物
二级	破坏后果严重	适用于一般的工业与民用建筑物
三级	破坏后果不严重	适用于次要的建筑物

注：1. 对于特殊的建筑物，其安全等级根据具体情况另行确定。

2. 当按抗震要求设计时，建筑结构的安全等级应符合《建筑抗震设计规范》(GB 50011—2010)（2016 年版）的规定。

任务 4　建筑标准化和建筑模数协调

一、建筑标准化

为了便于建筑制品、建筑构配件及其组合件实现工业化大规模生产，使不同材料、不同形式和不同制造方法的建筑构配件、组合件符合模数并具有较大的通用性和互换性，1973 年，我国颁布了《建筑统一模数制》(GBJ 2—73)。1986 年，在对上述规范进行修订、补充的基础上，更名为《建筑模数协调统一标准》(GBJ 2—86) 重新颁布，作为设计、施工、构件制作、科研的尺寸依据。建筑模数协调统一标准包括以下内容。

二、建筑模数协调

在采用标准设计、通用设计时，为了使建筑制品、建筑构配件和组合件实现工业化大规模生产，使不同材料、不同形式和不同构造方法的建筑构配件、组合件符合模数并具有较大的通用性和互换性，以加快设计速度、提高施工质量和效率、降低建筑造价，建筑物及其各部分的尺寸必须统一协调。

1. 建筑模数

建筑模数是选定的标准尺寸，作为建筑空间、构配件以及有关设备尺度协调中的增值单位。我国制定有《建筑模数协调标准》(GB/T 50002—2013)，作为设计、施工、构件制作的尺寸依据。建筑统一模数制的建立，有利于简化构件类型、保证工程质量、提高施工效率和降低工程造价。

1）基本模数

基本模数是模数协调中选用的基本尺寸单位，其数值为 100 mm，用符号 M 表示，即 1 M=100 mm。整个建筑物及其一部分或建筑组合构件的模数化尺寸应为基本模数的倍数。

2）导出模数

由于建筑中各部分尺度相差较大，为满足建筑设计中构件尺寸、构造节点、端面、缝隙等尺寸的不同要求，可采用导出模数，导出模数包括扩大模数和分模数。

（1）扩大模数

扩大模数是基本模数的整数倍数，其中，水平扩大模数的基数为 3 M、6 M、12 M、15 M、30 M、60 M，主要适用于门窗洞口、构配件、建筑开间（柱距）和进深（跨度）的尺寸；竖向扩大模数的基数为 3 M、6 M，主要适用于建筑物的高度、层高和门窗洞口等的尺寸。

（2）分模数

分模数是用整数除基本模数的数值。分模数的基数为 1/2 M、1/5 M、1/10 M 等，主要适用于构件之间的缝隙、构造节点、构配件截面等的尺寸。

3）模数数列

模数数列是以基本模数、扩大模数、分模数为基础扩展成的一系列尺寸，可以确保尺寸具有合理的灵活性，保证不同建筑及其组成部分之间尺寸的协调和统一，减少建筑尺寸的种类。我国现行的常用模数数列如表 1-5 所示。

表 1-5　常用模数数列

基本模数	扩大模数						分模数		
1 M	3 M	6 M	12 M	15 M	30 M	60 M	1/10 M	1/5 M	1/2 M
100	300	600	1200	1500	3000	6000	10	20	50
100	300						10		
200	600	600					20	20	
300	900						30		
400	1200	1200	1200				40	40	
500	1500			1500			50		50
600	1800	1800					60	60	
700	2100						70		
800	2400	2400	2400				80	80	
900	2700						90		
1000	3000	3000		3000	3000		100	100	100
1100	3300						110		
1200	3600	3600	3600				120	120	
1300	3900						130		
1400	4200	4200					140	140	
1500	4500			4500			150		150

续表

基本模数	扩大模数						分模数		
1 M	3 M	6 M	12 M	15 M	30 M	60 M	1/10 M	1/5 M	1/2 M
1600	4800	4800	4800				160	160	
1700	5100						170		
1800	5400	5400					180	180	
1900	5700						190		
2000	6000	6000	6000	6000	6000	6000	200	200	200
2100	6300							220	
2200	6600	6600						240	
2300	6900								250
2400	7200	7200	7200					260	
2500	7500			7500				280	
2600		7800						300	300
2700		8400	8400					320	
2800		9000		9000	9000			340	
2900		9600	9600						350
3000				10 500				360	
3100			10 800					380	
3200			12 000	12 000	12 000	12 000		400	400
3300					15 000				450
3400					18 000	18 000			500
3500					21 000				550
3600					24 000	24 000			600
					27 000				650
					30 000				700
					33 000				750
					36 000	36 000			800
									850
									900
									950
									1000
主要用于建筑物层高、门窗洞口和构配件截面	1. 主要用于建筑物的开间或柱距、进深或跨度、层高、构配件截面尺寸和门窗洞口等处； 2. 扩大模数 30 M 数列按 3000 mm 进级，其幅度可增至 360 M；60 M 数列按 6000 mm 进级，其幅度可增至 360 M						1. 主要用于缝隙、构造节点和构配件截面等处； 2. 分模数 1/2 M 数列按 50 mm 进级，其幅度可增至 10 M		

2. 建筑的定位

1）定位轴线与定位线

定位(轴)线是用来确定房屋主要结构或构件的位置及尺寸的基线。这些基线用于平面时称平面定位(轴)线，用于竖向时称为竖向定位(轴)线，定位轴线、定位线之间的距离均应满足模数数列的规定。

2）三种尺寸

在建筑构造设计与施工过程中，存在着三种尺寸：标志尺寸、构造尺寸、实际尺寸。为了保证设计、生产、施工各阶段建筑制品、建筑构配件等有关尺寸之间的统一与协调，必须明确这三种尺寸之间的相互关系。

(1) 标志尺寸

标志尺寸用来标注建筑定位线之间的距离(如跨度、柱距、层高等)、建筑构配件以及建筑设备位置界限之间的尺寸。

(2) 构造尺寸

构造尺寸是建筑构配件、建筑组合件、建筑设备等设备的设计尺寸。一般情况下，标志尺寸减去缝隙等于构造尺寸。

(3) 实际尺寸

实际尺寸指建筑构配件、建筑组合体、建筑设备等生产制作后的实际尺寸。实际尺寸与构造尺寸之间存在受允许偏差幅度限制的误差。

一、名词解释

建筑物

构筑物

建筑工程

建筑模数

耐火极限

二、问答题

1. 构成建筑的三要素是什么？如何正确处理三者之间的关系？

2. 工程建设程序包括哪些内容？

3. 模数数列有哪几种？请说出每种数列的适用范围。

三、实训练习题

结合施工图熟悉定位轴线的确定及其作用。

学习情境2

民用建筑构造

学习目标

了解民用建筑构造的组成及作用，熟悉建筑物的结构类型以及影响建筑物构造的因素，掌握建筑构造设计原则和原理。

任务 1 民用建筑构造概述

一、建筑构造研究的对象及任务

建筑构造是系统介绍建筑物各组成部分的设计原理、构造要领和工程做法的应用技术学科，目的是学习建筑构造的基本原理，初步掌握房屋建筑的一般构造做法，完成施工图设计。

建筑构造是一门实用性很强的技术课程，内容繁多、相对松散、缺乏连续性。再者，由于房屋建造地区的不同、房屋使用功能不同以及建筑标准差异等因素的影响，房屋构造组成和方法也往往不同，在学习中，一定要深刻理解房屋各组成部分的内在联系。

二、民用建筑构造的组成及其作用

各种类型的建筑物虽然使用功能不同，建筑平面形状和体型也各不相同，但建筑物一般都是由基础、墙或柱、楼板层和地坪、楼梯、屋顶和门窗六大基本部分组成，如图 2-1 所示。此外，根据建筑物的使用要求还可设置阳台、雨篷、台阶、通风道等配件和设施。

1. 基础

基础是建筑物最下部的承重构件，其作用是承受建筑物的全部荷载，并将这些荷载传给地基。因此，基础必须坚固耐久、稳定可靠、经济合理。

2. 墙或柱

墙是建筑物的承重构件和围护构件。作为围护构件的外墙，其作用是抵御自然界各种因素对室内的侵袭；内墙主要起分隔空间及保证舒适环境的作用。框架或排架结构的建筑物中，柱起承重作用，墙仅起围护作用。因此，要求墙体具有足够的强度、稳定性及保温、隔热、防水、防火、耐久、经济等性能。

3. 楼板层和地坪

楼板是水平方向的承重构件，按房间层高将整幢建筑物沿垂直方向分为若干层；楼板层承受家具、设备和人体荷载以及本身的自重，并将这些荷载传给墙或柱，同时对墙体起着水平支撑的作用。因此，楼板层应具有足够的抗弯强度、刚度和隔声性能，对有水侵蚀的房间，还应具有防潮、防水的性能。

地坪是底层房间与地基土层相接的构件，起承受底层房间荷载的作用。因此，要求地坪层具有耐磨、防潮、防水、防尘和保温等性能。

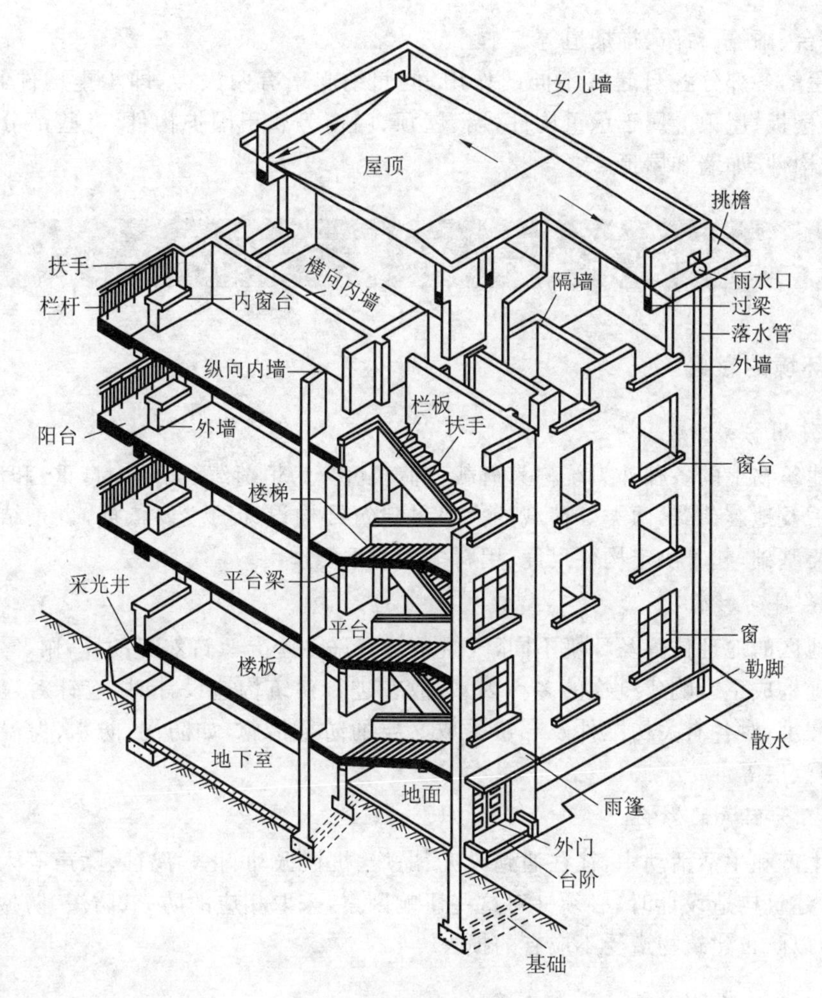

图 2-1　房屋的构造组成

4. 楼梯

楼梯是建筑物的垂直交通设施，供人们上、下楼层和紧急疏散之用。因此，要求楼梯具有足够的通行能力并且防滑、防火，能保证安全使用。

5. 屋顶

屋顶是建筑物顶部的围护构件和承重构件，起抵抗风、雨、雪、霜、冰雹等的侵袭和太阳辐射热的影响，承受风、雪荷载及施工、检修等屋顶荷载的作用并将这些荷载传给墙或柱。因此，屋顶应具有足够的强度、刚度及防水、保温、隔热等性能。

6. 门窗

门与窗均属非承重构件，也称为配件。门主要供人们出入和分隔房间之用，窗主要起通风、采光、分隔、眺望等围护作用。处于外墙上的门窗又是围护构件的一部分，要满足热工及防水的要求；某些有特殊要求的房间，门窗应具有保温、隔声、防火的能力。

一幢建筑物除上述六大基本组成部分外，对不同使用功能的建筑物，还有许多特有的构件和配件，如阳台、雨篷、台阶、排烟道等。

组成房屋的各部分各自起着不同的作用，但归纳起来有两大类，即承重构件和围护构件。墙、柱、基础、楼板、屋顶等属于承重构件，墙、屋顶、门窗等属于围护构件，有些部分既是承重构件，也是围护构件，如墙和屋顶。

三、影响建筑构造的因素

1. 外界环境的影响

1）外力作用的影响

作用在建筑物上的各种外力统称为荷载。荷载可分为恒荷载（如结构自重）和活荷载（如人群、家具、风雪及地震荷载）两类。荷载的大小是建筑结构设计的主要依据，也是结构选型及构造设计的重要基础，起着决定构件尺度、用料多少的重要作用。

2）气候条件的影响

我国各地区的地理位置及环境不同，气候条件有许多差异。自然界的风、雨、雪、霜、地下水及气温变化等构成了影响建筑物的多种因素，故在进行建筑构造设计时，应针对建筑物所受影响的性质与程度，对各有关构配件及部位采取必要的防范措施，如防潮、防水、保温、隔热、设伸缩缝、设隔蒸汽层等。

3）各种人为因素的影响

人们在生产和生活活动中，往往遇到火灾、爆炸、机械振动、化学腐蚀、噪声等人为因素的影响，故在进行建筑构造设计时，必须针对这些影响因素，采取相应的防火、防爆、防振、防腐、隔声等构造措施，以防止建筑物遭受不应有的损失。

2. 建筑技术条件的影响

由于建筑材料技术的日新月异、建筑结构技术的不断发展、建筑施工技术的不断进步，建筑构造技术也要随之不断翻新，如悬索、薄壳、网架等空间结构建筑，点式玻璃幕墙，彩色铝合金等新材料的吊顶，采光天窗等现代建筑设施大量涌现。从中可以看出，建筑构造没有一成不变的固定模式，因而在建筑构造设计中要以构造原理为基础，在利用原有的、标准的、典型的建筑构造的同时，不断发展或创造新的构造方案。

3. 经济条件的影响

随着建筑技术的不断发展和生活水平的日益提高，人们对建筑的使用要求也越来越高。建筑标准的变化使建筑的质量标准、建筑造价等也出现较大差别，对建筑构造的要求也将随着经济条件的改变而发生重大的变化。

四、房屋构造设计原则

房屋构造设计原则是妥善解决各种影响因素，满足房屋的使用功能、结构安全、适应工业化、经济合理、形体美观等各项要求。

(1) 坚固实用

首先，要最大限度地满足建筑房屋功能的要求，其次，合理地确定构造方案并在具体的构造上保证建筑物的整体刚度和构件之间的连接，做到既实用又安全、稳定。

(2) 技术先进

在建筑构造设计时，要结合当时、当地条件，积极推广先进技术，在选择各种高效能材料的同时，还应满足工业化的要求。

(3) 经济合理

尽量因地制宜、就地取材、利用工业废料，使用节约资源性材料。

(4) 美观大方

建筑结构应尽量做到美观大方，避免虚假装饰。

任务2 基础、地下室、墙体与门窗

一、基础

1. 地基基础概述

1) 地基基础的作用

基础是建筑物的主要承重构件，是建筑物的墙或柱埋入地下的扩大部分，承担着建筑物的全部荷载，属于隐蔽工程。地基不是建筑物的组成部分，是承受建筑物荷载的岩土层。

2) 地基基础的设计要求

地基每平方米所能承受的最大允许压力，称为地基承载力，也叫地耐力，用 $f(\mathrm{kN/m^2})$ 表示。具有一定承载能力，直接支撑基础的土层称为持力层，持力层以下的土层称为下卧层，如图 2-2 所示。如果以 $N(\mathrm{kN})$ 表示建筑物基础上部的总荷载，$A(\mathrm{m^2})$ 表示基础底面积，则可列出如下关系式：

$$A \geqslant N/f \qquad (2\text{-}1)$$

从式(2-1) 可以看出，当地基承载力不变时，建筑总荷载越大，基础底面积也要求越大；或者说当建筑总荷载不变时，地基承载力越小，基础底面积则要求越大。

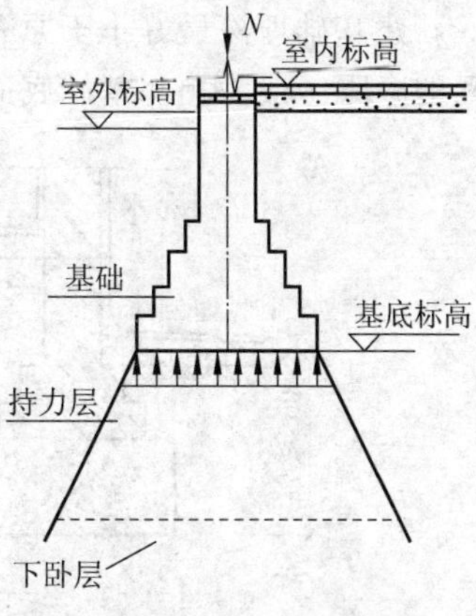

图 2-2 基础与地基

3) 地基的分类

地基可分为天然地基和人工地基。

凡天然土层具有足够的承载能力，不须经人工改善或加固便可作为建筑物地基的称为天然地基。岩石、碎石、砂石、黏土等均可作为天然地基。

当建筑物上部的荷载较大或天然地基的承载能力较弱、稳定性不满足要求时，须预先对持力层进行人工加固后才能在上面建造房屋的地基称为人工地基。人工加固地基通常采用压实法、换土法、化学加固法和复合地基法。

2. 基础的构造

1）基础的埋置深度

基础的埋置深度是指室外设计地面至基础底面的垂直距离，简称基础埋深，如图 2-3 所示。基础埋深大于或等于 5 m 的称为深基础，小于 5 m 的称为浅基础。在保证安全的前提下，应优先选用浅基础，可降低工程造价。但基础埋深也不宜过小，在地基受到地耐力后，会把基础四周的土挤出，使基础产生滑移而失去稳定，同时，易受到自然因素的侵蚀和影响，使基础被破坏，故基础埋深在一般情况下不宜小于 0.5 m。

影响基础埋深的主要因素有以下几个方面。

① 建筑物有无地下室、设备基础及基础的形式及构造等。

② 作用在地基上的荷载大小和性质。

③ 工程地质和水文地质条件。

基础必须建造在坚实可靠的地基上。地表以下土层呈层状分布，不同土层的特性及受力性能不同。

基础应尽量建造在地下水位以上，以减少特殊防水措施。如果地下水位很高，基础不能埋置在地下水位以上时，应将其埋置在最低地下水位 200 mm 以下，且不能使基础底面处于地下水位变化的范围之内。

④ 地基土的冻结深度和地基土的湿陷。

地基土冻胀时，会使基础隆起，冰冻消融又会使基础下陷，久而久之，基础就会被破坏。基础最好深埋在冰冻线以下 200 mm。湿陷性黄土地基遇水会使基础下沉，因此基础应埋置深一些，避免地表水浸湿。

⑤ 相邻建筑的基础埋深。

新建基础埋深最好小于原有建筑的基础埋深。当新建基础深于原有建筑基础时，则新旧基础间的净距一般为相邻基础底面高差的 1～2 倍，如图 2-4 所示。

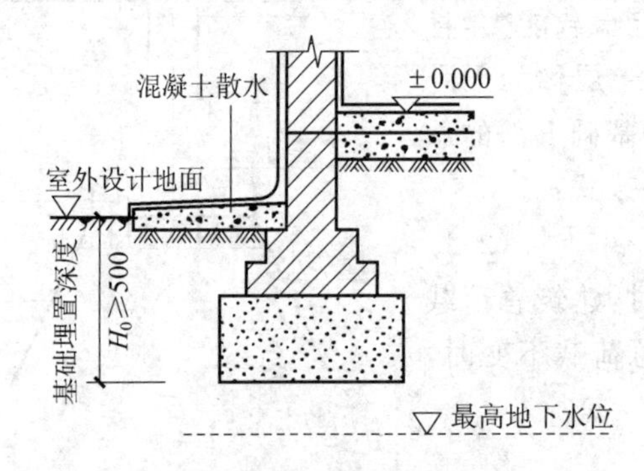

图 2-3　基础的埋置深度

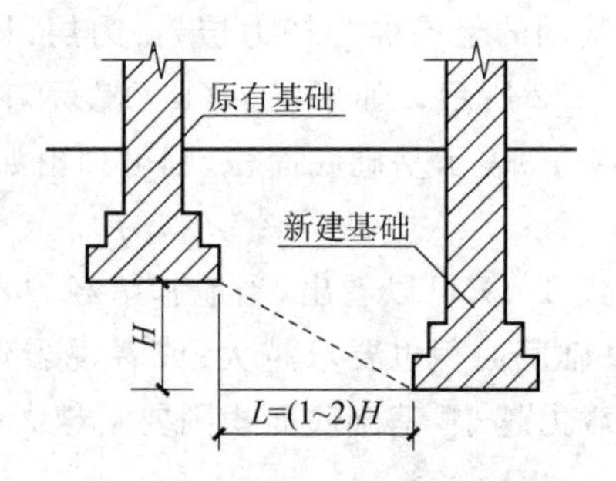

图 2-4　相邻建筑物基础的影响

2）基础的类型与构造

基础的类型、构造与建筑物的上部结构形式、荷载大小、地基的承载力以及它所选用的材料性能有关系。基础按受力特点分，有刚性基础和柔性基础；按其使用材料分，有砖基础、毛石基础、混凝土基础、钢筋混凝土基础等；按构造形式分，有条形基础、独立基础、整片基础和桩基础等。

(1) 按材料及受力特点分类

① 刚性基础。由刚性材料构成的基础称为刚性基础。刚性材料是指抗压强度高，而抗拉、抗剪强度较低的材料，常用的有砖、石、混凝土。为满足地基承载力的要求，基底宽 B 一般大于上部墙宽。当基础很宽时，挑出长度 b 很长，而基础又没有足够的高度，又因基础采用刚性材料，基础就会因受弯曲或剪切而破坏。为了保证基础不被拉力、剪力破坏，基础必须具有相应的高度。通常，按刚性材料的受力特点，基础的挑出长度与高度应在材料允许控制范围内，这个控制范围的夹角称为刚性角，用 α 表示。不同材料的基础刚性角不同，砖、石基础的刚性角为 26°～33°，混凝土基础的刚性角应控制在 45°以内。如果刚性基础底面宽超过刚性角范围，则刚性角范围外的基底将被拉裂破坏，如图 2-5 所示。

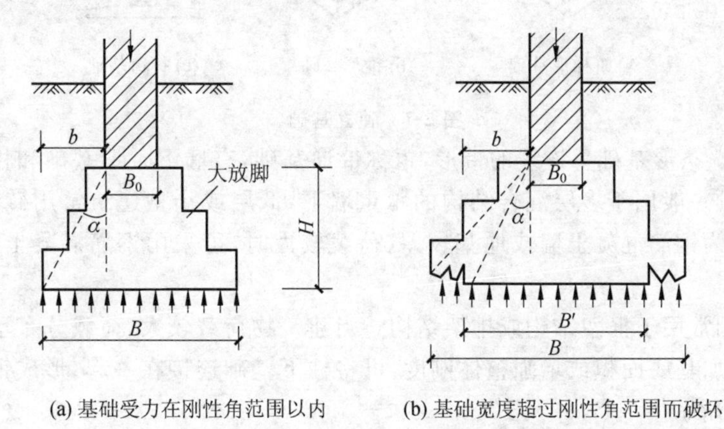

(a) 基础受力在刚性角范围以内　　(b) 基础宽度超过刚性角范围而破坏

图 2-5　刚性基础

② 柔性基础。钢筋混凝土基础称为柔性基础。当建筑物的荷载较大而地基承载能力又较小时，如果仍采用刚性材料做基础，势必要加大基础的埋深，如图 2-6(a)所示，这样将很不经济。柔性基础宽度不受刚性角的限制，基础底部不但能承受很大的压力，而且能承受很大的拉力(弯矩)，基础配筋情况如图 2-6(b)所示。为了节约材料，通常将基础纵剖面做成锥台形，但最薄处厚度不得小于 200 mm，也可做成阶梯形。为了保证钢筋混凝土基础施工时，钢筋不致陷入泥土中，保护地基和找平，常须在基础与地基之间设置混凝土垫层。这种基础适用于荷载较大的多、高层建筑中。

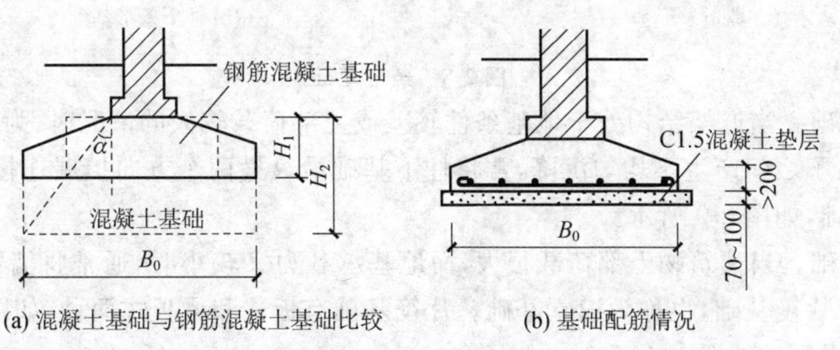

(a) 混凝土基础与钢筋混凝土基础比较　　(b) 基础配筋情况

图 2-6　钢筋混凝土基础

(2) 按构造形式分类

基础的构造形式随着建筑物上部结构形式、荷载大小及地基土性质的变化而不同。基础按构造形式可分为以下几种基本类型。

① 独立基础。独立基础呈独立的块状形式。当建筑物上部结构采用框架结构或单层排架及门架结构承重时,其基础常采用方形或矩形的独立基础,独立基础是柱下基础的基本形式,常用断面形式有踏步形、锥形、杯形等。柱可预制可现浇。当柱为预制时,则将基础做成杯口形,然后将柱子插入,并嵌固在杯口内,故称杯口基础,如图 2-7 所示。

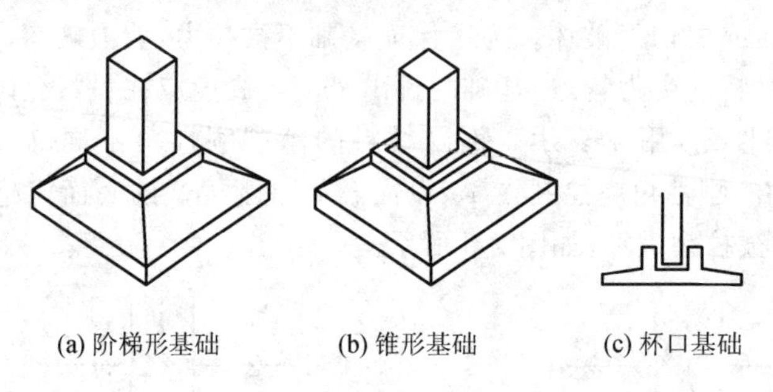

(a) 阶梯形基础　(b) 锥形基础　(c) 杯口基础

图 2-7　独立基础

② 条形基础。条形基础呈连续的带形,也称带形基础,有墙下条形基础和柱下条形基础两类。墙下条形基础一般用于多层混合结构的承重墙下,低层或小型建筑常用砖、混凝土等刚性条形基础;当上部为钢筋混凝土墙或地基较差、荷载较大时,可采用钢筋混凝土条形基础,如图 2-8(a)所示。

柱下条形基础常用于框架结构或排架结构。当建筑物荷载较大、荷载分布不均匀或地基承载力偏低时,为增加基底面积或增强整体刚度,可将柱下基础连接在一起,形成钢筋混凝土条形基础,如图 2-8(b)所示。

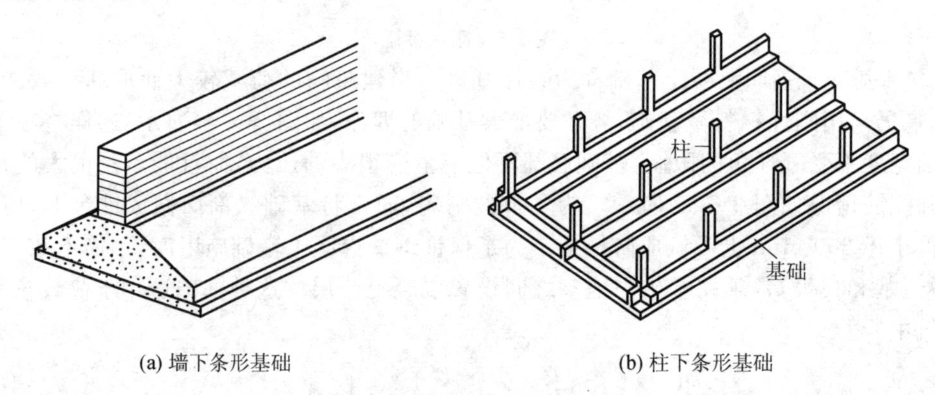

(a) 墙下条形基础　(b) 柱下条形基础

图 2-8　条形基础

③ 井格基础。当框架结构处于地基条件较差或上部荷载较大的情况时,为了提高建筑物的整体性,防止柱子之间产生不均匀沉降,常将柱下基础沿纵横两个方向扩展连接起来,做成十字交叉的井格基础,如图 2-9 所示。

④ 片筏基础。当建筑物上部荷载很大,而地基承载力又较小时,通常将墙或柱下基础连成一块整板,即为片筏基础,也称为满堂基础。片筏基础有板式和梁板式两种,如图 2-10 所示。片筏基础一般适用于基础埋深小于 3 m 的场合。

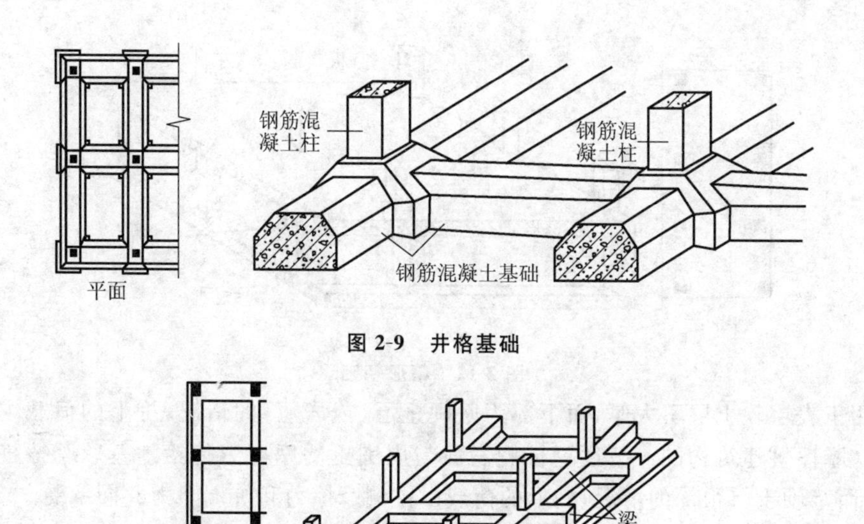

图 2-9　井格基础

图 2-10　梁板式片筏基础

有时，为节约土方开挖量或在不便开挖基坑的情况下，可采用不埋（填土）板式基础，如图 2-11所示。不埋板式基础常是在天然地表上，将场地平整并用压路机将地表土碾压密实后，在较好的持力层上浇筑钢筋混凝土平板。这种基础较适用于较弱地基（但必须是均匀条件）的情况下，特别适用于 5～6 层的、整体刚度较好的居住建筑。

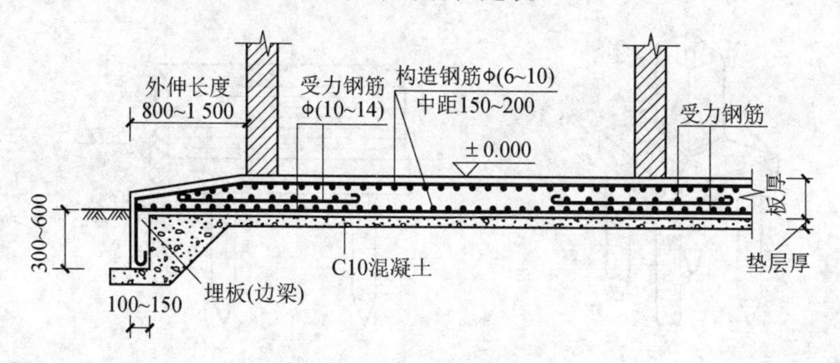

图 2-11　不埋板式基础

⑤ 箱形基础。当建筑物上部荷载很大，地基承载力又较小，基础必须做得很深时，可做成箱形基础。箱形基础是由钢筋混凝土底板、顶板和若干纵、横隔墙组成的结构，基础的中空部分可用作地下室（单层或多层的）或地下停车库。箱形基础刚度大、整体性强，能较好地抵抗地基的不均匀沉降，如图 2-12 所示。箱形基础一般用于基础埋深为 3～5 m 的情况。

⑥ 桩基础。当建筑物荷载很大，地基土软弱，地基承载力不能满足要求时，常常采用桩基，如图 2-13 所示。桩基通常被称为桩基础，其实它是地基加固的一种方式。采用桩基础可以节省材料，减少土方开挖工程量，近年来，已经被广泛采用。

桩的种类很多。按材料不同，可以分为木桩、混凝土桩、钢筋混凝土桩、钢桩等；按受力性质不同，可以分为端承桩和摩擦桩；按施工方式不同，可分为预制桩和灌注桩；按桩的入土方法不同，可分为打入桩、振入桩、压入桩等。端承桩建筑物的荷载通过桩端传给坚硬土层（或岩层），

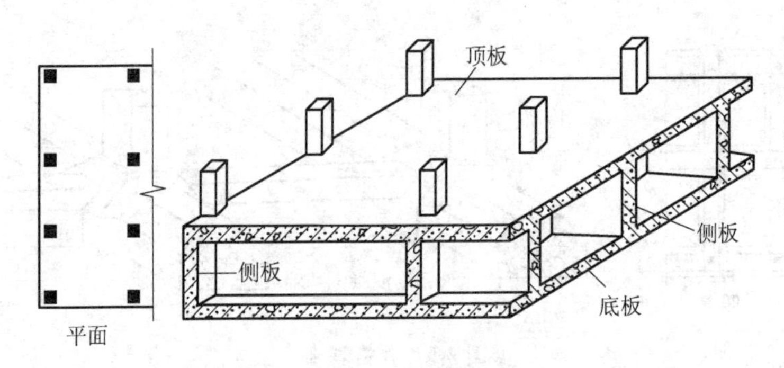

图 2-12　箱形基础

端承桩适用于表层软土层不太厚，而下部为坚硬土层（或岩层）的情况，桩上的荷载主要由桩端阻力承受。摩擦桩建筑物的荷载通过桩侧表面与周围土的摩擦力传给地基。摩擦桩适用于软土层较厚，而坚硬土层很深的情况，桩上的荷载由桩侧摩擦力和桩端阻力共同承受。

当前采用最广泛的是钢筋混凝土桩。钢筋混凝土预制桩制作简单且易保证质量，但桩的造价较高。预制桩采用打入法施工时，有较大的震动和噪声，对环境不利，在城市市区已很少采用。预制桩常采用静压法施工，以减少作业时产生的震动和噪声。钻孔灌注桩是高层建筑中常见的桩基形式。这种施工方式是采用钻孔机械在桩位上钻孔，然后在孔内灌注混凝土。如果设计需要布置钢筋的，则在成孔后放入钢筋笼，然后再浇注混凝土。钻孔灌注桩的优点是震动和噪声较小、施工方便、造价较低，特别适用于周围有危险房屋或深挖基础不经济的情形。这种施工方式产生的噪声与其他方式比较相对较小，对环境保护有利，因此，在城市市区建房时被广泛采用。

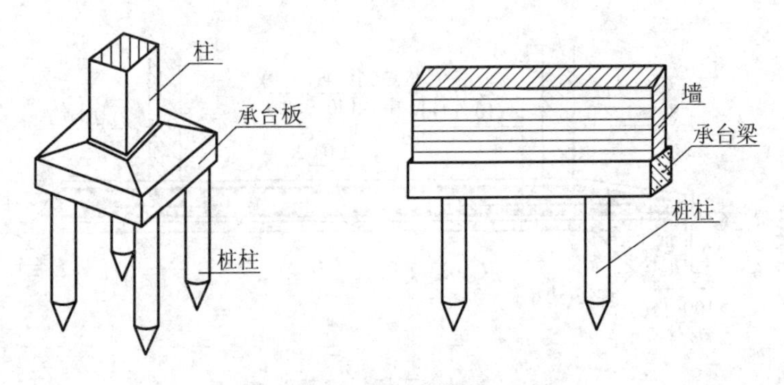

图 2-13　桩基础

二、地下室

一些多层与高层建筑往往设置地下室。设置地下室不仅可增加一些使用面积，也可满足人防和地下设备层的使用需要。地下室应有坚固的墙板与楼地板并解决好防潮、防水、采光、照明与通风等问题。

1. 地下室的分类

地下室按使用性质可分为普通地下室和防空地下室，前者是指普通的地下空间，后者是指有防空要求的地下空间。采用平战结合的地下室,两种功能兼而有之。按埋入地下深度可分为全地下室和半地下室。全地下室是指地下室地坪低于室外地坪的高度超过房间净高的1/2的地下室;半地下室是指地下室地坪低于室外地坪的高度超过房间净高的1/3,但不超过1/2的地下室。按结构材料可分为砖混结构地下室和钢筋混凝土结构地下室。

2. 地下室的组成

地下室一般由墙体、顶板、底板、门窗、楼梯五大部分组成。

1)墙体

地下室的外墙不仅承受垂直荷载,同时还承受土体和地下水侧压力的作用,因此,地下室的外墙应按挡土墙设计。钢筋混凝土墙体最小厚度不应低于300 mm,砖墙厚度不应低于490 mm。外墙还应做防潮或防水处理。

2)顶板

顶板可用预制板、现浇板或预制板上做现浇层(装配整体式楼板)。如为防空地下室,则必须采用现浇板并按有关规定确定厚度和混凝土强度等级。在无采暖的地下室顶板,即首层地板处应设置保温层,以利于首层房间的使用。

3)底板

当底板处于最高地下水位以上并且无压力产生作用的可能时,可按一般地面工程处理,即垫层上现浇60～80 mm厚混凝土,再做面层;当底板处于最高地下水位以下时,底板不仅承受上部垂直荷载,还承受地下水的浮力作用,因此,应采用钢筋混凝土底板并且双层配筋,底板下的垫层上还应设置防水层,以防渗漏。

4)门窗

普通地下室的门窗与地上房间门窗相同,地下室外窗如在室外地坪以下,应设置采光井。防空地下室一般不允许设窗,如需开窗,应设置战时堵严设施。防空地下室的外门应按防空等级要求设置相应的防护构造。

5)楼梯

楼梯可与地面上房间结合设置,层高小或用作辅助房间的地下室,可设置单跑楼梯。有防空要求的地下室至少要设置两部楼梯通向地面作为安全出口,并且必须有一个是独立的安全出口,这个安全出口周围不得有较高建筑物,以防空袭倒塌时堵塞出口,影响疏散。

三、墙体

1. 概述

1)类型

(1)按墙体所在位置分类

墙体按在平面上所处位置不同,可分为外墙和内墙及纵墙和横墙。窗与窗之间、窗与门之间的墙称为窗间墙,窗台下面的墙称为窗下墙。墙体各部分名称如图2-14所示。

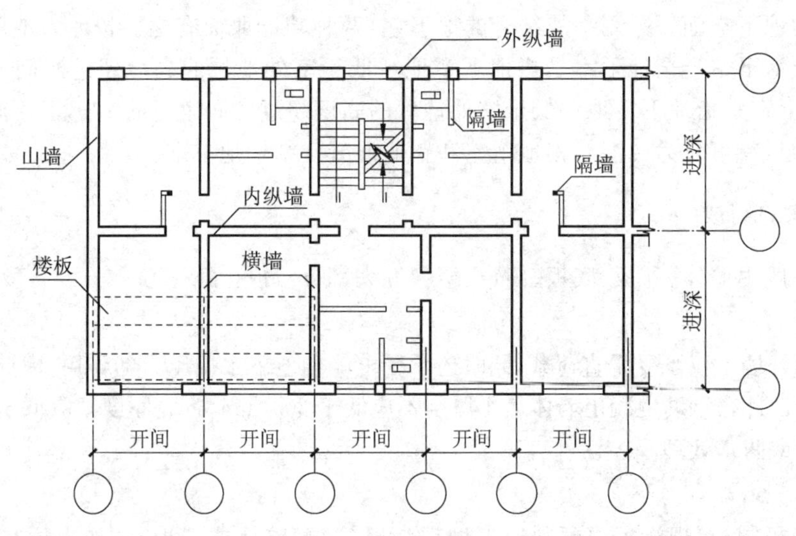

图 2-14　墙体各部分名称

(2) 按墙体受力状况分类

墙体按受力状况分为承重墙和非承重墙，非承重墙又可分为自承重墙和隔墙。自承重墙是指不承受外来荷载，仅承受自身重量并将其传至基础的墙体；隔墙是对水平空间起分隔作用，不承受外来荷载并把自身重量传给梁或楼板的墙体。

(3) 按墙体构造和施工方式分类

① 墙体按构造方式可以分为实体墙、空体墙和组合墙三种。实体墙一般由单一材料组成，如砖墙；空体墙一般也是由单一材料组成的，可由单一材料砌成内部空腔，也可用具有孔洞的材料砌成，如空斗砖墙、空心砌块墙等；组合墙是由两种以上材料组合而成的，如混凝土、加气混凝土复合板材墙，其中混凝土起承重作用，加气混凝土起保温隔热作用。

② 墙体按施工方式可以分为块材墙、板筑墙及板材墙三种。块材墙是用砂浆等胶结材料将砖石等块材组砌而成的墙体，如砖墙、石墙及各种砌块墙等；板筑墙是在现场立模板，现浇而成的墙体，如现浇混凝土墙等；板材墙是用预制墙板安装而成的墙体，如预制混凝土大板墙、各种轻质条板内隔墙等。

2) 设计要求

(1) 结构要求

对于垂直承重结构以墙体为主的建筑，常要求各层的承重墙必须上下对齐，各层的门窗洞孔也以上下对齐为佳。此外，还需考虑以下两方面的要求。

① 合理选择墙体结构布置方案。墙体结构布置方案有四种类型，如图 2-15 所示。

横墙承重是指以横墙作为垂直承重结构的横墙承重方案。这时，楼板、屋顶上的荷载均由横墙承受，纵墙只起纵向稳定和拉结的作用。它的主要特点是横墙间距密，加上纵墙的拉结，使建筑物的整体性好，横向刚度大，对抵抗地震力等水平荷载有利。但其开间划分灵活性差，只适用于房间开间尺寸不大的宿舍、住宅等小开间建筑。

纵墙承重是指以纵墙作为垂直承重结构的纵墙承重方案。这时，楼板、屋顶上的荷载均由纵墙承受，横墙只起分隔房间的作用，有的起横向稳定作用。纵墙承重可使房间开间划分灵活，多适用于需要较大房间的办公楼、商店、教学楼等公共建筑。

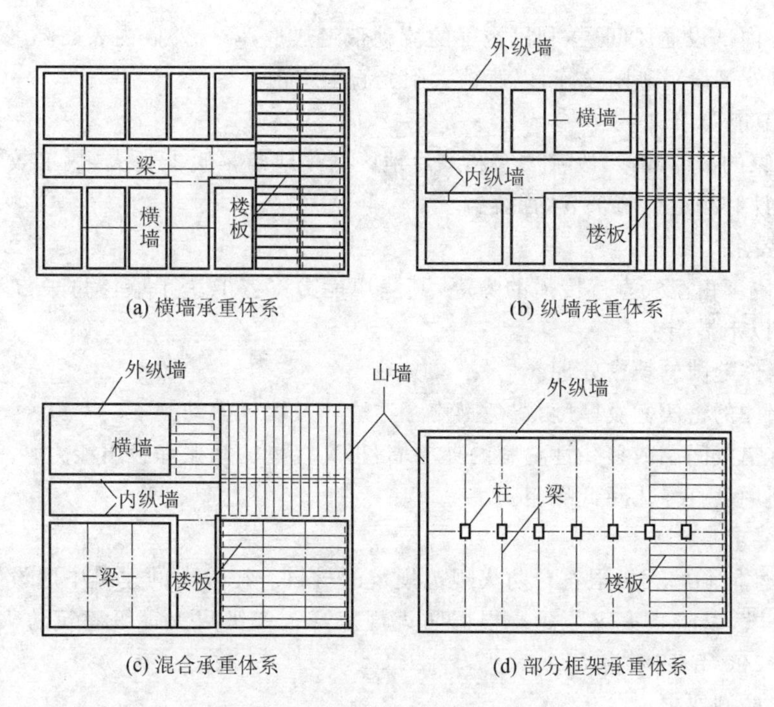

图 2-15　墙体结构布置方案

纵横墙(混合)承重是指由纵墙和横墙共同承受楼板、屋顶荷载的结构承重方案。该方案房间布置较灵活,建筑物的刚度亦较好。混合承重方案多用于开间、进深尺寸较大且房间类型较多的建筑和平面复杂的建筑,如教学楼、住宅等。

在结构设计中,有时采用墙体和钢筋混凝土梁、柱组成的框架共同承受楼板和屋顶的荷载,这种结构布置称部分框架结构或内部框架承重结构,较适用于室内需要较大使用空间的建筑,如商场等。

② 具有足够的强度和稳定性。强度是指墙体承受荷载的能力,它与所采用的材料以及同一材料的强度等级有关。作为承重的墙体,必须具有足够的强度,以确保结构的安全。墙体的稳定性与墙的高度、长度和厚度有关。高而薄的墙稳定性差,矮而厚的墙稳定性好;长而薄的墙稳定性差,短而厚的墙稳定性好。

(2) 热工要求

① 墙体的保温要求。对有保温要求的墙体,须提高其构件的热阻,通常采取以下措施:

a. 增加墙体的厚度。墙体的热阻与其厚度成正比,欲提高墙身的热阻,可增加其厚度。

b. 选择导热系数小的墙体材料。要增加墙体的热阻,常选用导热系数小的保温材料,如泡沫混凝土、加气混凝土、陶粒混凝土、膨胀珍珠岩、泡沫塑料、矿棉及玻璃棉等。其保温构造有单一材料的保温结构和复合保温结构之分。

c. 采取隔蒸汽措施。为防止墙体产生内部凝结,常在墙体的保温层靠高温一侧,即蒸汽渗入的一侧,设置一道隔蒸汽层。隔蒸汽材料一般采用沥青、卷材、隔汽涂料以及铝箔等防潮、防水材料。

② 墙体的隔热要求。墙体的隔热措施有:

a. 外墙采用浅色而平滑的外饰面,如白色外墙涂料、玻璃马赛克、浅色墙地砖、金属外墙板等,以反射太阳光,减少墙体对太阳辐射的吸收。

b. 在外墙内部设通风间层，利用空气的流动带走热量，降低外墙内表面温度。

c. 在窗口外侧设置遮阳设施，以遮挡太阳光直射室内。

(3) 建筑节能要求

为贯彻国家的节能政策，改善严寒和寒冷地区居住建筑采暖能耗大、热工效率差的状况，必须通过建筑设计和构造措施来节约能耗。

(4) 隔声要求

墙体主要隔离由空气直接传播的噪声，其隔声能力主要取决于墙体每平方米的质量(面密度)，一般采取以下措施：

① 加强墙体缝隙的填密处理。

② 增加墙体的密实性及厚度，避免噪声穿透墙体及墙体振动。

③ 采用有空气间层或多孔性材料的夹层墙，提高墙体的减振和吸声能力。

④ 尽量利用垂直绿化降低噪声。

(5) 防火要求

选择防火性能和耐火极限符合防火规范规定的材料。在较大的建筑中应设置防火墙，把建筑分成若干区段，以防止火灾蔓延。根据防火规范，一、二级耐火等级建筑防火墙最大间距为150 m，三级为100 m，四级为75 m。

(6) 防水、防潮要求

卫生间、厨房、实验室等有水的房间及地下室的墙应采取防水、防潮措施。选择良好的防水材料以及恰当的构造做法，保障墙体的坚固耐久性，使室内有良好的卫生环境。

2. 砖墙的构造

1) 一般构造

我国采用砖墙有着悠久的历史，砖墙有很多优点：保温、隔热及隔声效果较好，具有防火和防冻性能，有一定的承载能力，取材容易，生产制造及施工操作简单，不需大型设备。但也存在着不少缺点：施工速度慢、劳动强度大、自重大、黏土砖占用农田。所以，砖墙有待进行改进，从我国实际出发，砖墙在今后相当长的一段时期内仍然将被广泛使用。

(1) 砖墙材料

砖墙是用砂浆将一块一块的砖按一定技术要求砌筑而成的砌体，其材料是砖和砂浆。

① 砖按材料不同，有黏土砖、页岩砖、粉煤灰砖、灰砂砖、炉渣砖等；按形状不同，有实心砖、多孔砖和空心砖等。实心砖指空隙率＜15％或没有孔洞的砖，按工艺不同，实心砖有烧结砖和蒸养砖。多孔砖指空隙率为15％、孔小而多、竖孔的砖，可用于承重墙。空心砖指空隙率＞50％、孔少而大、横孔的砖，用于非承重墙。我国过去采用较多的是普通黏土砖，但黏土砖占用耕地，所以现在我国大部分地区已禁止使用黏土砖，而最好采用以工业废料制成的砖。另外，由于实心砖的密度大，要尽量少用实心砖，多采用多孔砖和空心砖。

我国采用的实心砖的规格为240 mm×115 mm×53 mm，符合砖长：宽：厚＝4：2：1(包括10 mm宽灰缝)的关系，也称为标准砖(见图2-16)。每块标准砖重约25 N，适合手工砌筑，但标准砖砌墙时是以砖宽的倍数，即115 mm＋10 mm＝125 mm为模数。这与我国现行《建筑模数协调标准》(GB/T 50002—2013)中的基本模数1 M＝100 mm不协调，因此在使用中，须注意标准砖的这一特征。

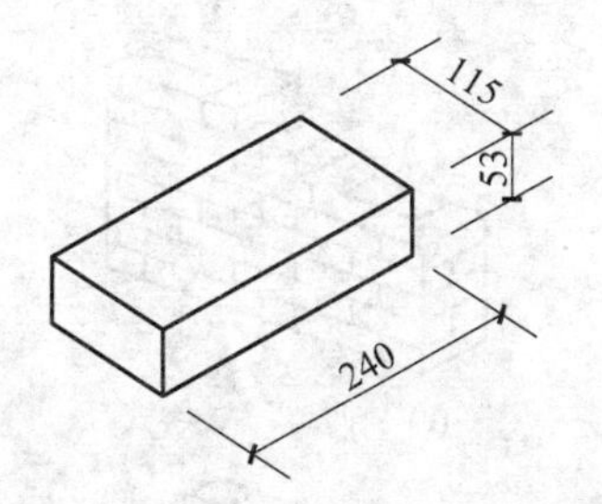

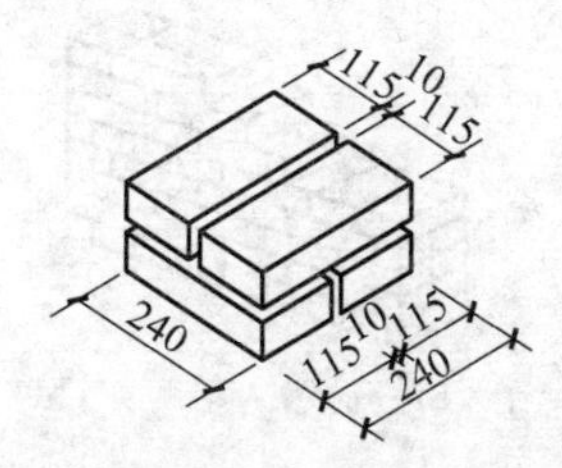

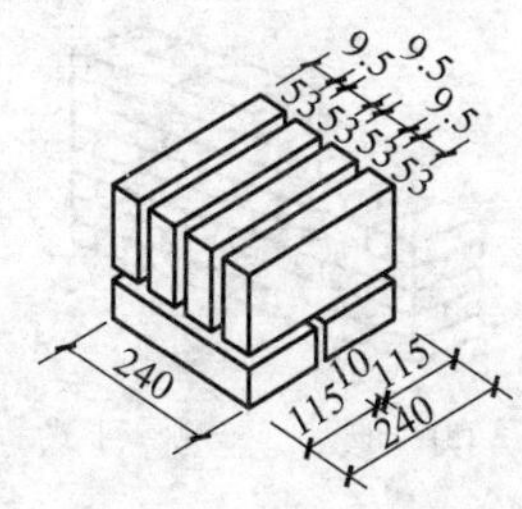

图 2-16　标准砖的尺寸关系

砖的强度以强度等级表示，分别为 MU30、MU25、MU20、MU15、MU10 五个级别，如 MU30 表示砖的极限抗压强度标准值为 30 MPa，即每平方毫米可承受 30 N 的压力。

② 砂浆是砌块的胶结材料。砖块经砂浆砌筑成墙体，使其传力均匀。砂浆还起着嵌缝作用，能提高防寒、隔热和隔声的能力。砌筑砂浆要求有一定的强度，以保证墙体的承载力，还要求有适当的稠度、保水性及好的和易性，方便施工。

常用的砂浆有水泥砂浆、石灰砂浆和混合砂浆。水泥砂浆是由水泥、砂加水拌和而成的，属水硬性材料，强度高，但可塑性和保水性较差，适用于砌筑湿环境下的砌体，如地下室、砖基础等。石灰砂浆是由石灰膏、砂加水拌和而成的。由于石灰膏为塑性掺合料，所以石灰砂浆的可塑性很好，但它的强度较低，且属于气硬性材料，遇水强度即降低，故适用于砌筑次要的民用建筑的地上砌体。混合砂浆是由水泥、石灰膏、砂加水拌和而成的，其既有较高的强度，也有良好的可塑性和保水性，故在民用建筑地上砌体中被广泛采用。

砂浆强度等级有 M15、M10、M7.5、M5、M2.5 五个级别。

(2) 砖墙的厚度

用标准砖砌筑墙体，加上 10 mm 的灰缝，在长、宽、高方面成倍数的关系，可以方便地组砌成多种厚度的墙体，而且可以做到有规律地错缝搭接。墙体厚度与名称如表 2-1 所示。

表 2-1　墙体厚度与名称

墙厚名称	习惯称呼	墙厚/mm	墙厚名称	习惯称呼	墙厚/mm
1/4 砖墙	6 厚墙	53	一砖墙	24 墙	240
半砖墙	12 墙	115	一砖半墙	37 墙	365
3/4 砖墙	18 墙	178	两砖墙	49 墙	490

(3) 砖墙的组砌方式

为了保证墙体的强度，砖砌体的砌筑必须横平竖直、错缝搭接、避免通缝、砂浆饱满、厚薄均匀。当墙面做清水砖墙时，还应考虑墙面图案美观。在砖墙的组砌中，每砌一层砖称为一皮；把砖长方向垂直于墙轴线砌筑的砖叫丁砖，砖长方向平行于墙轴线砌筑的砖叫顺砖。常见的砖墙砌筑方式有全顺式、一顺一丁式、三顺一丁式或多顺一丁式、每皮丁顺相间式(也叫十字式)、两平一侧式等。砖墙的组砌方式如图 2-17 所示。

2) 细部构造

墙体的细部构造包括门窗过梁、窗台、墙脚的构造及墙身加固措施等。

(1) 门窗过梁

① 钢筋混凝土过梁。钢筋混凝土过梁的梁宽一般同墙厚，梁两端支承在墙上的长度不少于

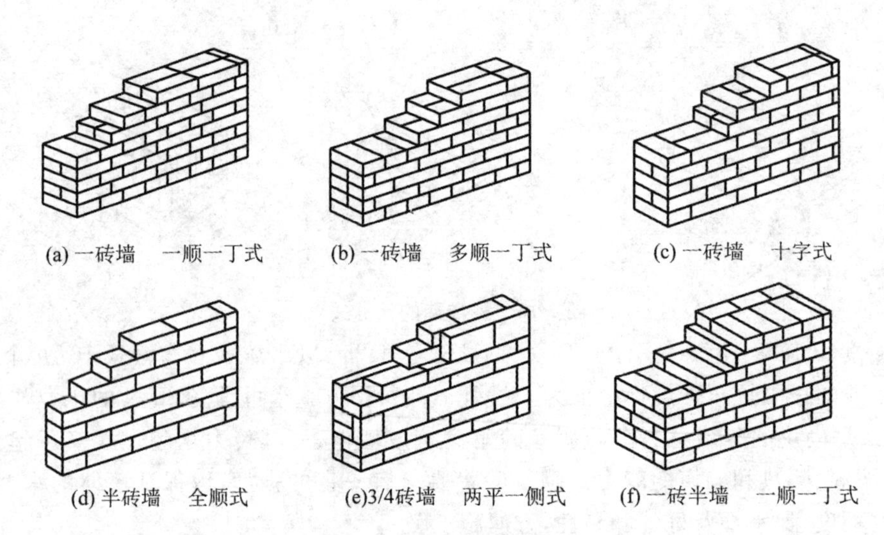

图 2-17　砖墙的组砌方式

240 mm，以保证足够的承压面积。过梁断面形式有矩形和 L 形。为简化构造，节约材料，可将过梁与圈梁、悬挑雨篷、窗楣板或遮阳板等结合起来设计。

② 钢筋砖过梁。钢筋砖过梁用砖不低于 MU7.5，砌筑砂浆不低于 M5。一般在洞口上方先支木模，砖平砌，下设 3～4 根Φ6 钢筋，要求伸入两端墙内不少于 240 mm，梁高为 5～7 皮砖或 ≥$L/50$，钢筋砖过梁净跨宜为 1.5～2 m(见图 2-18)。

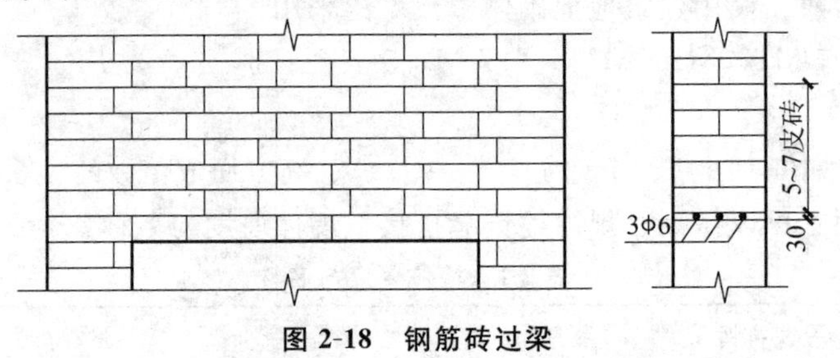

图 2-18　钢筋砖过梁

③ 砖拱过梁。砖拱过梁分为平拱和弧拱。由竖砌的砖作拱圈，一般将砂浆灰缝做成上宽下窄，上宽不大于 20 mm，下宽不小于 5 mm。砖不低于 MU7.5，砂浆不能低于 M2.5，砖砌平拱过梁净跨宜小于 1.2 m，不应超过 1.8 m，中部起拱高约为 $L/50$(见图 2-19)。

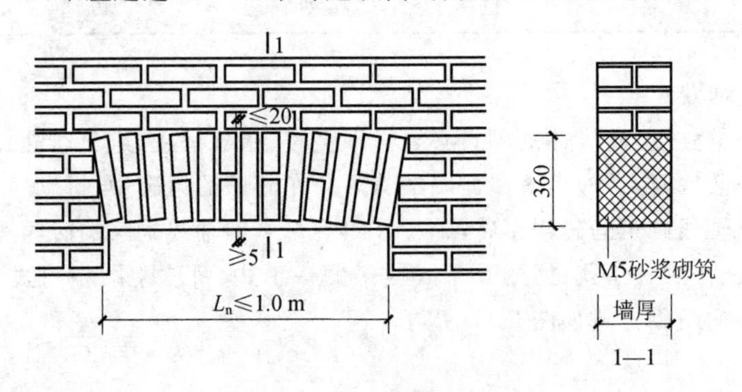

图 2-19　砖砌平拱

(2) 窗台

窗台的作用是排除沿窗面流下的雨水，防止其渗入墙身、沿窗缝渗入室内，同时避免雨水污染外墙面。处于内墙或阳台等处的窗,不受雨水冲刷,可不必设挑窗台。外墙面材料为贴面砖时,墙面可以被雨水冲洗干净,也可不设挑窗台。

窗台可用砖砌挑出,也可以采用预制钢筋混凝土窗台。砖砌挑窗台施工简单,应用广泛,根据设计要求可分为 60 mm 厚平砌挑窗台及 120 mm 厚侧砌挑窗台。窗台的构造如图 2-20 所示。

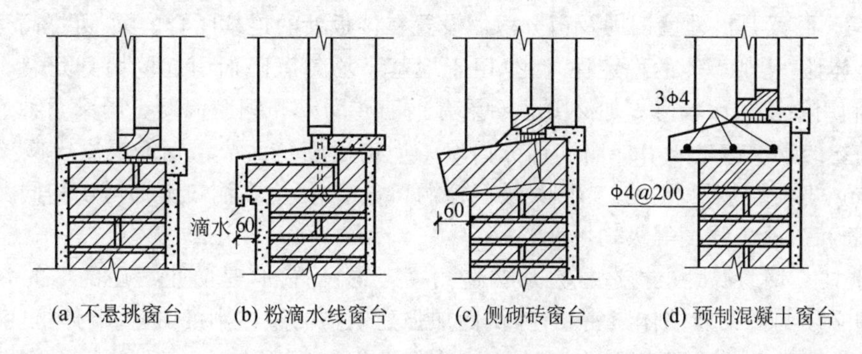

(a) 不悬挑窗台　(b) 粉滴水线窗台　(c) 侧砌砖窗台　(d) 预制混凝土窗台

图 2-20　窗台的构造

(3) 墙脚的构造

底层室内地面以下、基础以上的墙体常称为墙脚。墙脚包括墙身防潮层、勒脚、散水和明沟等。

① 墙身防潮。墙身水平防潮层常用细石混凝土防潮层,采用 60 mm 厚的细石混凝土带,内配三根Φ6 钢筋,其防潮性能好(见图 2-21)。如果墙脚采用不透水的材料(如条石或混凝土等)或设有钢筋混凝土地圈梁,可以不设防潮层。

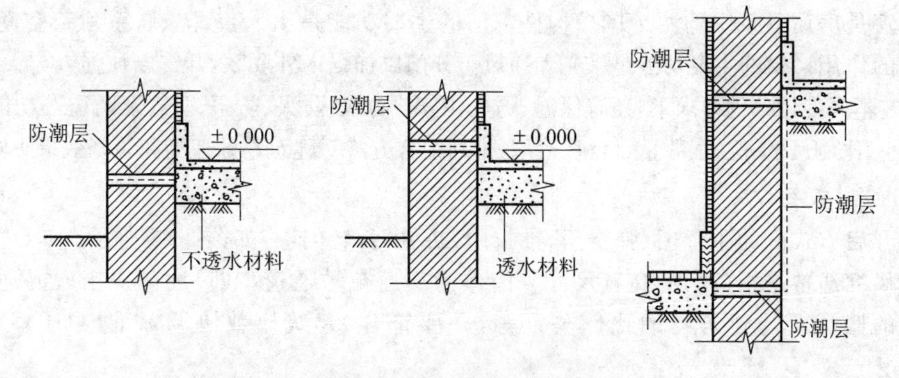

图 2-21　墙身防潮层的位置

② 勒脚构造。勒脚是外墙墙身接近室外地面的部分,为防止雨水上溅墙身和机械力等的影响,要求墙脚坚固耐久和防潮。

③ 外墙周围的排水处理。房屋四周可采取散水或明沟排除雨水。当屋面为有组织排水时,一般设明沟或暗沟,也可设散水;屋面为无组织排水时,一般设散水,但应加滴水砖(石)带。散水的做法通常是在素土夯实上铺三合土、混凝土等材料,厚度为 60～70 mm。散水应设不小于 3%的排水坡。散水宽度一般为 0.6～1.0 m。散水与外墙交接处应设分格缝,分格缝用弹性材料嵌缝,防止外墙下沉时将散水拉裂。散水整体面层纵向距离每隔 6～12 m 做一道伸缩缝。明沟可用砖砌、石砌、混凝土现浇,沟底应做纵坡,坡度为 0.5%～1%,宽度为 220～350 mm。

(4) 墙身加固措施

① 壁柱和门垛。当墙体的窗间墙上出现集中荷载而墙厚又不足以承担其荷载,或者当墙体的长度和高度超过一定限度并影响到墙体稳定性时,常在墙身适当位置增设凸出墙面的壁柱以提高墙体刚度。当在较薄的墙体上开设门洞时,为便于门框的安置和保证墙体的稳定,须在门靠墙转角处或丁字接头墙体的一边设置门垛,门垛凸出墙面不少于 120 mm,宽度同墙厚。

② 圈梁。圈梁是沿外墙四周及部分内墙设置在楼板处的连续闭合的梁,可提高建筑物的空间刚度及整体性,增加墙体的稳定性,减少由于地基不均匀沉降而引起的墙身开裂。对于抗震设防地区,利用圈梁加固墙身更加必要。圈梁有钢筋砖圈梁和钢筋混凝土圈梁两种。钢筋砖圈梁就是将前述的钢筋砖过梁沿外墙和部分内墙一周连通砌筑而成。钢筋混凝土圈梁的高度不小于 120 mm,宽度与墙厚相同。当圈梁被门窗洞口截断时,应在洞口上部增设相同截面的附加圈梁,其配筋和混凝土强度等级均不变。

③ 构造柱。钢筋混凝土构造柱是从构造角度考虑设置的,是防止房屋倒塌的一种有效措施。构造柱必须与圈梁及墙体紧密相连,从而加强建筑物的整体刚度,提高墙体抗变形的能力。由于建筑物的层数和地震烈度不同,构造柱的设置要求也不相同。

四、门窗

1. 概述

1) 门窗的作用

门和窗是房屋建筑中的两个围护构件。门的主要功能是出入,分隔、联系建筑空间,兼有采光和通风的作用。窗的主要功能是采光和通风。开门以加强内外联系,开窗以加强人与大自然的联系。它们在不同使用条件要求下,还有保温、隔热、隔声、防水、防火、防尘、防爆及防盗等功能。此外,门窗的大小、比例尺度、位置、数量、材料、造型、排列组合方式对建筑物的造型和装修效果影响很大。

2) 门的形式与尺度

门按开启方式分为平开门、弹簧门、推拉门、折叠门、转门等,如图 2-22 所示。

门的尺度通常是指门洞的高宽尺寸。门作为交通疏散通道,其尺度取决于人的通行要求、家具器械的搬运及与建筑物的比例关系等,并要符合《建筑模数协调标准》(GB/T 50002—2013)的规定。

门的高度不宜小于 2100 mm。门洞高度为 2400～3000 mm 时,一般要设亮子,亮子高度为 300～600 mm。公共建筑大门的高度可视需要适当提高。

门的宽度:单扇门为 700～1000 mm,双扇门为 1200～1800 mm。宽度在 2100 mm 以上时,做成三扇门、四扇门或双扇带固定扇的门,因为门扇过宽易产生翘曲变形,同时也不利于开启。辅助房间(如浴厕、储藏室等)的门的宽度可窄些,一般为 700～800 mm。

3) 窗的形式与尺度

窗的形式一般按开启方式定,主要取决于窗扇铰链安装的位置和转动方式。通常,窗按开启方式分为固定窗、平开窗、悬窗、立转窗、推拉窗和百叶窗,如图 2-23 所示。

窗的尺度主要取决于房间的采光、通风、构造做法和建筑造型等要求,并要符合现行的《建

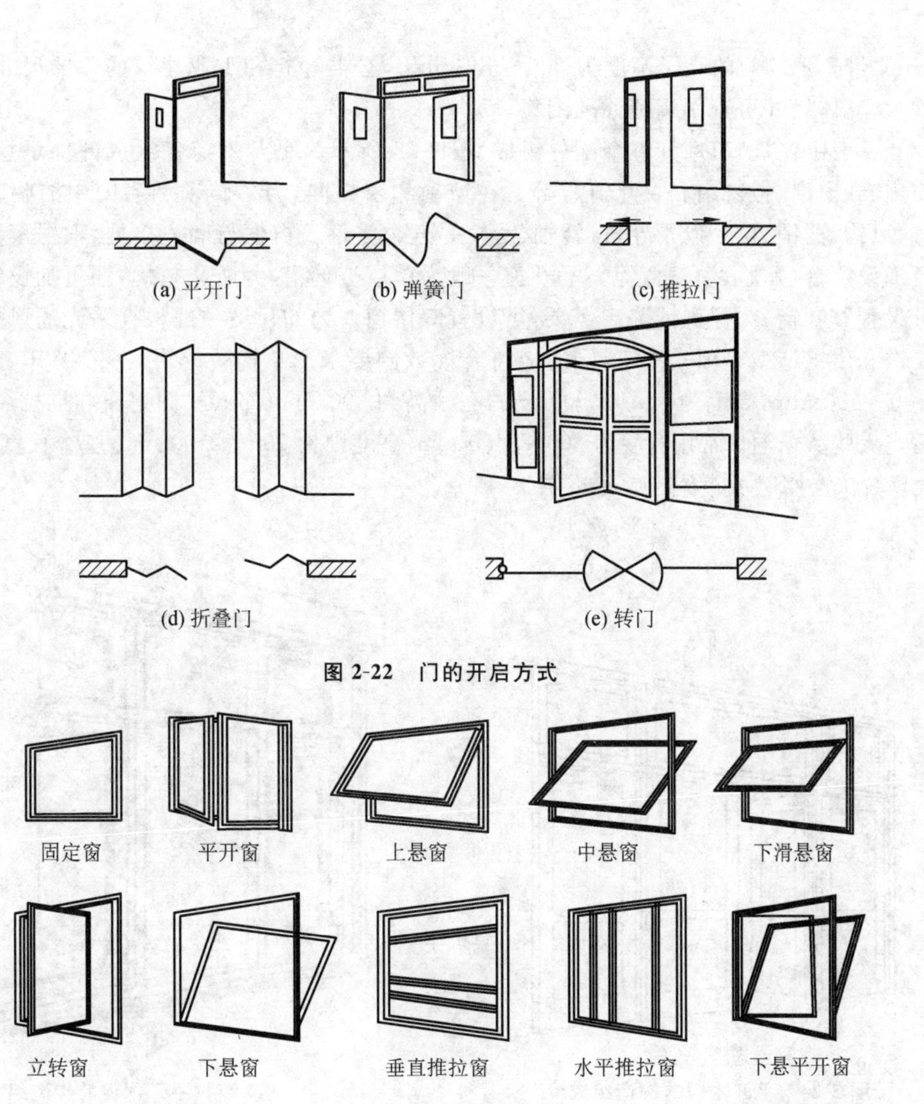

图 2-22 门的开启方式

图 2-23 窗的开启方式

筑模数协调标准》(GB/T 50002—2013) 的规定。为使窗坚固耐久,一般平开木窗的窗扇高度为 800～1200 mm,宽度不宜大于 500 mm;上下悬窗的窗扇高度为 300～600 mm;中悬窗窗扇高度不宜大于 1200 mm,宽度不宜大于 1000 mm;推拉窗高度、宽度均不宜大于 1500 mm。对于一般民用建筑用窗,各地均有通用图,各类窗的高度与宽度尺寸通常采用扩大模数 3 M 数列作为洞口的标志尺寸,需要时只要按所需类型及尺度大小直接选用即可。

2. 门窗的组成与尺度

门一般是由门框、门扇、亮子和五金配件等部分组成的,如图 2-24 所示。

门扇通常有玻璃门、镶板门、夹板门、百叶门和纱门等。亮子又称腰头窗,在门的上方,供通风和辅助采光用,有固定、平开及上、中、下悬等方式。门框是门扇及亮子与墙洞的联系构件,有时还有贴脸和筒子板等装修构件。五金零件通常有铰链、门锁、插销、风钩、拉手、闭门器等。门的尺度应根据交通需要、家具规格及安全疏散要求来设计。常用的平开木门的洞口宽一般为 700～3300 mm,高度为 2100～3300 mm。单扇门的宽度一般不超过 1000 mm,门扇高度不低于

2000 mm，带亮子的门的亮子高度为 300～600 mm。公共建筑和工业建筑的门的尺寸可按需要适当增大，具体尺寸可查阅当地标准图集。

窗子一般由窗框、窗扇和五金配件组成，图 2-25 所示为平开木窗各组成部件示意。窗扇分玻璃窗扇、纱窗扇、板窗扇和百叶窗扇等。在窗扇和窗框间，为了转动和启闭中的临时固定，装有铰链、风钩、插销、拉手以及导轨、转轴、滑轮等五金零件。窗框与墙连接处，根据不同的要求，有时要加设窗台、贴脸、窗帘盒等。平开窗一般为单层玻璃窗，为防止蚊蝇，还可加设纱窗；为遮阳还可设置百叶窗；为保温或隔声需要，可设置双层窗。窗的尺度一般根据采光通风要求、结构构造要求和建筑造型等因素决定，同时应符合模数制要求。从构造上讲，一般平开窗的窗扇宽度为 400～600 mm，高度为 800～1500 mm，亮子高约 300～600 mm。固定窗和推拉窗的窗扇尺度可适当大些。窗洞口常用宽度为 600～2400 mm，高度则为 900～2100 mm，基本尺度以300 mm 为扩大模数。选用时可查阅当地标准图集。

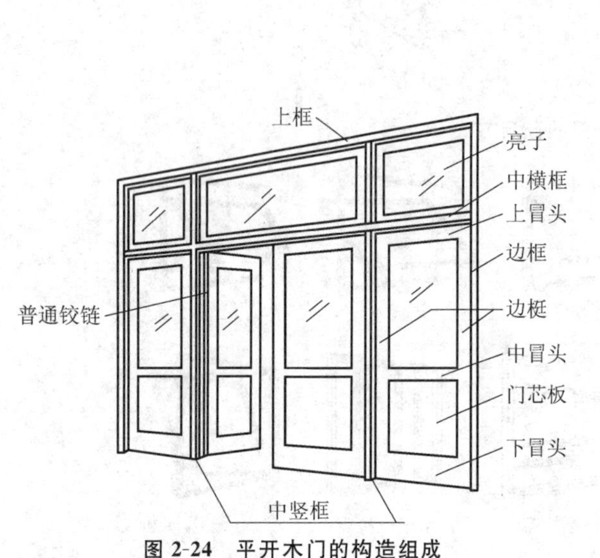

图 2-24　平开木门的构造组成

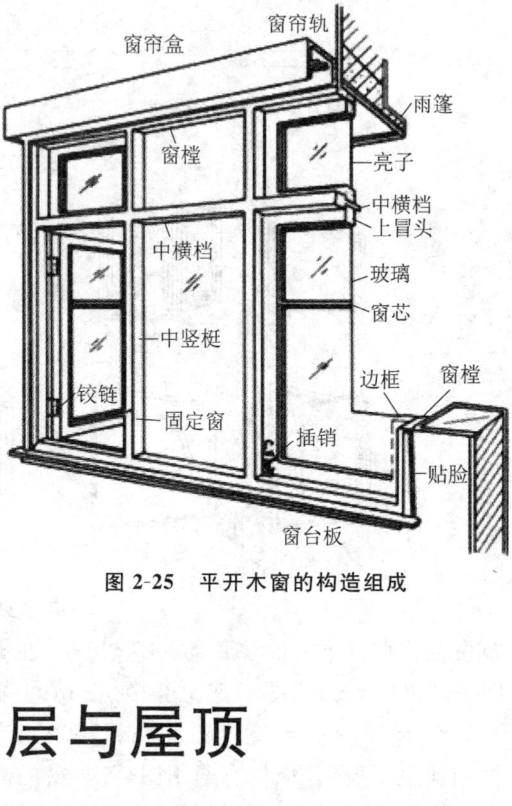

图 2-25　平开木窗的构造组成

任务 3　楼板层、地坪层与屋顶

一、楼板层

1. 概述

1）楼板层的构造组成

楼板层是多层建筑中的水平分隔构件。它一方面承受着楼板层上的全部荷载，并将这些荷载连同自重传给墙或柱;另一方面还对墙身起着水平支撑作用,帮助墙身抵抗由于风或地震等产生的水平力,以增强建筑物的整体刚度。楼板层还应为人们提供一个良好而舒适的环境。此外,建筑物中的各种水平设备管线,有时也安装在楼板层内。

为了满足上述使用功能的要求,楼板层往往形成多层构造的做法,而且其总厚度取决于每一构造层的尺寸。通常,楼板层由以下几个基本部分构成,如图 2-26 所示。

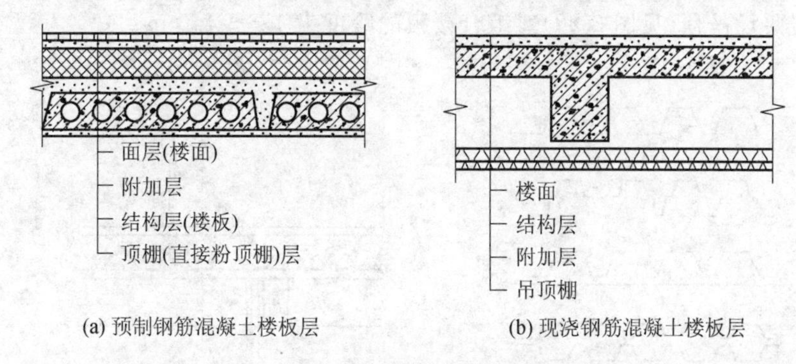

(a) 预制钢筋混凝土楼板层　　(b) 现浇钢筋混凝土楼板层

图 2-26　楼板层的组成

① 面层又称为楼面,起着保护楼板、承受并传递荷载的作用,同时对室内起美化装饰作用。

② 结构层即楼板,是楼层的承重部分,包括板和梁。

③ 顶棚层位于楼层最下层,主要作用是保护楼板、安装灯具、敷设管线、装饰美化室内空间等。

④ 附加层又称功能层,根据楼板层的具体要求而设置,主要作用是隔声、隔热、保温、防水、防潮、防腐蚀、防静电等。根据需要,附加层有时和面层合二为一,有时又和吊顶合为一体。

2) 楼板的类型

根据所采用的材料不同,楼板可分为木楼板、钢筋混凝土楼板及压型钢板组合楼板等多种形式。目前,木楼板除木材产地外已很少采用;钢筋混凝土楼板强度高、刚度好,有良好的可塑性和防火性,且便于工业化生产和机械化施工,是过去我国工业与民用建筑中常采用的楼板形式。

(1) 木楼板

木楼板由木梁、木地板组成,虽然有自重轻、构造简单、保温隔热性能好等优点,但其耐火性和耐久性差,为节约木材和满足防火要求,现采用较少。

(2) 现浇整体式钢筋混凝土楼板

现浇整体式钢筋混凝土楼板是在施工现场经过支模、绑扎钢筋、浇灌混凝土、养护、拆模等施工程序而形成的楼板。其优点是整体性好,可以适应各种不规则的建筑平面,预留管道孔洞较方便;缺点是湿作业量大,工序繁多,需要养护,施工工期较长,而且受气候条件影响较大。

(3) 预制装配式钢筋混凝土楼板

预制装配式钢筋混凝土楼板是把楼板分成若干构件,在预制加工厂或施工现场外预先制作,然后运到施工现场进行安装的钢筋混凝土楼板。这样可节省模板、缩短工期,但整体性较差,一些抗震要求较高的地区不宜采用。

(4) 压型钢板组合楼板

压型钢板组合楼板是一种钢与混凝土组合的楼板,系利用压型钢板作衬板(简称钢衬板)与现浇混凝土浇筑在一起，支撑在钢梁上构成的整体型楼板结构，主要适用于大空间、高层民用建筑及大跨度工业厂房中，目前在国际上已普遍采用。

压型钢板两面镀锌，冷压成梯形截面。板宽为 500～1000 mm，肋或肢高为 35～150 mm。钢衬板有单层钢衬板和双层孔格式钢衬板之分(见图 2-27)。

压型钢板组合楼板主要由面层、组合楼板(包括现浇钢筋混凝土和钢衬板)与钢梁等几部分组成，可根据需要设吊顶(见图 2-28)。组合楼板的跨度为 1.5～4.0 m。

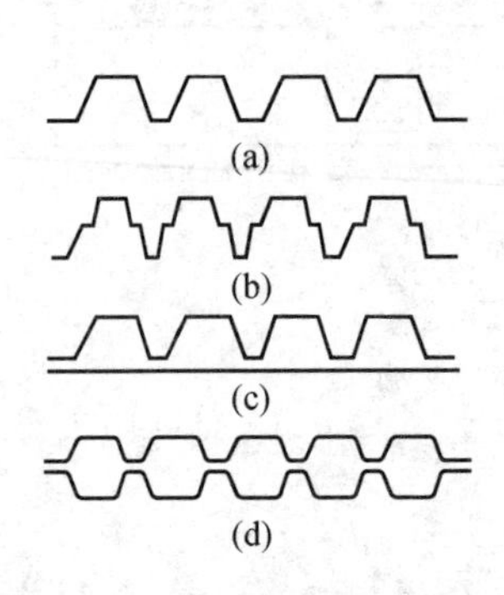

图 2-27　压型钢衬板的形式

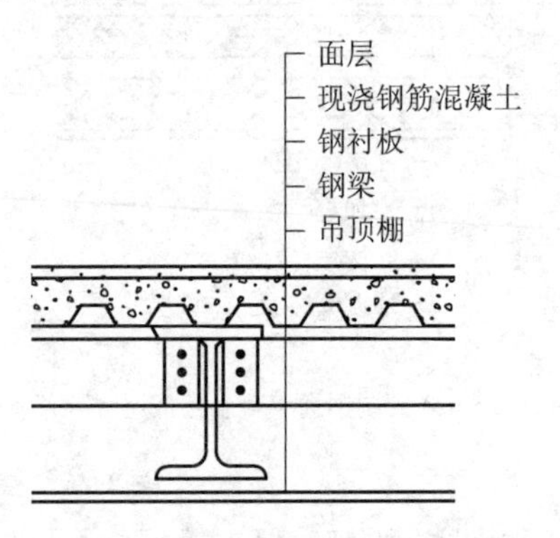

图 2-28　压型钢板组合楼板的组成

3）设计要求

为了保证楼层在使用过程中的安全和使用质量，设计时应满足如下要求：

① 楼层应具有足够的强度和刚度，以保证结构的安全及变形要求。

② 具有一定的隔声能力。

③ 便于在楼层中铺设各种管线。

④ 具有一定的防火能力。

⑤ 具有防潮、防水能力。

⑥ 选择适当的构造方案，以减少材料消耗，降低工程造价，满足建筑经济的要求。

2. 钢筋混凝土楼板的构造

钢筋混凝土楼板按其施工方法不同，分为现浇钢筋混凝土楼板、预制装配式钢筋混凝土楼板和装配整体式钢筋混凝土楼板。

1）现浇钢筋混凝土楼板

现浇钢筋混凝土楼板根据受力和传力情况不同，分为板式楼板、梁板式楼板、无梁楼板和钢衬板组合楼板等。

(1) 板式楼板

当承重墙的间距不大时，将楼板的两端直接支承在墙体上，不设梁和柱。受力和传力途径：楼板上的荷载→楼板→墙体。优点：楼板底面平整，施工方便，建筑物净高与层高差异小。它适用于墙体承重建筑中跨度较小的房间和走廊，如居住建筑中的走廊、厨房、厕所等。

(2) 梁板式楼板

当房间的跨度较大，楼板承受的弯矩也较大时，如仍采用板式楼板，必然要加大板的厚度和增加板内所配置的钢筋。

梁板式楼板一般由板、次梁、主梁组成。板支承在次梁上，次梁支承在主梁上，主梁支承在墙或柱上，次梁的间距即为板的跨度，如图 2-29 所示。当房间的形状近似方形时，可采用井式楼板，井式楼板是梁板式楼板的特殊形式，即主梁与次梁的截面相等。受力和传力途径：楼板上的荷载→板→梁→墙体或柱。优点：减小大尺寸房间楼板的跨度，使楼板结构受力和传力更加合理。

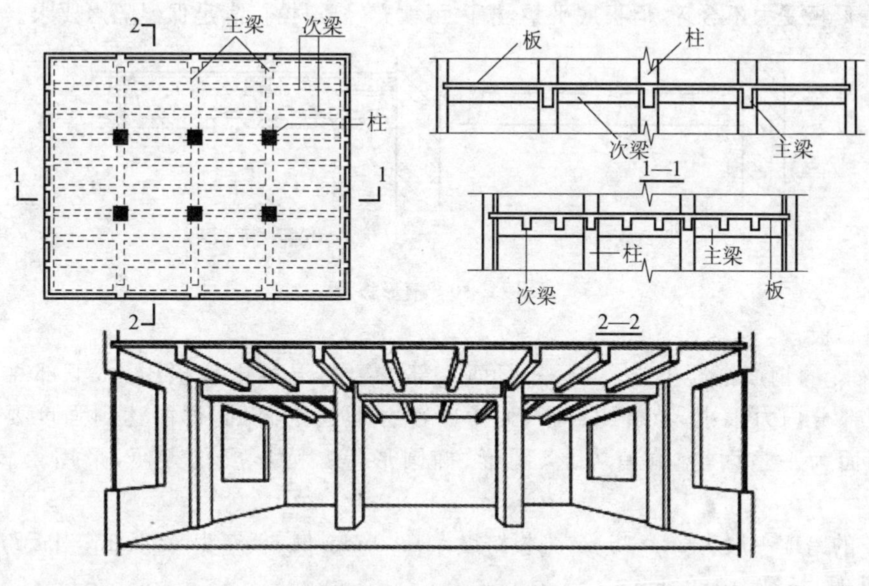

图 2-29　梁板式楼板

(3) 无梁楼板

无梁楼板是将板直接支承在墙或柱上而不设梁的楼板。为减小板在柱顶处的剪力，常在柱顶加柱帽和托板等来增大柱的支承面积。

(4) 钢衬板组合楼板

钢衬板组合楼板是利用凹凸相间的压型薄钢板做衬板，与混凝土现浇筑在一起支承在钢梁上构成的整体型楼板。优点：压型钢板既起到现浇混凝土的永久性模板作用，同时板上的肋条能与混凝土共同工作，可简化施工程序，加快施工速度，而且刚度大、整体性好，还方便敷设电力或通信管线。适用于须有较大空间的高、多层建筑及大跨度工业厂房中。

钢衬板组合楼板由钢梁、压型钢板和现浇混凝土三部分组成。钢衬板之间、钢衬板与钢梁之间的连接通常采用焊接、自攻螺丝连接、膨胀铆钉固接和压边咬接等方式。

2) 预制装配式钢筋混凝土楼板

预制装配式钢筋混凝土楼板的板和梁是在工厂或现场预制而成，然后用人工或机械安装到房屋上去的。这种楼板可以节省模板，改善工人的劳动条件，减少施工现场作业并加快施工进度，但整体性较差，需一定的起重安装设备。

预制钢筋混凝土楼板按结构的应力状况，可分为普通钢筋混凝土楼板和预应力钢筋混凝土楼板两种。与非预应力构件相比，预应力构件具有较高的抗裂度和刚度，可节约钢材 30%～50%，节约混凝土 10%～30%，使自重减轻、造价降低。

预制钢筋混凝土楼板的类型有实心平板、槽形板和空心板等。

(1) 实心平板

实心平板的跨度一般在 2.5 m 以内，板的厚度一般为 50～100 mm，板宽为 600 mm 或 900 mm。

实心平板制造简单，吊装安装方便，造价低，但隔声差。

(2) 槽形板

槽形板可以看成梁板合一的构件，即板的纵肋相当于小梁。板的槽口向下或向上分别称为正槽形板和反槽形板，如图 2-30 所示。正槽形板受力合理，板底有肋、不平齐，故常在板下做吊顶棚。反槽形板受力不合理，但板底平整，槽内可填充轻质材料，满足保温隔声要求。

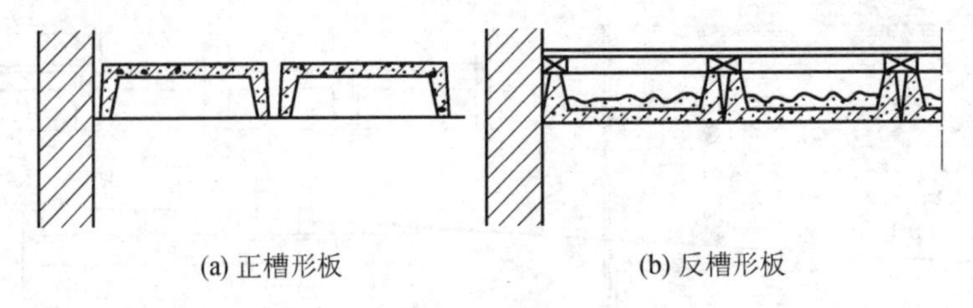

(a) 正槽形板　　(b) 反槽形板

图 2-30　槽形板

(3) 空心板

两端简支的钢筋混凝土空心板，其断面上部主要靠混凝土承担压力，下部靠钢筋承受拉力，中间部分内力很小，为节约材料，使中间部分形成空洞，同样能达到强度要求。空心板上、下两面为平整面，空洞有方形、圆形、椭圆形等。圆形成孔方便，采用得较多，如图 2-31所示。

空心板的跨度一般为 2.4～6 m，当板跨度＜4200 mm 时，板厚为 120 mm；当板跨度为 4200～6000 mm 时，板厚为 180 mm。

预制楼板在吊装前，孔的两端应用砖块和砂浆或混凝土预制块堵塞，以避免支座处板端压碎，阻止灌缝材料流入孔内，同时增强隔声、隔热能力。空心板安装时应先洒水湿润基层，然后边抹砂浆 20 mm 边安装就位，这样可使板平稳牢固，均匀传递荷载。

预制空心板为单向传递荷载，板的两端支承在墙或梁上，长边不能有支点。板支承在墙上的长度不小于 110 mm，板支承在梁上的长度不小于 80 mm。为了增强房屋的整体刚度和抗震能力，板的四周缝隙应用 C20 细石混凝土灌缝，并根据抗震要求在板缝内配制钢筋或局部加钢筋网。

3) 装配整体式钢筋混凝土楼板

装配整体式钢筋混凝土楼板是一种预制装配和现浇相结合的楼板类型，是将楼板中的部分构件预制，然后在现场安装，再以整体浇筑其余部分的方法连接而成的楼板。它兼有现浇楼板及装配式楼板的优点。

常用的装配整体式楼板有叠合楼板和密肋填充块楼板两种。

(1) 叠合楼板

在预制板吊装就位后，再现浇一层钢筋混凝土与预制板结合成整体称为叠合楼板。预制板部分通常采用预应力或非预应力薄板，其表面通常做刻槽处理或露出较规则的三角形结合钢筋。叠合楼板适用于住宅、宾馆、学校、办公楼、医院等建筑。

(2) 密肋填充块楼板

密肋填充块楼板的密肋有现浇和预制两种。前者是在填充块之间现浇密肋小梁和面板，其填充块有空心砖、轻质块或玻璃钢壳等；后者常见的有预制倒 T 形小梁、带骨架心板等。这种板充分利用不同材料的性能，适用于不同跨度和不规则的平面，有利于节约模板。

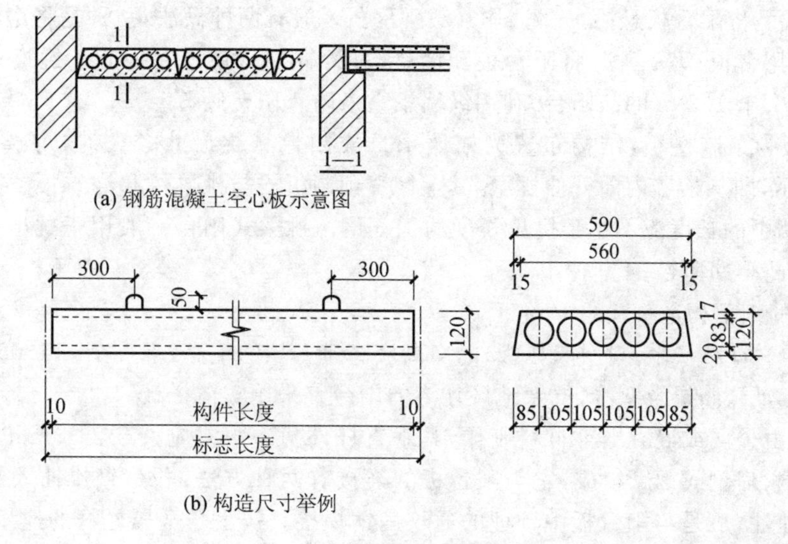

图 2-31　空心板

3. 阳台与雨篷

1）阳台

（1）阳台的类型

阳台按其与外墙的相对位置分为凸（挑）阳台、凹阳台和半凸半凹阳台，按其在建筑中的位置分为中间阳台和转角阳台，按施工方式分为现浇式钢筋混凝土阳台和装配式钢筋混凝土阳台（见图 2-32）。

图 2-32　阳台的类型

（2）阳台的结构布置

凹阳台其实是楼板层的一部分，所以它的承重结构布置可按楼板层的受力分析进行，采用搁板式布置。

凸阳台的结构布置方案可分为挑板式和挑梁式两类（见图 2-33）。

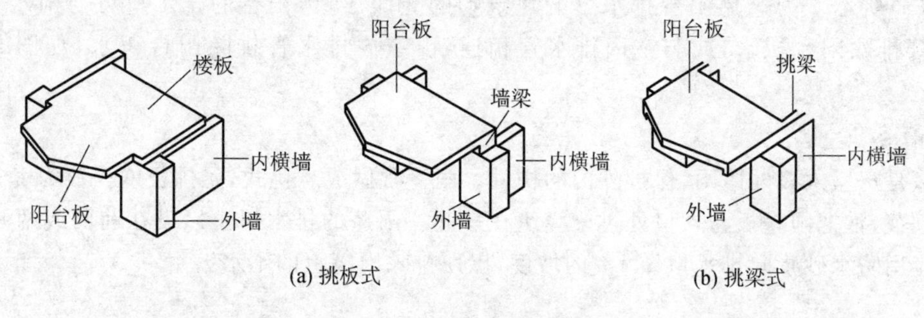

图 2-33　凸阳台的结构布置

① 挑板式是将阳台板悬挑，如图 2-33(a)所示。一般有两种做法：一种是将房间楼板直接向墙外悬挑形成阳台板；另一种是将阳台板和墙梁（过梁、圈梁）现浇在一起。挑板式阳台一般用于挑出长度不大于 1.2 m 的凸阳台，利用纵墙承重来防止阳台倾覆。

② 当楼板为预制楼板，结构布置为横墙承重或阳台悬挑尺寸较大时，可选择挑梁式，如图 2-33(b)所示，即从横墙内向外伸挑梁，其上搁置预制板或与挑梁一起浇筑板。为防止阳台倾覆，挑梁压在墙中的长度应不小于挑出长度的 1.5 倍。挑梁式阳台一般用于挑出长度为 1.5 m 的凸阳台和半凸半凹阳台。

(3) 阳台的细部构造

① 阳台的栏杆和扶手。栏杆（栏板）的净高应高于人体的重心，不宜小于 1.05 m，也不应超过 1.2 m。中高层、高层及寒冷、严寒地区住宅的阳台宜采用实体栏板。

栏杆一般由金属或混凝土等材料制作，其垂直杆件间净距不应大于 110 mm。金属栏杆一般由圆钢、方钢、扁钢或钢管组成，它与阳台板的连接有两种方法：一是直接插入阳台板的预留孔内，用砂浆灌注；二是与阳台板中预埋的通长扁钢焊接。扶手与金属栏杆的连接，根据扶手材料的不同有焊接、螺栓连接等。预制钢筋混凝土栏杆可直接插入扶手和面梁上的预留孔中，也可通过预埋件焊接固定（见图 2-34）。

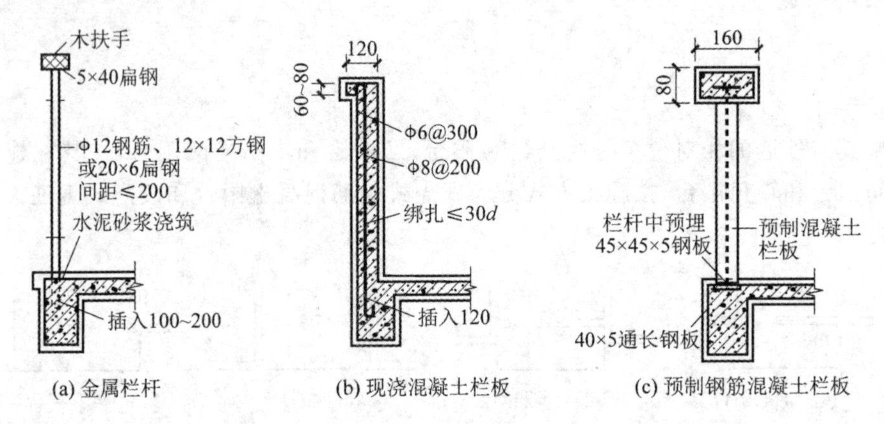

(a) 金属栏杆　　(b) 现浇混凝土栏板　　(c) 预制钢筋混凝土栏板

图 2-34　阳台栏杆

栏板有钢筋混凝土栏板和玻璃栏板等。

② 阳台的排水。为避免阳台上的雨水和积水流入室内，阳台须做好排水处理。首先，阳台面应低于室内地面 20～50 mm；其次，应在阳台面上设置不小于 1%的排水坡。排水口内埋设直径为 40～50 mm 的镀锌钢管或塑料管（称水舌），外挑长度不少于 80 mm，如图 2-35(a)所示。为避免阳台排水影响建筑物的立面形象，阳台的排水口可与雨水管相连，由雨水管排除阳台积水，或与室内排水管相连，由室内排水管排除阳台积水，如图 2-35(b)所示。

2）雨篷

雨篷是房屋入口处遮雨、保护外门的构件。雨篷常做成悬挑式，悬挑长度一般为 1～1.5 m。为防止倾覆，常把雨篷板与入口处过梁浇筑在一起。雨蓬的排水口可以设在前面或两侧。雨篷上表面应用防水砂浆向排水口做 1%的坡度，以便排除雨篷上的雨水。

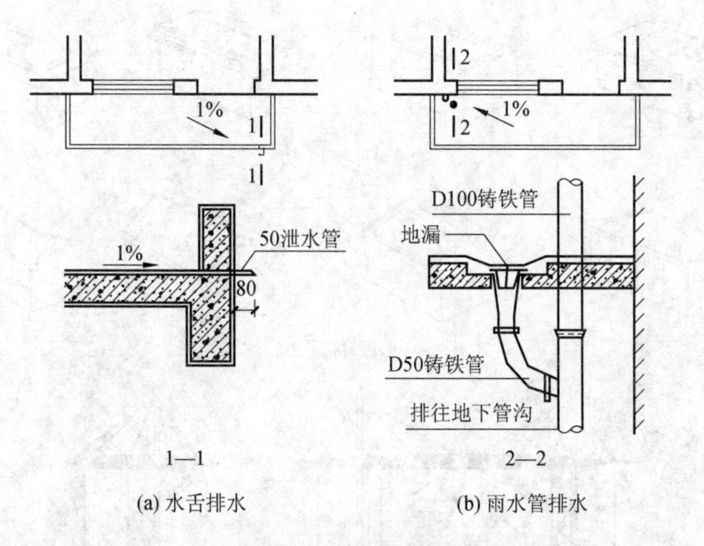

(a) 水舌排水　　(b) 雨水管排水

图 2-35　阳台排水构造

二、地坪层

地坪层是将地面荷载均匀传给地基的构件，它由面层、附加层、垫层和素土夯实层构成，如图 2-36 所示。依据具体情况可设找平层、结合层、防潮层、保温层、管道铺设层等。

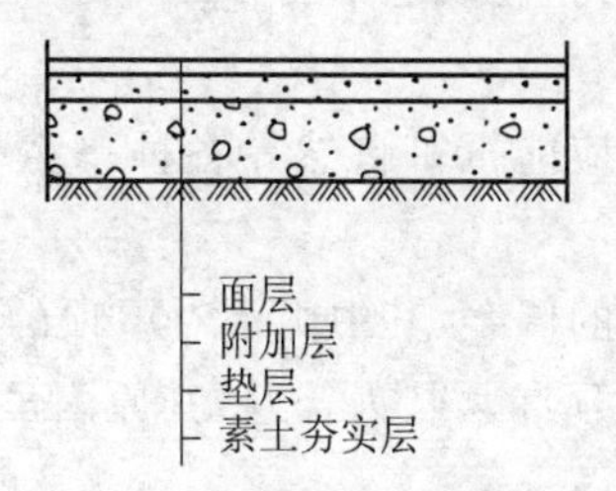

图 2-36　地坪层的基本组成

三、屋顶

屋顶是房屋顶部的外围护结构，其主要功能是抵御多种外界不利自然因素的影响，为顶层空间创造良好的使用环境。

1. 屋顶的类型

屋顶按外形分为平屋顶、坡屋顶和其他屋顶，如图 2-37 所示。

建筑物的屋顶为了排水的需要，通常都会具有一定的坡度。当屋面坡度超过 1/10 时，称为坡屋顶。坡屋顶的坡度通常用其矢高与半个跨度的比来标注。

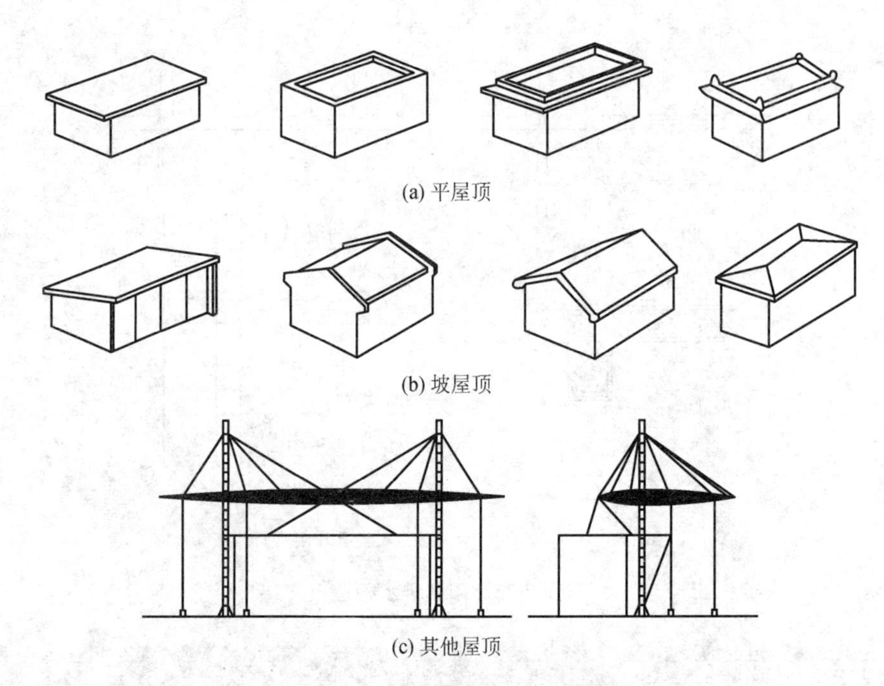

(a) 平屋顶

(b) 坡屋顶

(c) 其他屋顶

图 2-37　各种类型屋顶的形态

2. 屋顶的设计要求

屋顶的设计要求应从功能、结构、建筑艺术三方面考虑。

(1) 功能方面

屋顶是建筑物的外围护结构，应能抵御自然界各种恶劣环境因素的影响，确保顶层空间的环境质量。

首先是应能抵抗雨、雪、风、霜的侵袭，其中雨水对屋顶的影响最大，故排水与防水是屋顶设计的核心。在房屋建筑工程中，屋顶漏水甚为普遍，其原因虽是多方面的，但设计不当是引起漏水的主要原因之一。

其次是应能抵抗气温的影响。我国地域辽阔，南北气候相差悬殊，房屋应能做到冬暖夏凉，因此采取保温或隔热措施也成为屋顶设计的一项重要内容。

(2) 结构方面

屋顶不仅是房屋的围护结构，也是房屋的承重结构，除承受自重外还需承受风荷载、雪荷载、施工荷载，上人的屋顶还要承受人和家具、设备的荷载。所以屋顶结构应有足够的强度和刚度，做到安全可靠，经久耐用。

(3) 建筑艺术方面

屋顶的形式对建筑的造型有重要影响。变化多样的屋顶外形、装修精美的屋顶细部是中国传统建筑的重要特征之一。在现代建筑中，如何处理好屋顶的形式和细部也是设计不可忽视的重要内容。

3. 屋顶排水方式

屋顶排水方式总体分为无组织排水和有组织排水两大类。

(1) 无组织排水

无组织排水也称自由排水，是指屋面雨水流至檐口后，不经组织直接从檐口洒落到地面的排水方式。无组织排水因不设天沟、雨水管来导流雨水，具有构造简单、造价低廉等优点。但也存在不足之处，例如自由下落的雨水经散水反溅常会侵蚀外墙脚部，从檐口下落的雨水会影响人流交通，当建筑物较高，降雨量较大时，这些问题更为突出，如图 2-38 所示。

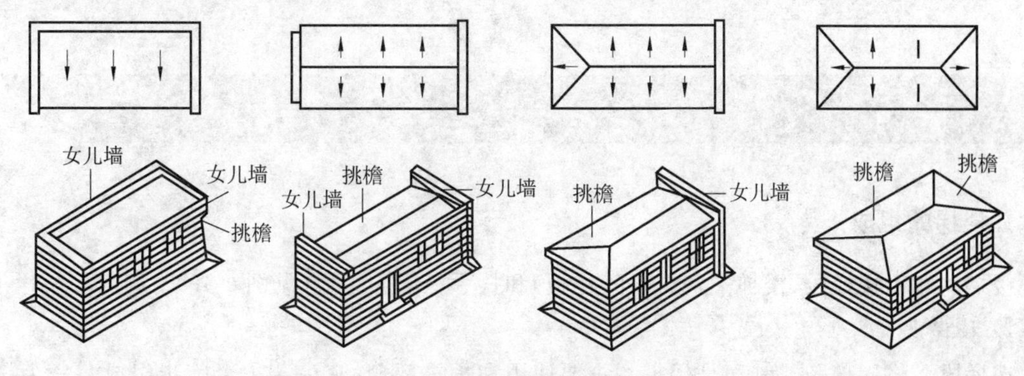

图 2-38　无组织排水

(2) 有组织排水

有组织排水是指屋面雨水流至檐口后，又经檐沟、雨水管等排水设施流到地面的排水方式。其优缺点正好与无组织排水相反，由于其安全可靠，较易满足使用和建筑造型要求，所以在建筑工程中被广泛采用，如图 2-39 所示。

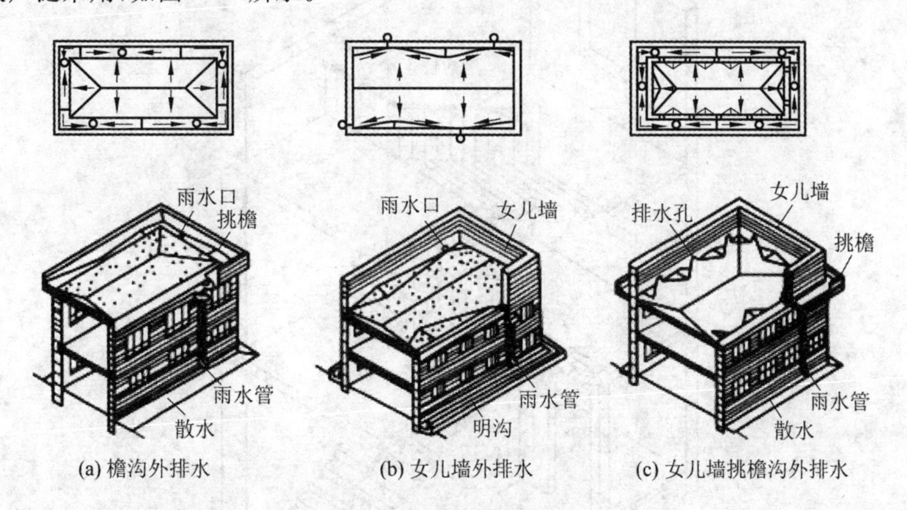

图 2-39　有组织排水

有组织排水又因落水管的安放位置不同可分为有组织外排水、有组织内排水两类。

有组织外排水是将落水管设在室外，做法有檐沟外排水、女儿墙外排水等，多用于比较温暖的地区。

有组织内排水是将落水管设在室内或隐没在墙柱构件内，这种方式多用于高层建筑、多跨建筑和严寒多雪地区建筑的排水。

任务 4 楼梯、台阶与坡道

一、楼梯

1. 楼梯的组成

楼梯一般由楼梯段、楼梯平台、栏杆(栏板)和扶手三部分组成(见图 2-40)。

1) 楼梯段

楼梯段又称楼梯跑、梯段,是楼梯的主要使用和承重部分,它由若干个踏步组成。一个楼梯段的踏步数量最多不宜超过 18 级,不应少于 3 级。

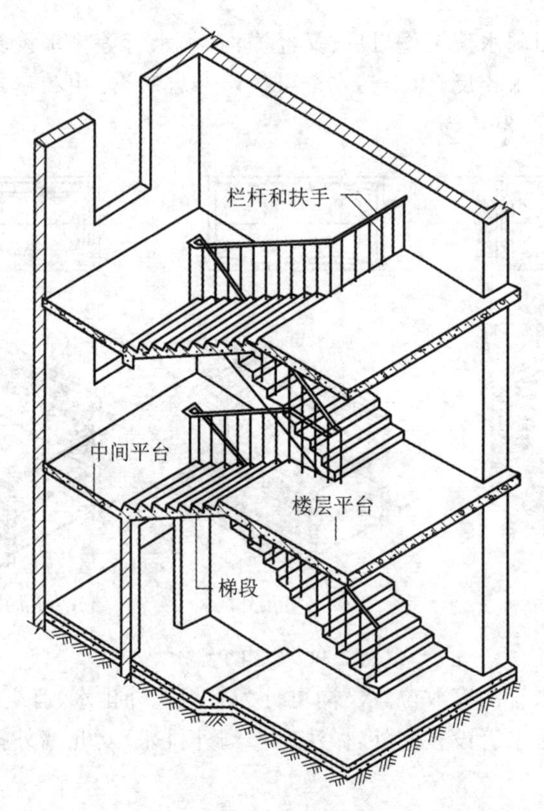

图 2-40 楼梯的组成

2) 楼梯平台

楼梯平台是指两楼梯段之间的水平板,供人们上、下楼梯时缓解疲劳和转换方向,有楼层平台和中间平台之分。

3）栏杆（栏板）和扶手

栏杆（栏板）和扶手一般是设置在边缘临空的楼梯段和平台安全保护构件，应有一定的强度和刚度并保证有足够的安全高度。

2. 楼梯的类型

1）按位置不同分

楼梯按位置不同分，有室内楼梯和室外楼梯。

2）按使用性质不同分

楼梯按使用性质不同分，有主要楼梯、辅助楼梯、疏散楼梯、消防楼梯等。

3）按主要材料不同分

楼梯按主要材料不同分，有钢筋混凝土楼梯、钢楼梯、木楼梯等。

4）按平面形式不同分

楼梯按平面形式不同分，有直行单跑楼梯、平行双跑楼梯、折行双跑楼梯、三跑楼梯、螺旋形楼梯、弧形楼梯、剪刀式楼梯、交叉式楼梯等（见图 2-41）。

5）按楼梯间的平面形式分

楼梯按楼梯间的平面形式不同分，有开敞式楼梯间、封闭式楼梯间、防烟楼梯间等。

3. 楼梯的尺寸

1）楼梯的坡度与踏步尺寸

① 楼梯坡度是指梯段中各级踏步前缘的假定连线与水平面形成的夹角，也可以夹角的正切表示。楼梯的坡度范围常为 23°～45°，适宜的坡度为 30°左右。公共建筑的楼梯坡度较平缓，常为 26°34′（正切为 1/2）左右。住宅中的公用楼梯坡度可稍陡些，常为 33°42′（正切为 1/1.5）左右。

楼梯坡度一般不宜超过 38°，供少量人流通行的内部交通楼梯，坡度可适当加大。

② 楼梯的踏步尺寸包括踏面宽（用 b 表示）和踢面高（用 h 表示），踏面是人脚踩的部分，其宽度不应小于成年人的脚长，一般为 250～320 mm。踏步尺寸可按经验公式 $b+h\approx 450$ mm 或 $b+2h=600\sim620$ mm 来确定。具体的值应根据建筑物的功能和实际情况来确定，常见的民用建筑楼梯的适宜踏步尺寸如表 2-2 所示。

表 2-2　常见的民用建筑楼梯的适宜踏步尺寸（单位：mm）

名称	住宅	学校、办公楼	剧院、食堂	医院	幼儿园
踢面高 h	150～175	140～160	120～150	150	120～150
踏面宽 b	260～300	280～340	300～350	300	260～300

2）楼梯栏杆扶手的高度

楼梯栏杆扶手的高度指踏面前缘至扶手顶面的垂直距离。楼梯扶手的高度与楼梯的坡度、楼梯的使用要求有关。很陡的楼梯，扶手的高度矮些，坡度平缓时高度可稍大。在 30°左右的坡度下常采用 900 mm；儿童使用的楼梯栏杆高度一般为 600 mm。一般室内楼梯栏杆高度＞900 mm，靠

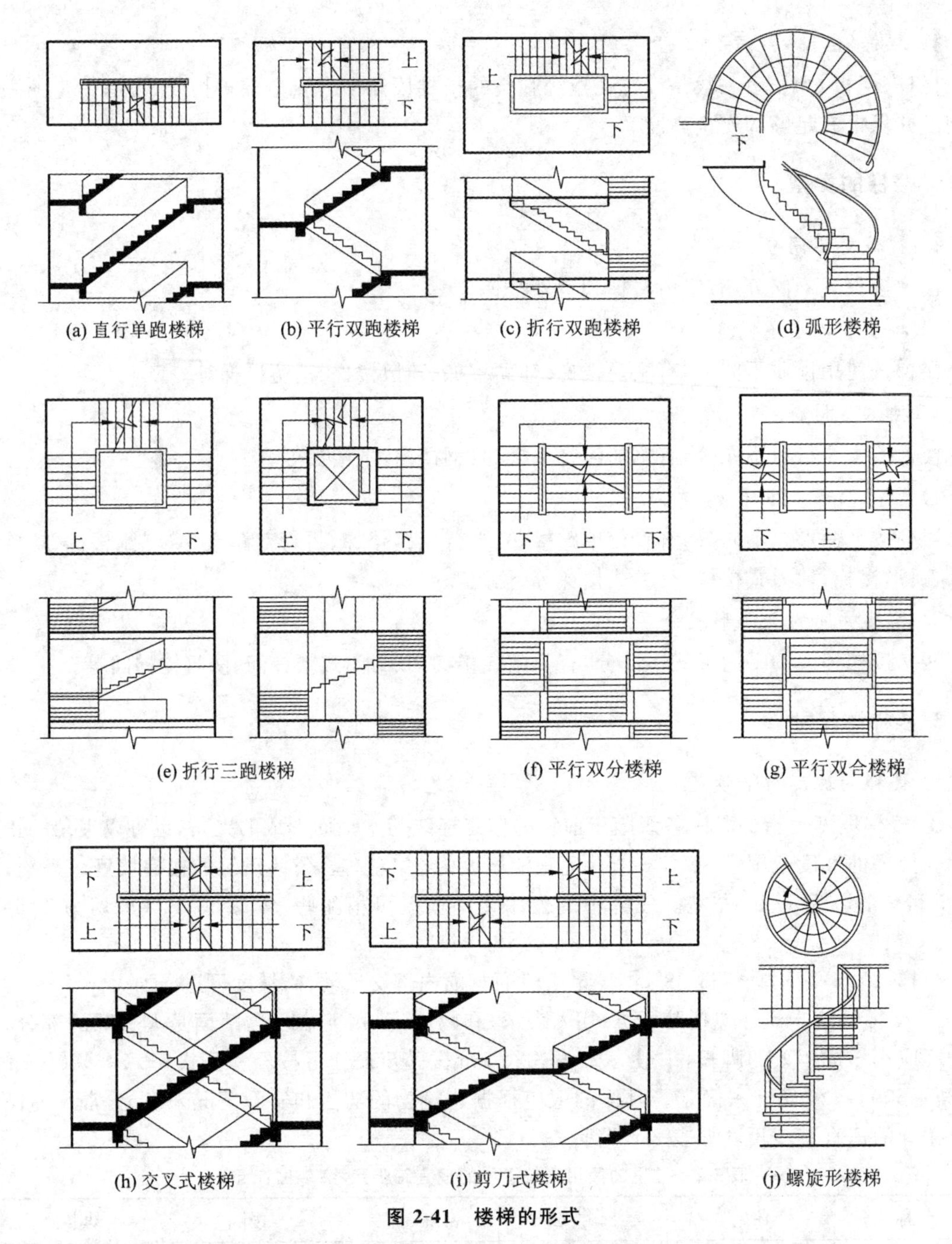

(a) 直行单跑楼梯　(b) 平行双跑楼梯　(c) 折行双跑楼梯　(d) 弧形楼梯

(e) 折行三跑楼梯　(f) 平行双分楼梯　(g) 平行双合楼梯

(h) 交叉式楼梯　(i) 剪刀式楼梯　(j) 螺旋形楼梯

图 2-41　楼梯的形式

梯井一侧水平栏杆长度>500 mm，其高度>1000 mm，室外楼梯栏杆高度>1050 mm。

3）楼梯尺寸的确定

设计楼梯主要是解决楼梯梯段和平台的设计，而梯段和平台的尺寸与楼梯间的开间、进深和层高有关。

4）楼梯的净空高度

为保证在这些部位通行或搬运物件时不受影响，楼梯净高在平台处应大于 2 m；在梯段处应大于 2.2 m，如图 2-42 所示。

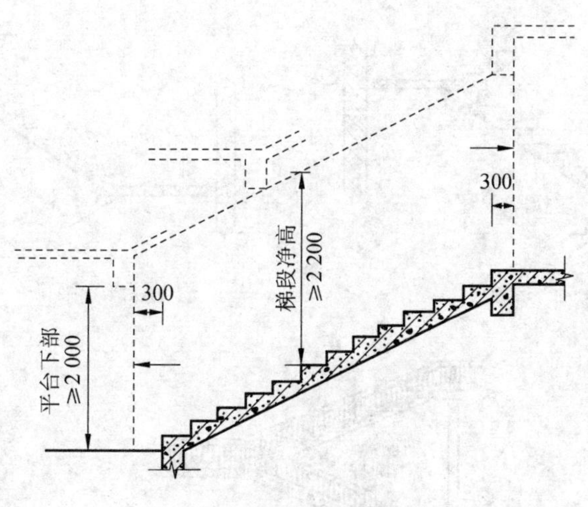

图 2-42 楼梯净高示意图

4. 钢筋混凝土楼梯构造

钢筋混凝土楼梯具有坚固耐久、防火性能好、刚度大和可塑性强等优点，是民用建筑中应用最广泛的一种楼梯。其按施工方法不同，可分为现浇整体式钢筋混凝土楼梯和预制装配式钢筋混凝土楼梯。

1）现浇整体式钢筋混凝土楼梯

现浇整体式钢筋混凝土楼梯是把楼梯段和平台整体浇筑在一起的楼梯，虽然其消耗模板量大、施工工序多、周期较长，但其整体性好、刚度大、有利于抗震，并能充分发挥钢筋混凝土的可塑性，所以在工程中应用十分广泛。

现浇整体式钢筋混凝土楼梯按结构形式的不同，分为板式楼梯和梁板式楼梯。

（1）板式楼梯

板式楼梯是把楼梯段看作一块斜放的板，楼梯板分为有平台梁和无平台梁两种情况。有平台梁的板式楼梯的梯段两端放置在平台梁上，平台梁之间的距离为楼梯段的跨度，其传力过程为楼梯段→平台梁→楼梯间墙（或柱），如图 2-43(a)所示。无平台梁的板式楼梯是将楼梯段和平台板组合成一块折板，这时，板的跨度为楼梯段的水平投影长度与平台宽度之和，如图 2-43(b)所示。近年来，各地较多采用悬挑楼梯，其特点是梯段和平台均无支承，完全靠上、下梯段与平台组成的空间板式结构与上、下层楼结构共向来受力，因而造型新颖，空间感好，多用作公共建筑和庭园建筑的外部楼梯，如图 2-43(c)所示。

板式楼梯构造简单、施工方便，但当楼梯段跨度较大时，板的厚度较大，材料消耗多，不经济。因此，板式楼梯适用于楼梯段跨度不大(不超过 3 m)、荷载较小的建筑。

（2）梁板式楼梯

梁板式楼梯是设置斜梁来支承踏步板，斜梁搁置在平台梁上的楼梯。楼梯荷载的传力过程为踏步板→斜梁→平台梁→楼梯间墙（或柱）。斜梁一般设两根，位于踏步板两侧的下部，这时，踏步外露，称为明步楼梯，如图 2-44(a)所示。斜梁也可以位于踏步板两侧的上部，这时，踏步被斜梁包在里面，称为暗步楼梯，如图 2-44(b)所示。

梁板式楼梯可使板跨缩小、板厚减薄、受力合理且经济，适用于荷载较大、层高较高的建筑，

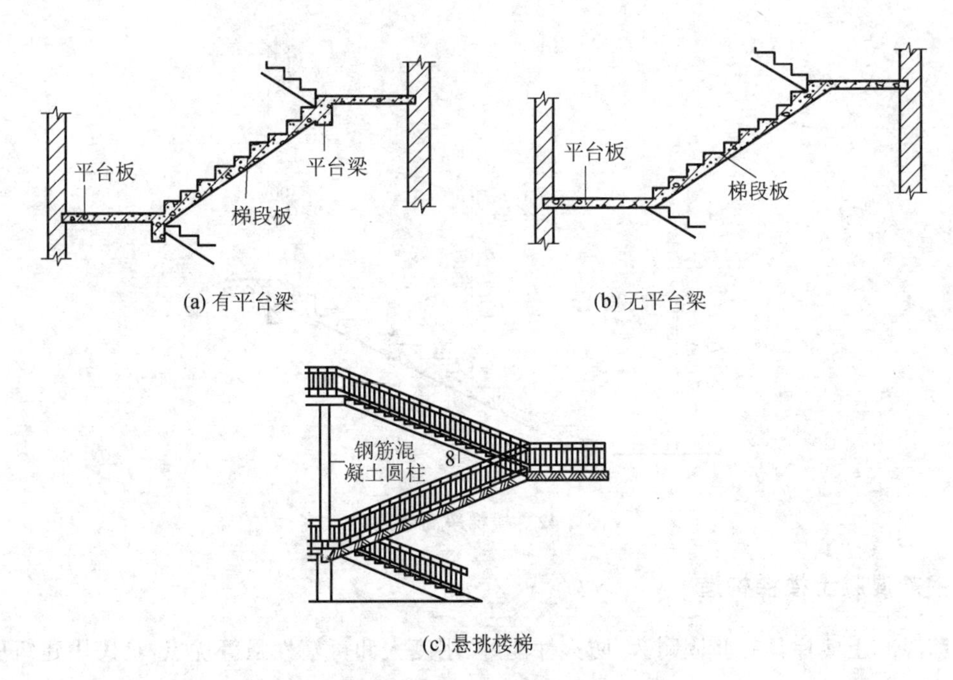

图 2-43　现浇整体式钢筋混凝土板式楼梯

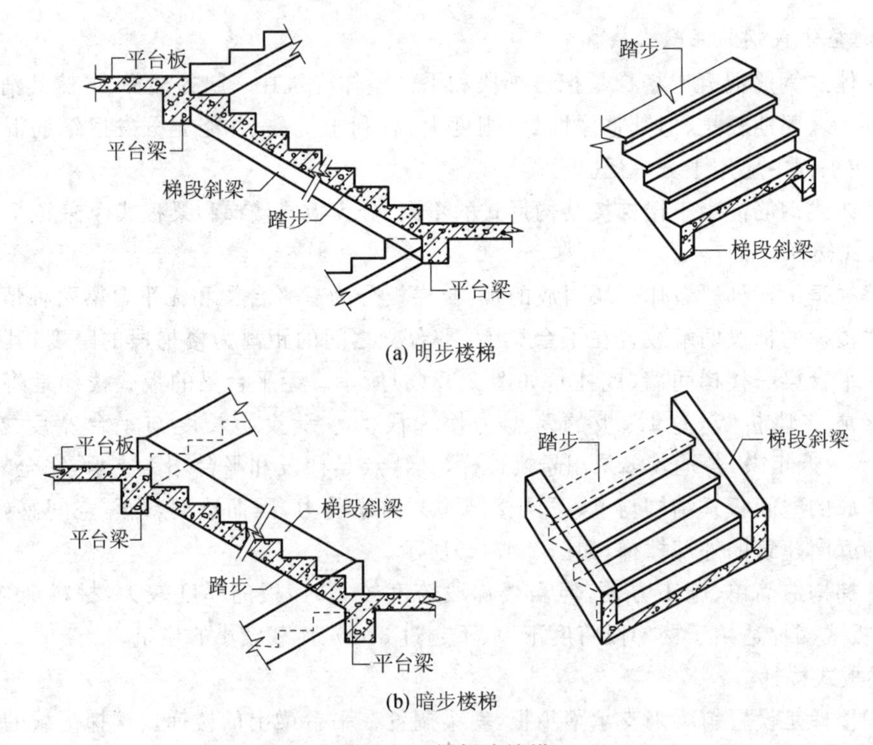

图 2-44　梁板式楼梯

如教学楼、商场等。

2）预制装配式钢筋混凝土楼梯

预制装配式钢筋混凝土楼梯按其构造方式，可分为梁承式、墙承式和墙悬臂式等类型。

(1) 预制装配梁承式钢筋混凝土楼梯

预制装配梁承式钢筋混凝土楼梯是指梯段由平台梁支承的楼梯构造方式。预制构件分为梯段、平台梁和平台板三部分。

① 梯段。梯段根据其结构受力方式,可分为梁板式梯段和板式梯段。

梁板式梯段由梯段斜梁和踏步板组成。踏步板支承在两侧梯段斜梁上。梯段斜梁两端支承在平台梁上,构件小型化,施工时不需大型起重设备即可安装,施工方便。踏步板断面形式有一字形、L形、三角形等(见图2-45)。梯段斜梁有矩形断面、L形断面和锯齿形断面三种(见图2-46)。

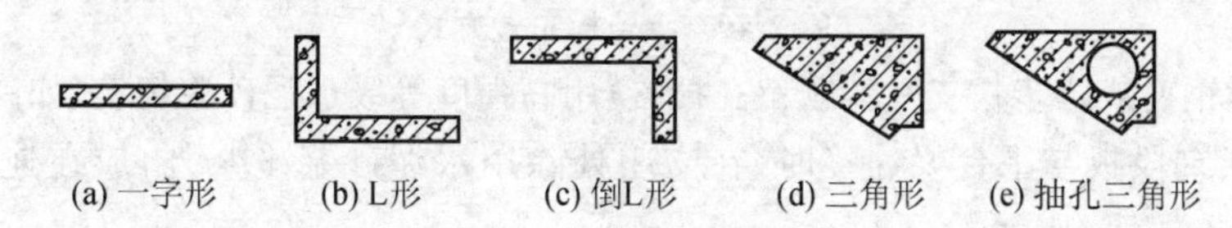

图2-45 踏步板断面形式

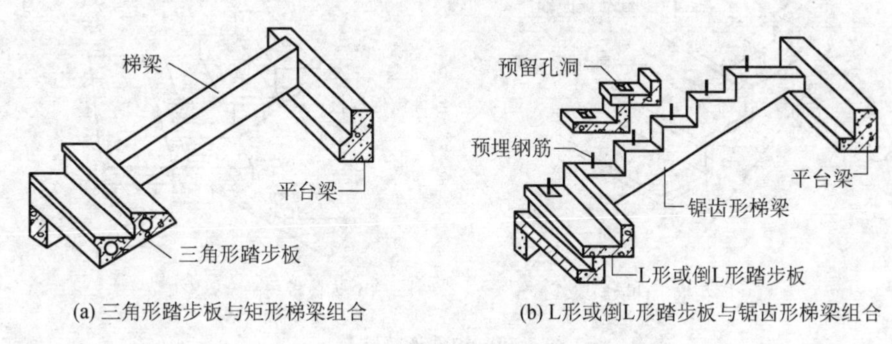

图2-46 预制梯段斜梁的形式

板式梯段为整块或数块带踏步条板,没有梯段斜梁,梯段底面平整,结构厚度小,其上、下端直接支承在平台梁上(见图2-47)。

② 平台梁。为了便于支承梯段斜梁或梯段板,平衡梯段水平分力并减少平台梁所占结构空间,一般将平台梁做成L形断面(见图2-48)。其结构高度按$L/12$估算(L为平台梁跨度)。

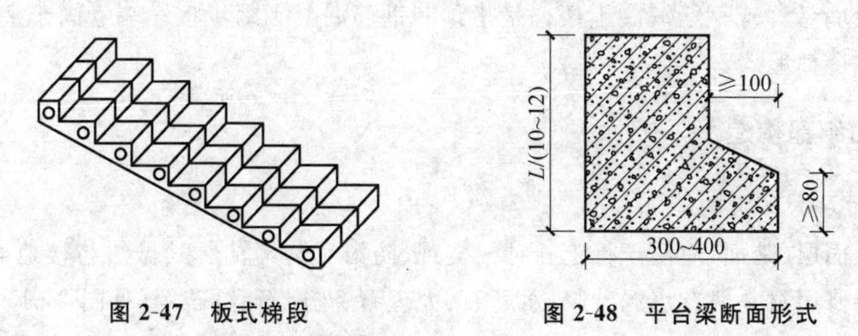

图2-47 板式梯段　　图2-48 平台梁断面形式

③ 平台板。平台板可根据需要采用钢筋混凝土空心板、槽形板或平板。平台板一般平行于平台梁布置,如图2-49(a)所示,以利于加强楼梯间整体刚度。当垂直于平台梁布置时,常用小平板,如图2-49(b)所示。

④ 构件连接构造。由于楼梯是主要交通部件,对其坚固耐久、安全可靠的要求较高,特别是在地震区建筑中更需引起重视,并且梯段为倾斜构件,故需加强各构件之间的连接,提高其整体性。

踏步板与梯段斜梁连接是指在梯段斜梁支承踏步板处用水泥砂浆坐浆连接。若需加强,可在

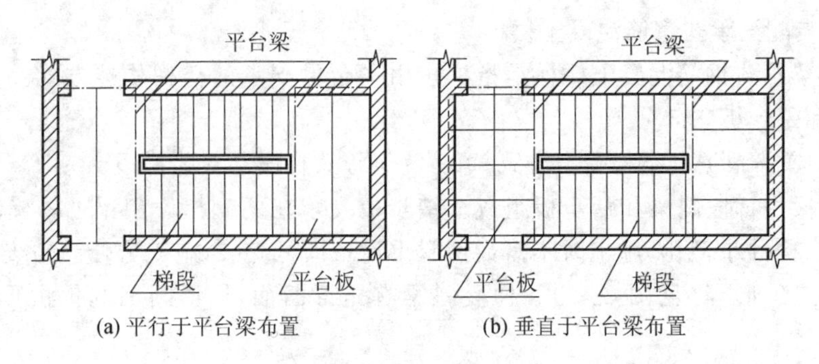

(a) 平行于平台梁布置　　(b) 垂直于平台梁布置

图 2-49　平台板布置方式

梯段斜梁上预埋钢筋或踏步板支承端预留孔插接，用高强度等级水泥砂浆填实，如图 2-50(a)所示。

梯段斜梁或梯段板与平台梁连接时，在支座处除用水泥砂浆坐浆外，应在连接端预埋铁件进行焊接，如图 2-50(b)所示。

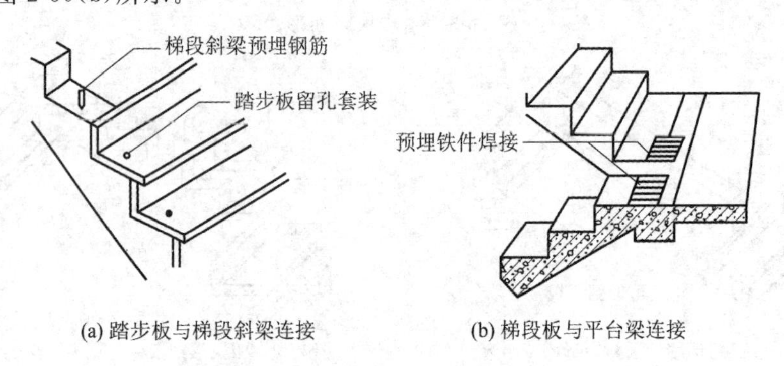

(a) 踏步板与梯段斜梁连接　　(b) 梯段板与平台梁连接

图 2-50　构件连接构造

(2) 预制装配墙承式钢筋混凝土楼梯

预制装配墙承式钢筋混凝土楼梯是预制钢筋混凝土踏步板直接搁置在墙上的一种楼梯形式，其踏步板一般采用一字形、L 形断面。

(3) 预制装配墙悬臂式钢筋混凝土楼梯

预制装配墙悬臂式钢筋混凝土楼梯是指预制钢筋混凝土踏步板一端嵌固于楼梯间侧墙上，另一端悬挑的楼梯形式。

5. 楼梯的细部构造

1) 踏步面层和防滑构造

楼梯踏步面层(踏面)应便于行走、耐磨、美观、防滑和易清洁。其做法与楼地面层装修做法基本相同。装修用材一般有水泥砂浆、水磨石、大理石、花岗石、缸砖等(见图 2-51)。

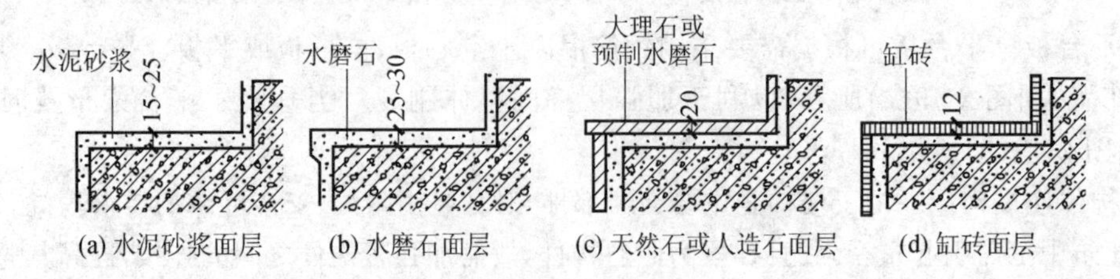

(a) 水泥砂浆面层　(b) 水磨石面层　(c) 天然石或人造石面层　(d) 缸砖面层

图 2-51　踏步面层构造

为防止行人在上、下楼梯时滑跌，特别是水磨石面层以及其他表面光滑的面层，常在踏步近踏口处，用不同于面层的材料做略高于踏面的防滑条，或用带有槽口的陶土块、金属板包住踏口。如果面层采用水泥砂浆抹面，由于表面粗糙，可不做防滑条。踏步防滑处理如图 2-52 所示。

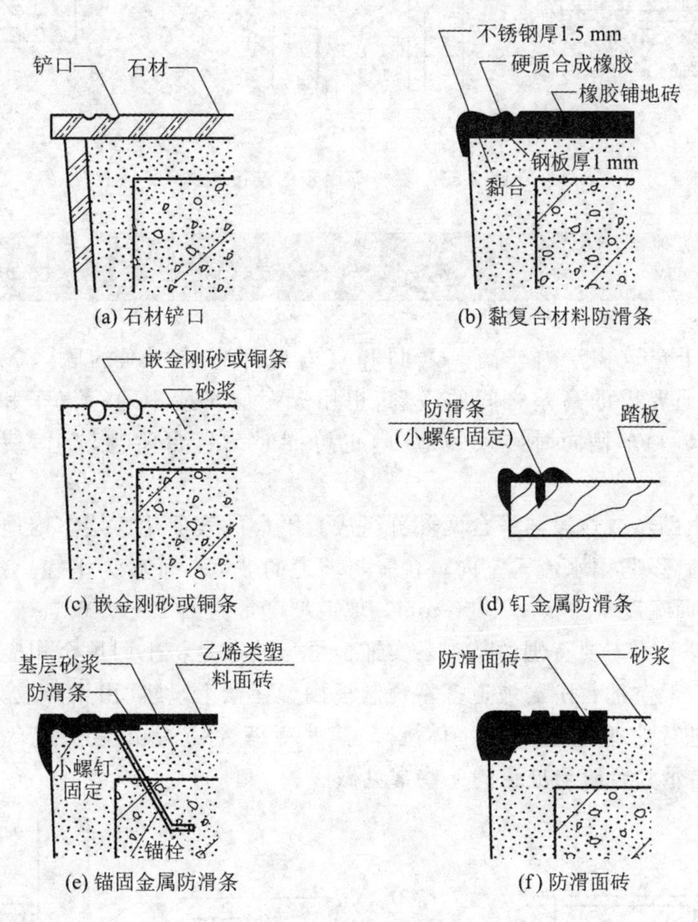

图 2-52 踏步防滑处理

2）栏杆（栏板）和扶手

（1）栏杆

栏杆多采用方钢、圆钢、钢管或扁钢等材料，可焊接或铆接成各种图案，既起防护作用，又起装饰作用。

栏杆与踏步的连接方式有锚接、焊接和栓接三种。

锚接是在踏步上预留孔洞，然后将钢条插入孔内，预留孔一般为 50 mm×50 mm，插入洞内至少 80 mm，洞内浇筑水泥砂浆或细石混凝土嵌固。焊接则是在浇筑楼梯踏步时，在需要设置栏杆的部位，沿踏面预埋钢板或在踏步内埋套管，然后将钢条焊接在预埋钢板或套管上。栓接是指利用螺栓将栏杆固定在踏步上，方式可有多种。栏杆与踏步的连接方式如图 2-53 所示。

（2）栏板

栏板多用钢筋混凝土或加筋砖砌体制作，也可用钢丝网水泥板制作。钢筋混凝土栏板有预制和现浇两种。

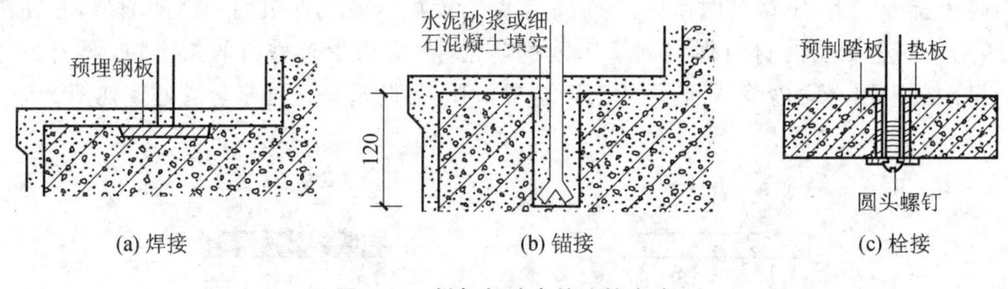

图 2-53　栏杆与踏步的连接方式

二、台阶与坡道

台阶主要用于建筑物室内外高差之间和室内局部高差之间的联系。坡道则用于建筑物中有无障碍交通要求的高差之间的联系，也用于多层车库中通行汽车和医疗建筑中通行担架车等。在人员和车辆同时出入的地方，也可同时设置台阶与坡道，使人员与车辆各行其道。

台阶与坡道由踏步或坡段与平台两部分组成。平台的表面比底层室内地面的标高略低，泛水方向应背离进口，以防雨水流入室内。台阶与坡道的坡度一般较为平缓。台阶踏步高度常为100～150 mm，踏面宽度常为300～400 mm。坡道坡度常为1/12～1/6。

台阶与坡道一般不需要特别的基础。实铺台阶与坡道是将土回填至相应标高，用道砟或三合土夯实后再做。架空的台阶与坡道多将预制板搁置在梁上，坡度由梁形成。台阶与坡道的构造要点是对变形进行处理，防止房屋主体沉降、热胀冷缩、冰冻等因素造成台阶与坡道的破坏，图 2-54、图 2-55 所示为台阶与坡道的一些常见做法。

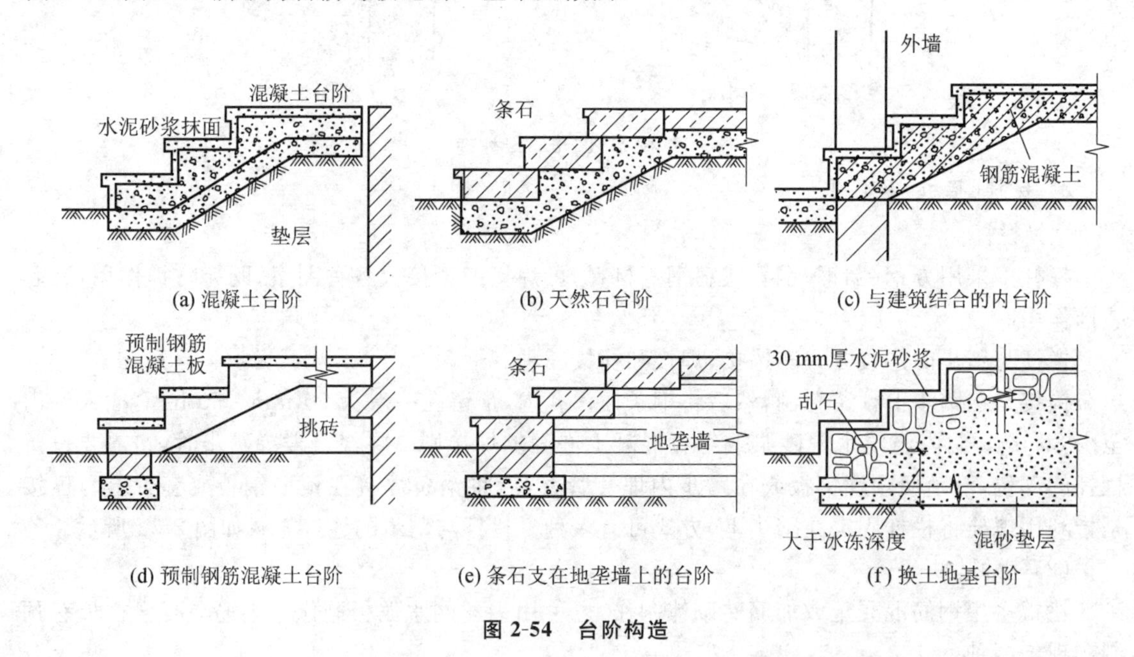

图 2-54　台阶构造

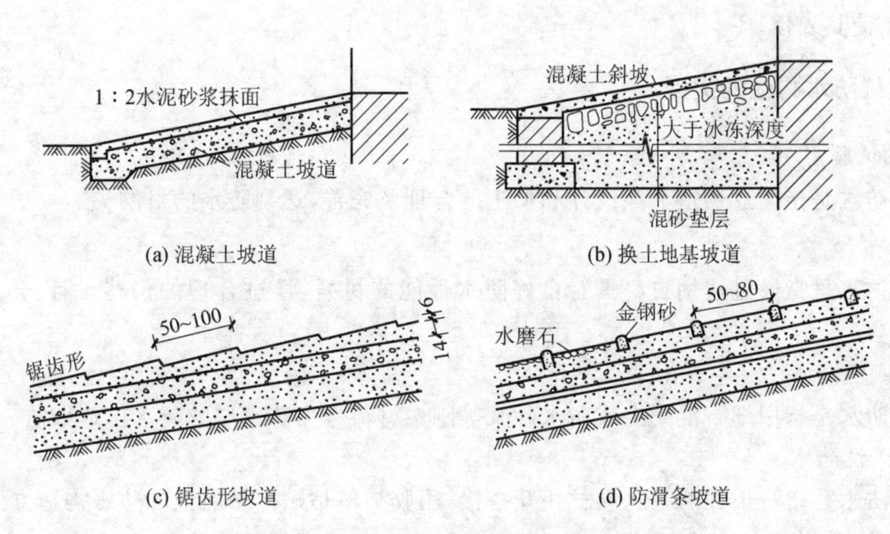

(a) 混凝土坡道 (b) 换土地基坡道

(c) 锯齿形坡道 (d) 防滑条坡道

图 2-55 坡道构造

任务 5 建筑防水与防潮

一、概述

1. 建筑防水、防潮的基本原理

建筑物需要进行防水、防潮处理的地方主要在屋面、墙面、地下室等经常受到雨雪、地下水侵袭的部位和一些需要用水的内部空间，如居住建筑的厨房、卫生间、浴室和其他一些建筑中的实验室、餐饮用房等。

建筑物的变形是引起建筑物开裂和渗漏的重要原因之一。此外，水压也是造成水通过建筑材料中存在的细小空隙向室内或是建筑物的其他部位渗透的不可忽视的原因。例如，建筑物的地下室长期浸泡在有压的地下水中或在丰水期遭遇到地下水，积水部位的水由于自重产生压力等，都有可能造成建筑构件的渗水。因此，建筑防水、防潮往往按照以下几个基本原则进行设计：

① 有效控制建筑物的变形，如热胀冷缩、不均匀沉降等。对有可能因为变形引起开裂的部位事先采取应对措施，如在屋面上所采用的刚性材料中预留分仓缝的构造措施，就是用来限制变形应力的大小，以防止屋面无序开裂的。

② 对有可能积水的部位，采取疏导的措施，使水能够及时排走，不至于因积水而造成渗漏。例如，组织屋面坡度，将雨水及时引至雨水排放管网中去的方法，就是其中之一。

③ 对防水的关键部位利用刚性材料的密实性和柔性材料的憎水性，采取构造措施，将水挡

在外部,不使其入侵。

2. 建筑防水构造的类型

1）构造防水

构造防水是指通过构造节点设计和加工的合理及完善,达到防水的目的。

2）材料防水

材料防水是指通过选用自身具有良好防水性能的材料,经过合理的构造设计,达到防水的目的。

(1) 刚性防水

刚性防水是指用细石混凝土或防水砂浆等刚性材料作为防水层的防水构造做法。

(2) 柔性防水

柔性防水是指将柔性的防水卷材相互搭接,用胶结料粘贴在基层上的防水构造方法。

(3) 涂膜防水

涂膜防水是将可塑性和黏结力较强的高分子防水涂料直接涂刷在基层上,形成一层满铺的不透水薄膜层,以形成防水能力。防水涂料主要有乳化沥青、氟丁橡胶类、丙烯酸树脂类等。

二、屋顶防水

1. 柔性防水屋面

柔性防水屋面系将柔性的防水卷材或片材用胶结料粘贴在屋面上,形成一个大面积的封闭防水覆盖层。这是典型的以“堵”为主的防水构造。这种防水层需有一定的延伸性,可满足直接暴露在大气层的屋面和结构的温度变形需要,故称柔性防水屋面,亦称卷材防水屋面。

1）防水卷材

我国过去一直沿用沥青油毡作为屋面的主要防水材料。这种防水屋面的优点是造价低廉、有一定的防水能力,但须热施工,存在污染环境、低温脆裂、高温流淌等缺点且七八年即要重修。为了改变这一落后状况,已出现一批新的卷材或片材防水材料,分别介绍如下。

(1) 沥青玻璃布油毡、沥青玻璃纤维油毡、石油沥青麻布油毡

这三种油毡是以玻璃布、玻璃纤维、麻布为胎的有胎浸渍卷材,其特点是抗拉强度高、柔韧性好、耐腐蚀性强,适用于对防水性、耐久性、耐腐蚀性要求较高的工程,管道工程,基层结构有变形和结构外形较复杂的防水工程。

(2) 再生胶油毡

再生胶油毡是一种无胎辊压卷材,是用沥青与废橡胶粉混熔、脱硫后,掺入填充料混炼再经压延而成。这种油毡延伸性大,低温柔性好,耐腐蚀性强,耐水性及热稳定性好,适用于屋面或地下作接缝和满堂铺设的防水层,尤其适用于基层沉降较大或沉降不均匀的建筑物变形缝的防水处理。

(3) 三元乙丙橡胶防水卷材

三元乙丙橡胶防水卷材是一种橡胶基的无胎卷材,也是一种最先进、最具有发展前途的防

水卷材。它具有耐老化、耐低温、耐腐蚀、弹性及抗拉强度高等优点，适用于冷施工等一系列条件，可在-60～120 ℃条件下使用，寿命可达30～50年。粘贴时，应采用合成橡胶类胶黏剂粘贴，如CX-404胶黏剂和BNZ型黏合剂等。

(4) 聚氯乙烯防水卷材

聚氯乙烯防水卷材是一种树脂基的无胎防水卷材。它分为S型(以煤焦油与聚氯乙烯树脂混熔料为基料的柔性卷材)和P型(以增塑聚氯乙烯为基料的塑性卷材)两类。聚氯乙烯防水卷材具有良好的低温柔韧性、耐腐蚀性和耐老化性。

常用的防水卷材有APP改性沥青卷材、三元丁橡胶防水卷材、OMP改性沥青卷材、氯丁橡胶卷材、氯化聚乙烯-橡胶共混防水卷材、水貂LYX-603防水卷材、铝箔面油毡等。这些材料的优点是冷施工、弹性好、寿命长，但目前有些产品价格尚较高。由于目前油毡防水屋面仍有不少地区使用且构造处理上也较为典型，所以这里仍做重点介绍。

2) 油毡防水屋面

(1) 防水层

屋面油毡防水层是用沥青胶和油毡层交替黏合而成的。一般平屋顶铺三层油毡，用上、下及两个夹层共四层沥青胶黏结，通称三毡四油。油毡上下左右搭接，形成一层整体不透水的屋面防水层，如图2-56所示。在屋面的重要部位和严寒地区须做四毡五油。

平屋顶油毡的铺设，一般由檐口到屋脊一层层向上铺设，上下搭接80～120 mm，左右搭接100～150 mm。多层铺法的上、下油毡层的接缝应错开。有一种逐层搭接半张的铺设方法代替一般的二毡三油铺法，施工较为方便。

沥青黏合层的施工厚度要控制在1 mm左右，以免在自然环境中引起凝聚力而发生龟裂。

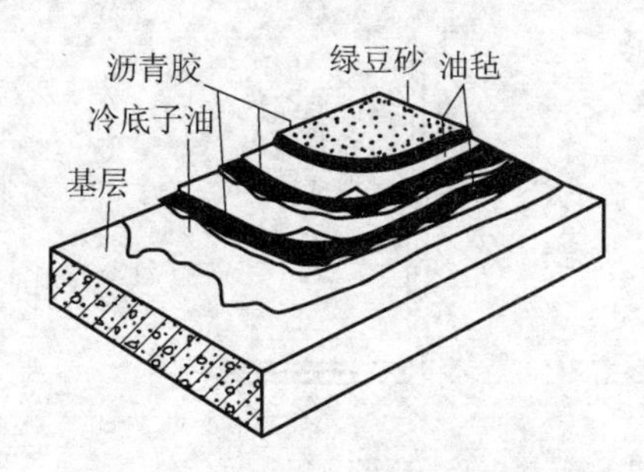

图2-56 油毡防水屋面构造层次

(2) 找平层和结合层

油毡防水层应铺设在一个平整的表面上，一般在结构或保温层上做1∶3水泥砂浆找平层，厚15～20 mm(在散料上厚20～30 mm)。为了使第一层热沥青能和找平层牢固地结合，须喷涂一层既能和沥青黏合又容易渗入水泥砂浆的稀释沥青溶液，通称冷底子油。一般，质量配合比为40%的石油沥青与60%的煤油(或轻柴油)或30%的石油沥青与70%的汽油。

第一层沥青胶浇涂时，除注意黏结牢固外，还要注意避免油毡层由于内部空气或湿气在太阳辐射下膨胀形成鼓泡。鼓泡一般在以下两种情况下容易发生：一种是室内蒸汽透过结构层渗透到油毡层底面；另一种是在保温层或找坡层中还留有一定的湿气。这些水汽的蒸发和膨胀使油毡防水层鼓泡。鼓泡的皱褶和破裂形成漏水的隐患。

为了使油毡防水层与基层之间有一个能使蒸汽扩散的场所，常将第一层沥青层采用点状(俗称花油法)或条状粘贴。

(3) 保护层

油毡防水层的表面呈黑色,最容易吸热,在太阳辐射下,夏季表面综合温度可达 60～80 ℃,容易使沥青胶流淌和油毡老化。一般多在表面用沥青胶粘着一层 3～6 mm 粒径的粗砂作为保护层,俗称绿豆砂或豆石。保护层有利于防止暴风雨对防水层的冲刷,但砂粒易被冲刷流失而使防水层裸露。经测定,增大粒径至 15～25 mm 的小石子和增加厚度至 30～100 mm 的保护层,可使太阳辐射下的表面综合温度明显下降,对延长油毡防水屋面的使用寿命有利,缺点是增大了屋面的自重。

上人屋顶可在保护层上另加面层,该面层也可用作油毡防水层的保护层。一般可在防水层上浇注 30～40 mm 厚的细石混凝土面层,每 2 m 左右设一分仓缝;也可用砂垫层、水泥砂浆、预制混凝土块或大阶砖;还可将预制板或大阶砖架空铺设以利通风。

3) 油毡防水屋顶的节点构造

(1) 泛水构造

泛水系里面防水层与垂直墙交接处的防水处理方式,一般须用砂浆在转角处做弧形(直径为 50～100 mm)或 45°斜面,油毡粘贴至垂直面至少 150 mm 高,常见为 250 mm。为了加强节点的防水作用,一般须加铺一层油毡,垂直面也用水泥砂浆抹光并刷冷底子油一道。

油毡粘贴在墙面的上口极易开口渗水,如图 2-57(a)所示。为了压住油毡的上口,各地有不同的处理方法,通常有钉木条、压铁皮、嵌砂浆、嵌油膏、压砖块、压混凝土和盖镀锌铁皮等处理方式,除盖铁皮方式外,一般在泛水上口均挑出 1/4 砖,抹水泥砂浆斜口和滴水,如图 2-57 所示。这些做法,施工均较复杂,而且木砖和铁皮日久常会腐朽和锈蚀,用目前新的防水胶粘料把卷材直接粘贴在抹灰层上,也可称有效的泛水处理方法,如图 2-58 所示。

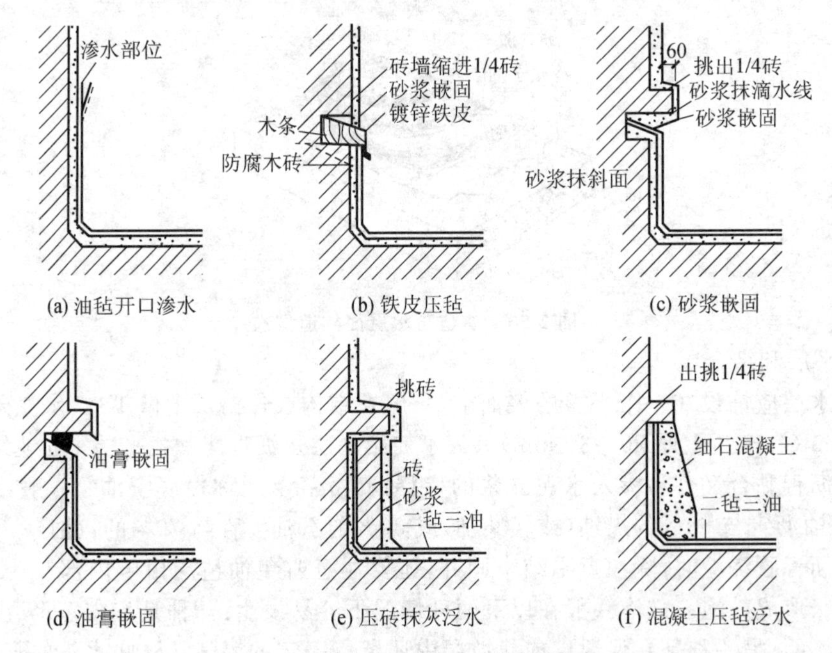

图 2-57　油毡屋面泛水构造举例

(2) 檐口构造

油毡防水屋面的檐口一般有自由落水、挑檐沟、女儿墙带檐沟、女儿墙外排水和内排水等多

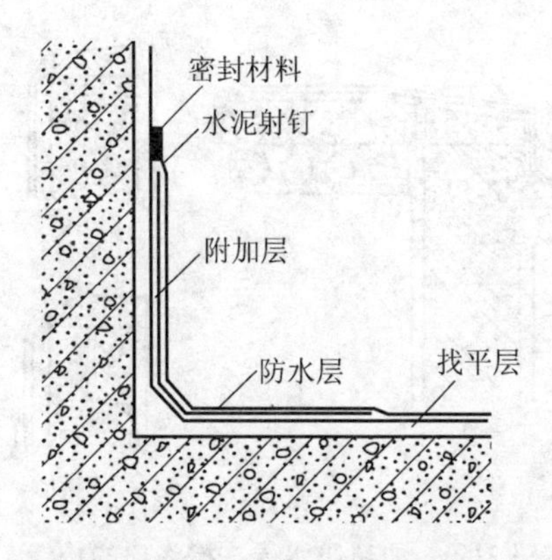

图 2-58　高分子防水卷材屋面泛水构造

种。这里着重论述油毡防水层在檐口处的收头构造。自由落水檐口的油毡收头极易开裂渗水，如图 2-59(a)、(b)、(c)所示，采用油膏嵌缝上面再洒绿豆砂保护的方法，可有所改进，如图 2-59(d)、(e)所示。

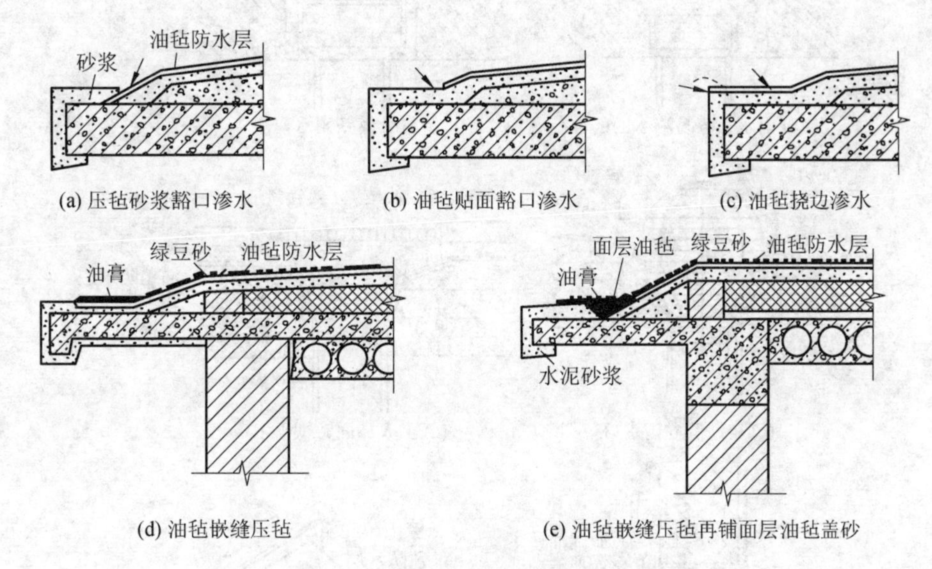

图 2-59　自由落水油毡屋顶檐口构造

带挑檐沟的檐口，檐沟处要多加一层油毡。其檐沟口处的油毡收头，各地处理方法很不统一，一般有压砂浆、嵌油膏和插铁卡住等，如图 2-60 所示，其中，以嵌密封油膏的方法较为合理。

(3) 雨水口构造

雨水口是屋面雨水汇集并排至水落管的关键部位，构造上要求排水通畅、防止渗漏和堵塞。图 2-61(a)所示为雨水口处容易漏水的部位。外檐沟和内排水的雨水口都是在水平结构上开洞，采用铸铁漏斗形的定型件用水泥砂浆埋嵌牢固。雨水口四周须加铺一层油毡，并铺到漏斗口内，用沥青胶贴牢。缺口及交接处等薄弱环节可用油膏嵌缝，再用铸铁罩压盖，如图 2-61(b)、(c)、(d)所示。穿过女儿墙的雨水口采用铸铁雨水口，亦要加铺一层油毡并铺入雨水口 50 mm 以上，用沥青胶贴牢，再加铁篦，如图 2-61(e)所示。所有雨水口处都应尽可能比屋面或檐沟面低一些，有垫坡层或保温层的屋面，可在雨水口直径 500 mm 周围减薄，形成漏斗，使排水通畅，避免积水。对于冬季采暖房屋，这部分积雪应比别处先融化，以免被冰雪堵塞。

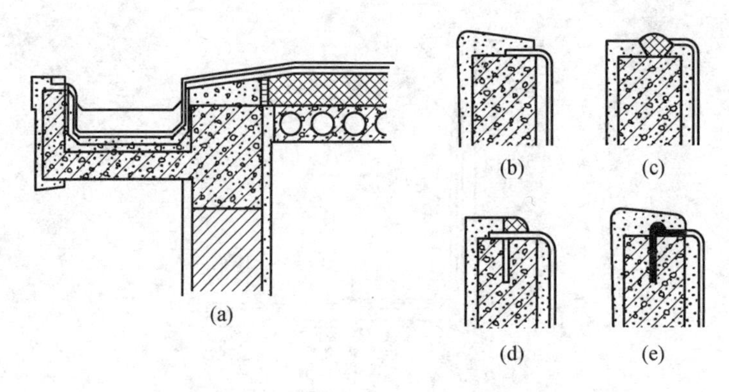

图 2-60　油毡防水层在檐沟口的构造

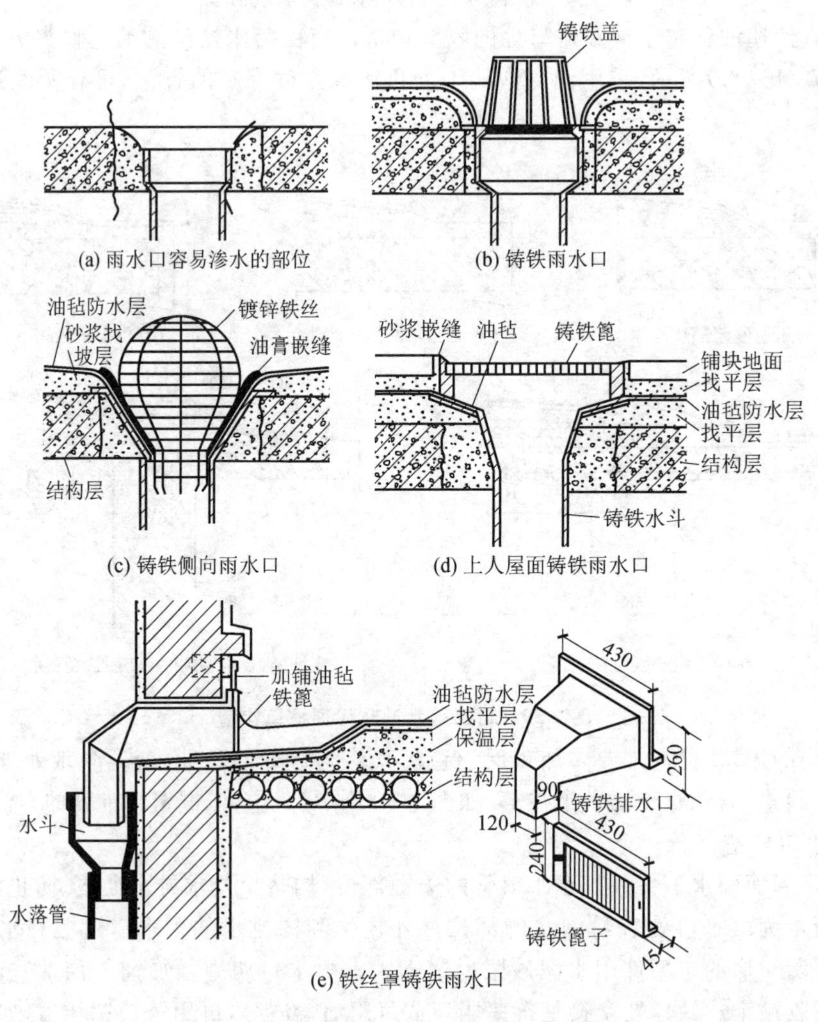

图 2-61　雨水口构造

2. 刚性防水屋面

刚性防水屋面系以防水砂浆抹面或密实混凝土浇捣而成的刚性材料屋面防水层，其主要优点是施工方便、节约材料、造价低廉和维修较为方便，缺点是对温度变化和结构变形较为敏感、施工技术要求较高、较易产生裂缝而漏水，所以必须采取防水措施。

1）刚性防水层的防水构造

刚性屋面在用水泥砂浆和混凝土施工时，如果用水量超过水泥水凝过程所需的用水量，那么多余的水便在硬化过程中逐渐蒸发形成许多空隙和互相连贯的毛细管网；另外过多的水分在砂石骨料表面形成一层游离的水，相互之间也会形成毛细通道。这些毛细通道都是砂浆或混凝土收水干缩时表面开裂和屋面的渗水通道。由此可见，普通的水泥砂浆和混凝土是不能作为刚性屋面防水层的，必须采取以下几种防水措施，才能作为屋面的刚性防水层。

(1) 增加防水剂

防水剂系由化学原料配制而成的，通常为憎水性物质、无机盐或不溶解的肥皂，如硅酸钠(水玻璃)类、氯化物或金属皂类制成的防水粉或浆。这些物质掺入砂浆或混凝土后，能与之生成不溶性物质，填塞毛细孔道，形成憎水性壁膜，以提高其密实性。

(2) 采用微膨胀配料

在普通水泥中掺入少量的矾土水泥等所配制的细石混凝土，在硬化时产生微膨胀效应，可抵消混凝土的收缩性，提高抗裂性。

(3) 提高密实性

控制水灰比、加强浇注时的振捣均可提高砂浆和混凝土的密实性。细石混凝土屋面在初凝前表面用铁滚碾压，使多余水压出，初凝后加少量干水泥，待收水后用铁板压平、表面打毛，然后盖席浇水养护，从而提高面层密实性并避免表面的龟裂。

2）刚性防水屋面的变形及其预防

刚性防水屋面最严重的问题是防水层在施工完成后出现裂缝而漏水。裂缝的原因很多，有气候变化和太阳辐射引起的屋面热胀冷缩；有屋面板受力后产生挠曲变形；有墙身坐浆收缩、地基沉陷、屋面板徐变以及材料收缩等对防水层的影响。其中，最常见的原因是屋面层在室内外、早晚、冬夏及太阳辐射所产生的温差影响下产生的胀缩、挠度等变形和移位。为了适应防水层的变形，常采用以下几种处理方法。

(1) 配筋

细石混凝土屋面防水层的厚度一般为 35～45 mm，为了提高其抗裂和抗应变的能力，常配置Φ3 mm@150 mm 或Φ4 mm@200 mm 双向钢筋。由于裂缝易在面层出现，钢筋宜置于中层偏上，使上面有 15 mm 保护层即可。

(2) 设置分仓缝

分仓缝亦称分格缝，是防止屋面出现不规则裂缝以适应屋面变形而设置的人工缝。分仓缝应设置在屋面温度年温差变形的许可范围内和结构变形敏感的部位。

(3) 设置隔离层

隔离层是在刚性防水层与结构层之间增设的，使其上下分离以适应各自的变形，从而避免由于上、下层变形不同而相互制约。一般先在结构层上面用水泥砂浆找平，再用废机油、沥青、油毡、黏土、石灰砂浆、纸筋石灰作隔离层。有保温层或找坡层的屋面，可利用保温层或找坡层作为隔离层，然后再做刚性防水层。

(4) 设置滑动支座

为了适应刚性防水屋面的变形，结构层屋面板的支承点最好做成活动支座。最简单的方法是在墙或梁顶上先用水泥砂浆找平，干铺 2 层油毡，中间夹滑石粉，再搁置预制屋面板。屋面板顶端之间或与女儿墙之间的端缝都应用弹性物嵌填。如为现浇屋面板，亦可在支承处做滑动支座。

三、墙身防潮

墙体底部接近土层部分易受土层中水分的影响而受潮，从而影响墙身，如图 2-62 所示。为隔绝土中水分对墙身的影响，常在靠近室内地面处设防潮层，有水平防潮层和垂直防潮层两种。

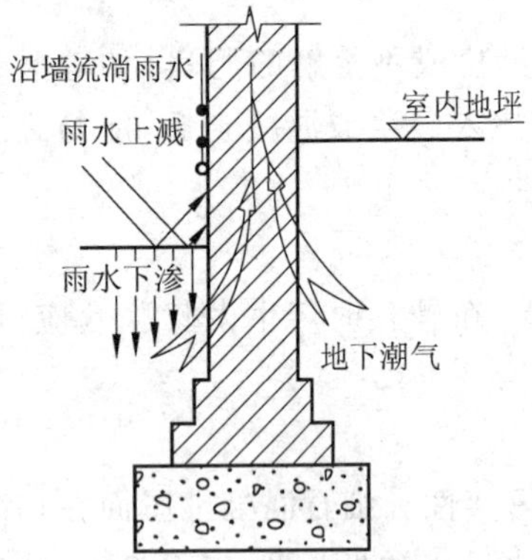

图 2-62　墙身受潮示意

1. 水平防潮层

水平防潮层是在建筑物内外墙体室内地面附近设置的水平方向的防潮层，以隔绝地下潮气等对墙身的影响。水平防潮层位置如图 2-63 所示，比室内地面低 60 mm（位于刚性垫层厚度之间）或比室内地面高 60 mm（柔性垫层），以防地坪下回填土中水分的毛细作用的影响。水平防潮层的构造做法有三种。

① 油毡防潮层，先用 10～15 mm 厚 1∶3 水泥砂浆找平，再铺一毡一油或平铺油毡一层（搭接长度＞70 mm）。油毡防潮层具有一定的韧性、延伸性和良好的防潮性能，但整体性差，对抗震不利，不宜用于有抗震要求的建筑中。

②砂浆防潮层是在需要设置防潮层的位置铺设防水砂浆层或用防水砂浆砌筑 1～2 皮砖。防水砂浆是在水泥砂浆中加入水泥重量的 3%～5%的防水剂配制而成的，防潮层厚 20～25 mm。防水砂浆能克服油毡防潮层的缺点，故较适用于抗震地区和一般的砖砌体中。

③ 细石钢筋混凝土防潮层是在 60 mm 厚的细石混凝土中配 3Φ6～3Φ8 钢筋形成防潮带或结合地圈梁的设置形成防潮层，这种防潮层抗裂性能好，且能与砌体结合为一体，故适用于整体刚度要求较高的建筑中。

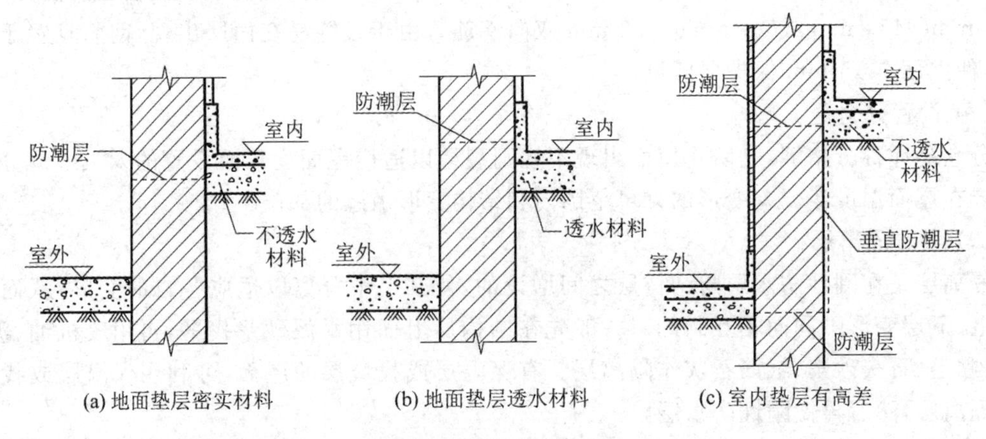

图 2-63　墙身防潮层位置

2. 垂直防潮层

当室内地坪出现高差或室内地坪低于室外地面时，不仅要按地坪高差的不同在墙身设两道水平防潮层，而且，为避免室内地坪较高一侧土层或室外地面回填土中的水分侵入墙身，要对有高差部分的垂直墙面在填土一侧沿墙设置垂直防潮层。垂直防潮层的做法是在两道水平防潮层之间的垂直墙面上，先用水泥砂浆抹灰，再涂冷底子油一道，刷热沥青两道或采用防水砂浆抹灰。

四、楼层防水

在厕所、盥洗室、淋浴室和实验室等用水频繁的房间，地面容易积水，应处理好楼地面的防水。楼地面防水主要有楼地面排水和楼地面防水两种措施。

1. 楼地面排水

为防止用水房间地面积水外溢，用水房间地面应比相邻房间或走道地面低 20～30 mm，也可用门槛挡水。楼地面排水的通常做法是设置 1%～1.5%的排水坡度，并配置地漏。

2. 楼地面防水

现浇钢筋混凝土楼板是用水房间的常用做法。当房间有较高的防水要求时，还需在现浇楼板上设置一道防水层，为防止积水沿房间四周侵入墙身，应将防水层沿墙角向上翻起成泛水，高度一般高出楼地面 150～200 mm，如图 2-64 所示。

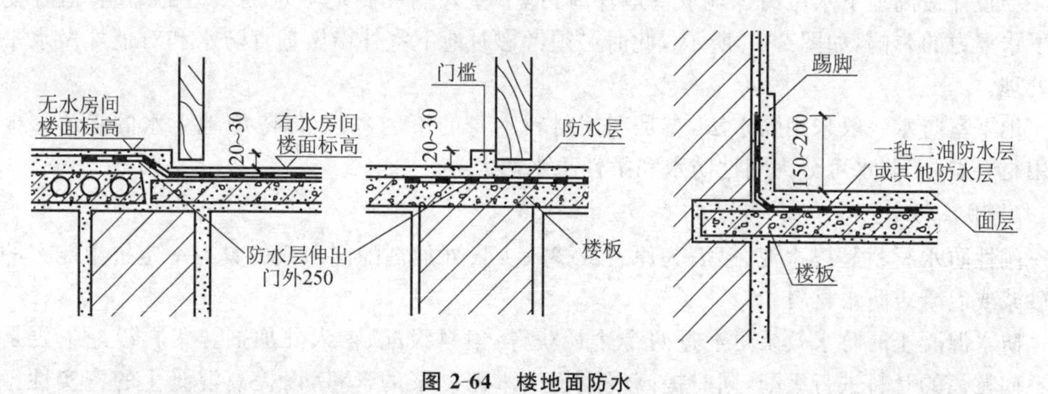

图 2-64　楼地面防水

五、地下室防水与防潮

1. 地下室防潮

当地下水的最高水位处在地下室地面标高以下时，地下水未直接浸入室内，墙和地坪仅受到土层中潮气的影响，这时只需做防潮处理，如图 2-65 所示。防潮处理只针对地表无压水，对于砖墙，其构造要求是墙体必须采用水泥砂浆砌筑，灰缝必须饱满；在墙面外侧设垂直防潮层。常用做法是在墙体的外表面先铺一层 20 mm 厚 1：2.5 水泥砂浆找平层(高出散水 300 mm 以上),再涂一道冷底子油和两道热沥青或涂防水涂料、防水砂浆,然后在防潮层外侧回填低渗透性土壤,如黏土、灰砂等,并逐层夯实,土层宽 500 mm 左右,以防地面雨水或其他地表水的影响。

另外,地下室的所有墙体都必须设两道水平防潮层。一道设在地下室地坪附近；另一道设置在室外地面散水以上 150～200 mm 的位置,以防地潮沿地下墙身或勒脚处侵入室内,如图 2-65所示。

为防止地潮沿地下室地坪侵入室内,除加强地坪结构层和面层的防范措施外,还应在面层与结构层之间增设热沥青防潮层一道。

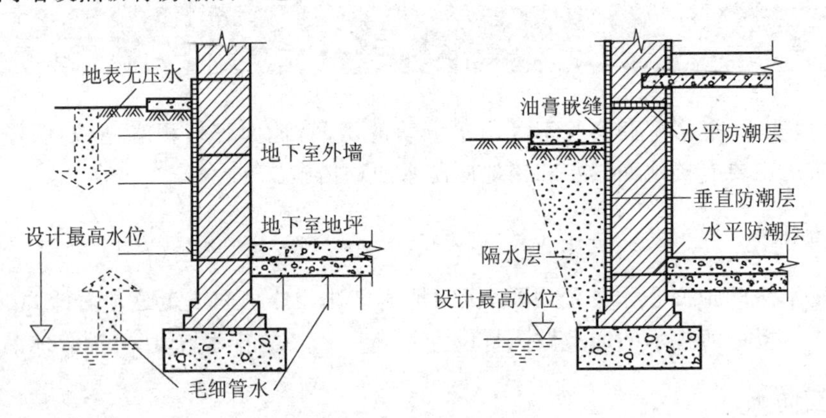

图 2-65 地下室防潮处理

2. 地下室防水

当设计最高地下水位高于地下室地坪时,地下室外墙受到地下水侧压力的影响,地坪受到地下水浮力的影响,如图 2-66 所示 ,此时必须考虑对地下室外墙做垂直防水和对地坪做水平防水处理。

地下室防水一般采用隔水法,它是利用材料本身的不透水性,以隔绝地下水的渗透。根据所用材料划分,防水可分为刚性防水和柔性防水两大类。

1) 刚性防水

刚性防水材料是以水泥、砂石为原料或掺入少量外加剂配制而成的具有一定抗渗能力的水泥砂浆或混凝土防水材料。

防水混凝土的防水效果可通过两个途径获得:集料级配、掺入外加剂。集料级配主要是采用不同粒径的骨料进行级配,同时提高混凝土中水泥砂浆的含量,以提高混凝土的密实性。掺入外加剂是在混凝土中掺入加气剂或密实剂以提高抗渗性能。防水混凝土外墙和底板不宜太薄,厚度应在 250 mm 以上,迎水面保护层厚度不应小于 50 mm,否则会影响抗渗效果。防水混凝土结构底板的混凝土垫层,强度等级不应小于 C15,厚度不应小于 100 mm,在软弱土层中不应小于 150 mm。

为防止地下水对混凝土的侵蚀,在墙外侧应抹水泥砂浆找平,然后外涂防水涂料或刷冷底子油一道、热沥青两道,如图 2-67 所示。

2) 柔性防水

柔性防水材料是具有一定弹性及柔软性,能适应一定程度变形的材料,包括沥青防水卷材、高聚物改性沥青防水卷材、合成高分子防水卷材以及涂膜防水材料，如焦油聚氨酯涂料、硅橡胶等。

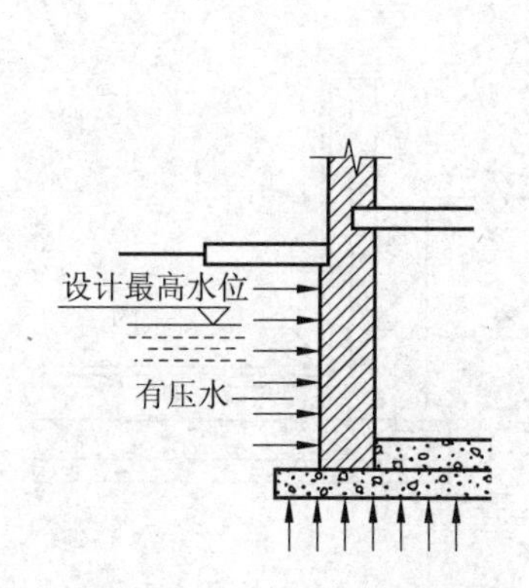

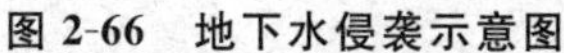

图 2-66　地下水侵袭示意图

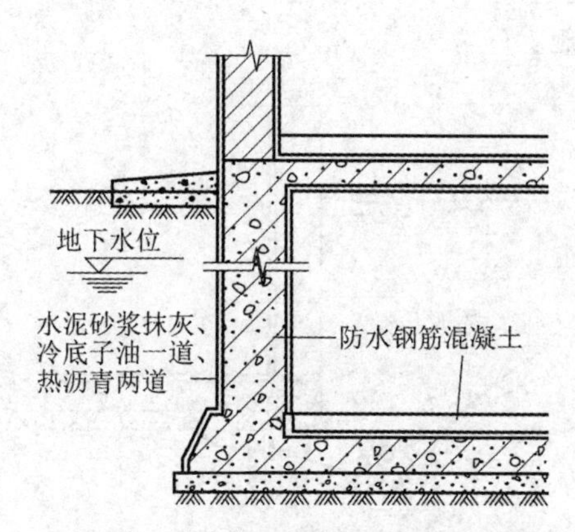

图 2-67　防水混凝土做地下室的处理

卷材防水适用于受侵蚀性介质作用或振动作用的地下室，如图 2-68 所示。铺贴卷材时应使底板的防水层与墙面的防水层相互搭接形成封闭并做好转角处卷材的保护工作。铺贴卷材前，应在基面上涂刷基层处理剂，当基面较潮湿时，应涂刷湿固化型胶黏剂或潮湿界面隔离剂，基层处理剂应与卷材及胶黏剂的材性相容。铺贴高聚物改性沥青卷材应采用热熔法施工，铺贴合成高分子卷材用冷贴法施工。根据防水层位置，卷材防水分外防水和内防水。外防水是将防水层贴在地下室外墙的外表面，这对防水有利，但维修困难；内防水是将防水层贴在地下室的外墙的内表面，这样施工方便，容易维修，但对防水不利，故常用于修缮工程。

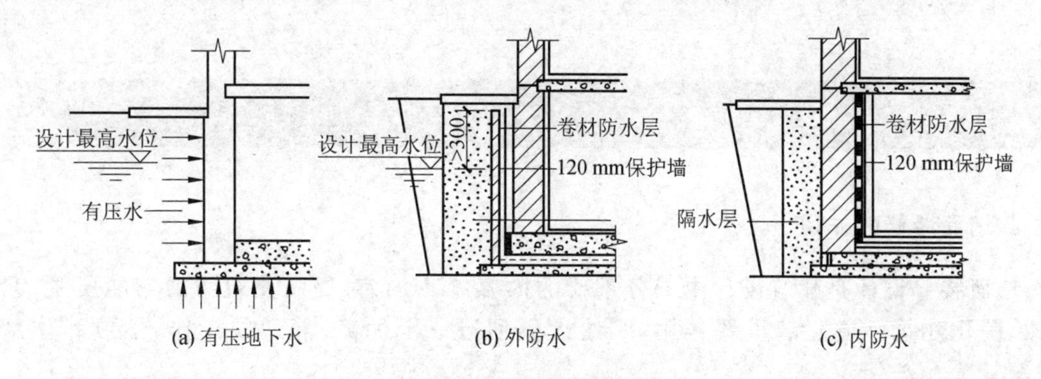

图 2-68　卷材防水做法

以目前地下室的结构类型看，广泛采用了钢筋混凝土结构，因此，一般利用钢筋混凝土本体防水，而卷材、涂膜防水用作辅助防水。随着新型防水材料的不断涌现，地下室防水处理也在不断更新。

除上述防水措施外，还可采用人工降排水的方法，消除地下水对地下室的影响，如图 2-69 所示。

降排水法分为外排法和内排法。外排法指当地下水位高出地下室地面以上时，在建筑物四周设置永久性降排水设施，通常采用盲沟排水，使地下水位降低到地下室底板以下，变有压水为无压水，如图 2-69(a)所示。城市总排水管高于盲沟时，则采用人工排水泵将积水排出。内排水法是将渗入地下室内的水，通过永久性自流排水系统（如集水沟）排至集水井，再用水泵排除。在构造上常将地下室地坪架空或设隔水间层，以保持室内墙面和地坪干燥，如图2-69(b)所示。为确保防水效果，有些重要的地下室，既做外防水设施，又设置内排水设施。

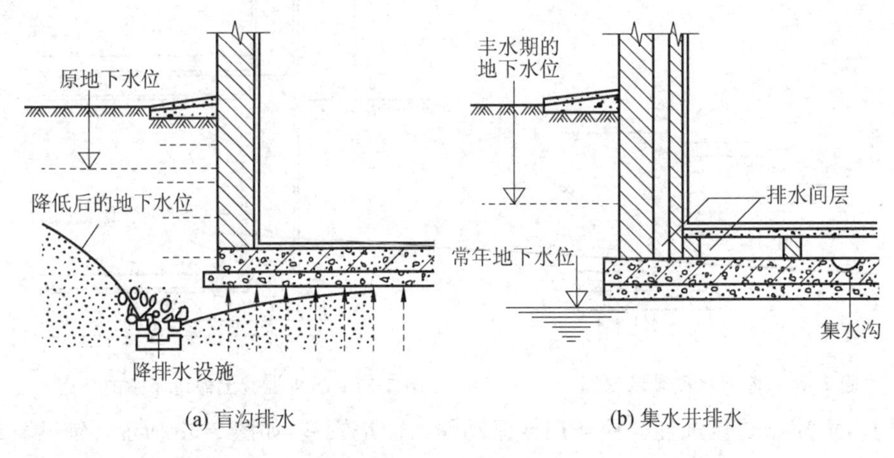

图 2-69　人工降排水措施

任务 6 建筑装修

一、墙面装修

1. 墙面装修的作用

墙面装修设计是建筑设计中十分重要的内容之一，它对提高建筑物的功能质量、艺术效果，美化建筑环境起着重要作用，它给人们创造一个优美、舒适的工作、学习和休息的环境。

对墙面进行装修处理还可防止墙体结构免遭风、雨的直接侵袭，提高墙体防潮、抗风化的能力，从而增强墙体的坚固性和耐久性。

此外，对墙面进行装修处理还可改善墙体热工性能；可增加光线的反射，提高室内照度；对有吸声要求的房间的墙面进行吸声处理后，还可改善室内音质效果。

因此，在当今建筑设计中，必须重视建筑构件的外观设计以及细部处理。

2. 墙面装修的类型

由于材料和施工方式的不同，常见的墙面装修可分为抹灰类、贴面类、涂料类、裱糊类和铺钉类五类，如表2-3所示。

表 2-3　墙面装修分类

类别	室外装修	室内装修
抹灰类	水泥砂浆、混合砂浆、聚合物水泥砂浆、拉毛、水刷石、干粘石、斩假石、拉假石、假石砖、喷涂、滚涂等	纸筋灰、麻刀灰粉面、石膏粉面、膨胀珍珠岩灰浆、混合砂浆、拉毛、拉条等
贴面类	外墙面砖、马赛克、玻璃马赛克、人造水磨石板、天然石板等	釉面砖、人造石板、天然石板等
涂料类	石灰浆、水泥浆、乳液涂料、彩色胶砂涂料、彩色弹涂等	大白浆、石灰浆、油漆、乳胶漆、水溶性涂料、弹涂等
裱糊类		塑料墙纸、金属面墙纸、木纹壁纸、花纹玻璃纤维布、纺织面墙纸及锦缎等
铺钉类	各种金属饰面板、石棉水泥板、玻璃	各种木夹板、木纤维板、石膏板及各种装饰面板等

3. 墙面的构造

1）清水砖墙

清水砖墙是不做抹灰和饰面的墙面。为防止雨水浸入墙身和整齐美观，可用 1∶1 或 1∶2 水泥细砂浆勾缝（或掺入颜料），勾缝的形式有平缝、平凹缝、斜缝、弧形缝等。

2）抹灰类墙面

抹灰又称粉刷，是由水泥、石灰为胶结料加入砂或石碴，与水拌和成砂浆或石碴浆，然后抹到墙体上的一种操作工艺。抹灰是一种传统的墙体装修方式，主要优点是材料广、施工简便、造价低廉；缺点是饰面的耐久性低、易开裂、易变色。因为多系手工操作且湿作业施工，所以工效较低。

墙体抹灰应有一定厚度，外墙一般为 20～25 mm，内墙为 15～20 mm。为避免抹灰出现裂缝，保证抹灰与基层黏结牢固，墙体抹灰层不宜太厚，而且需分层施工，其构造如图 2-70 所示。普通标准的装修，抹灰由底层和面层组成。高级标准的抹灰装修，在面层和底层之间，设一层或多层中间层。

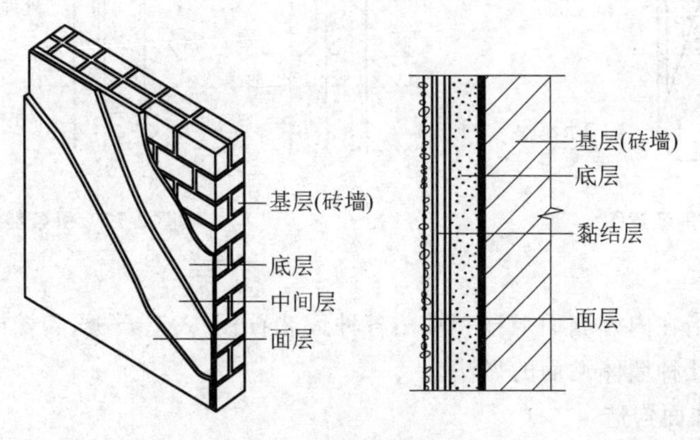

图 2-70　抹灰构造层次

底层抹灰具有使装修层与墙体黏结和初步找平的作用，又称找平层或打底层，施工中俗称刮糙。对普通砖墙常用石灰砂浆或混合砂浆打底，对混凝土墙体或有防潮、防水要求的墙体则需用水泥砂浆打底。

面层抹灰又称罩面，对墙体的美观有重要影响。作为面层，要求表面平整、无裂痕、颜色均匀。面层抹灰按所处部位和装修质量要求可用纸筋灰、麻刀灰、砂浆或石碴浆等材料罩面。

中间层用作进一步找平，减少底层砂浆干缩导致面层开裂的可能，同时作为底层与面层之间的黏结层。

根据面层材料的不同，常见的抹灰装修构造包括分层厚度、用料比例以及适用范围，如表 2-4 所示。

表 2-4　部分常用抹灰做法举例

抹灰名称	构造及材料配合比	适用范围
纸筋(麻刀)灰	12～17 mm 厚 1∶2～1∶2.5 石灰砂浆(加草筋)打底 2～3 mm 厚纸筋(麻刀)灰粉面	普通内墙抹灰
混合砂浆	12～15 mm 厚 1∶1∶6(水泥、石灰膏、砂)混合砂浆打底 5～10 mm 厚 1∶1∶6(水泥、石灰膏、砂)混合砂浆粉面	外墙、内墙均可
水泥砂浆	15 mm 厚 1∶3 水泥砂浆打底 10 mm 厚 1∶2～1∶2.5 水泥砂浆粉面	多用于外墙或内墙易受潮湿侵蚀部位
水刷石	15 mm 厚 1∶3 水泥砂浆打底 10 mm 厚 1∶1.2～1∶1.4 水泥石碴抹面后水刷	用于外墙

对经常易受碰撞的内墙凸出的转角处或门洞的两侧，常用 1∶2 水泥砂浆抹 1.5 m 高，以素水泥浆对小圆角进行处理，俗称护角，如图 2-71 所示。

此外，在外墙抹灰中，由于墙面抹灰面积较大，为避免面层产生裂纹和方便施工操作，满足立面处理的需要，常对抹灰面层做分格处理，俗称引条线。为防止雨水通过引条线渗透至室内，必须做好防水处理，通常利用防水砂浆或其他防水材料做勾缝处理，其构造如图 2-72 所示。

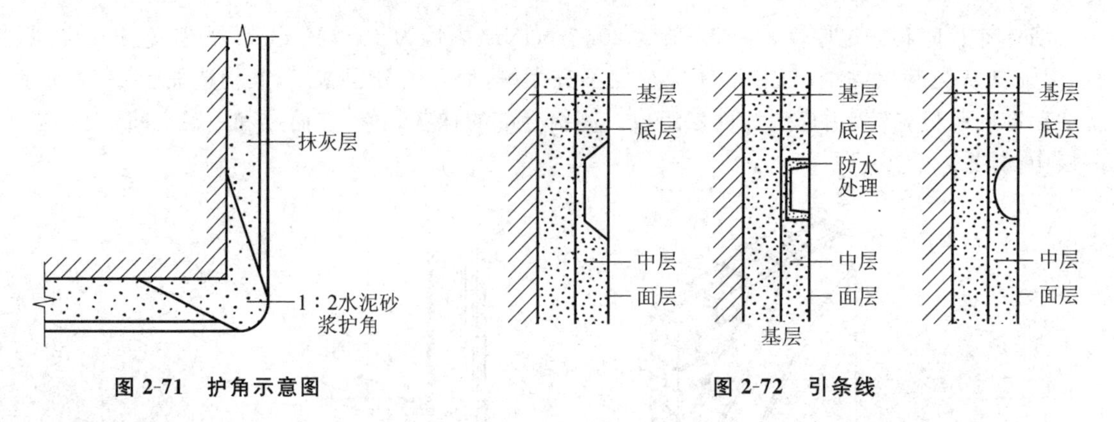

图 2-71　护角示意图

图 2-72　引条线

3) 贴面类墙面

贴面类装修是指在内外墙面上挂和粘贴各种天然石板、人造石板、陶瓷面砖等的饰面方法。下面简单介绍几种墙体贴面的做法。

(1) 陶瓷面砖饰面构造

陶瓷面砖应先放入水中浸泡，安装前取出晾干或擦干净，安装时先在基层上抹 10～15 mm 1∶3水泥砂浆打底并划毛，再用 1∶0.3∶3 水泥石灰混合砂浆或用掺有 107 胶(水泥用量 5%～

7%)的 1∶2.5 水泥砂浆满刮 8～10 mm 厚于面砖背面紧贴于墙上。对贴于外墙的面砖，常在面砖之间留出一定缝隙。

(2) 陶瓷锦砖饰面构造

陶瓷锦砖也称马赛克，它的尺寸较小，根据其花色品种，可拼成各种花纹图案。铺贴时先按设计的图案将小块材正面向下贴在牛皮纸上，规格有 325 mm×325 mm 等，然后牛皮纸面向外用 1∶1 水泥细砂浆将马赛克贴于饰面基层上，用木板压平，待半凝后将纸洗掉，同时修整饰面。

(3) 天然石材和人造石材饰面构造

常见天然石材饰面有花岗石、大理石和青石板等，其具有强度高、耐久性好等特点，多用于高级装饰。常见人造石板有预制水磨石板、人造大理石板等。

天然石材和人造石材安装方法相同，先在墙内或柱内预埋Φ6 铁箍，间距依石材规格而定，铁箍内立Φ(8～12) 竖筋，在竖筋上绑扎横筋，形成钢筋网。在石板上、下边钻小孔，用双股 16 号钢丝绑扎固定在钢筋网上。上、下两块石板用不锈钢卡销固定。板与墙面之间预留 20～30 mm 缝隙，上部用定位活动木楔做临时固定，校正无误后，在板与墙之间浇筑 1∶3 水泥砂浆，待砂浆初凝后，取掉定位活动木楔，继续上层石板的安装，如图 2-73 所示。

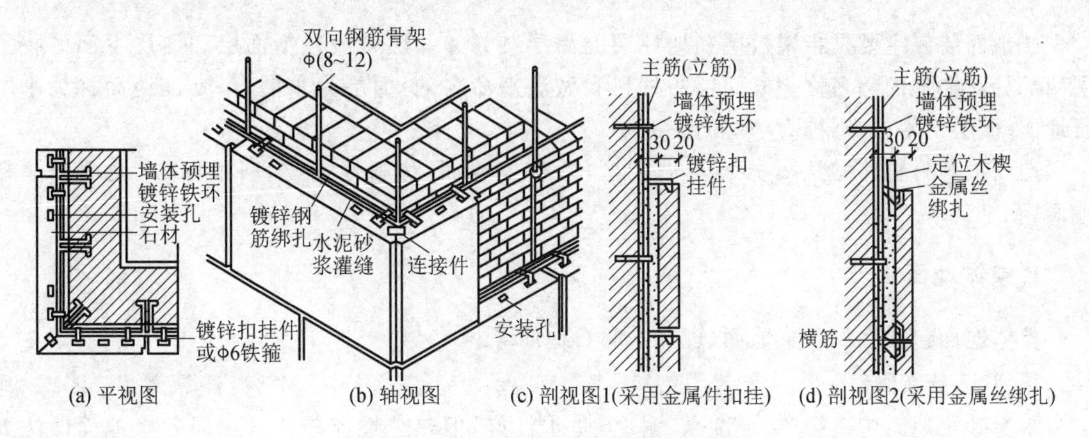

图 2-73 天然石材和人造石材墙面装修

4) 涂料类墙面

涂料系指涂敷于物体表面后，能与基层有很好黏结，从而形成完整而牢固的保护膜的面层物质。这种物质对被涂物体有保护、装饰作用。例如油漆便是一种最常见的涂料。

涂料作为墙面装修材料，与贴面装修材料相比具有材料来源广，品种繁多，装饰效果好，造价低，操作简单，工期短，工效高，自重轻，维修、更新方便等特点。因此，涂料是当今最有发展前途的装修材料。建筑涂料按其主要成膜物的不同可分为有机涂料、无机涂料及有机和无机复合涂料三大类。

5) 裱糊类墙面

裱糊类墙面是将各种装饰性墙纸、墙布等裱糊在墙体的一种饰面做法。常用的裱糊材料有塑料壁纸、织物壁纸、无纺贴壁纸、玻璃纤维壁布等。

(1) 裱糊类墙面的基层处理

裱糊类饰面在施工前要对基层进行处理。处理后的基层应坚实牢固、表面平整光洁、线脚通畅顺直、不起尘、无砂粒和孔洞，同时应使基层保持干燥。处理方法为在基层表面满刷一遍按

1∶(0.5～1) 稀释的107胶水。

(2) 裱糊类墙面的饰面材料

裱糊类墙面的饰面材料种类很多，常用的有墙纸、墙布、锦缎、皮革、木皮等。锦缎、皮革和木皮裱糊墙面属于高级室内装修，用于室内使用要求较高的场所。这里主要介绍墙纸和墙布裱糊的施工及接缝处理。墙纸或墙布在施工前要先做浸水或润水处理，使其发生自由膨胀变形。裱糊的顺序为先上后下、先高后低。相邻面材可在接缝处使两幅材料重叠20 mm，用工具刀沿钢直尺进行裁切，然后将多余部分揭去，再用刮板刮平接缝。当饰面有拼花要求时，应使花纹重叠搭接。

6) 铺钉类墙面

铺钉类墙面是指利用天然板条或各种人造薄板，借助于钉、胶粘等固定方式对墙面进行装饰的饰面做法。铺钉类墙面装修的材料有木板、塑料饰面板、富丽板、镜面板、不锈钢板等。铺钉类墙面装饰的做法是先在墙面上干铺油毡一层，再钉木骨架，将面板钉在或粘贴在骨架上。

二、楼地面装修

楼地面装修主要是指楼板层和地坪层的面层装修。面层一般包括面层和面层下面的找平层两部分。楼地面的名称是以面层的材料和做法来命名的：面层为水磨石，则该地面称为水磨石地面；面层为木材，则称为木地面。

地面按其材料和做法可分为五大类型，即整体地面、块料地面、塑料地面、木地面和涂料地面。

1. 整体地面

整体地面包括水泥砂浆地面、现浇水磨石地面等。

1) 水泥砂浆地面

水泥砂浆地面构造简单，强度高，耐磨，防水性好，但热工性能较差。水泥砂浆地面做法如图2-74所示。

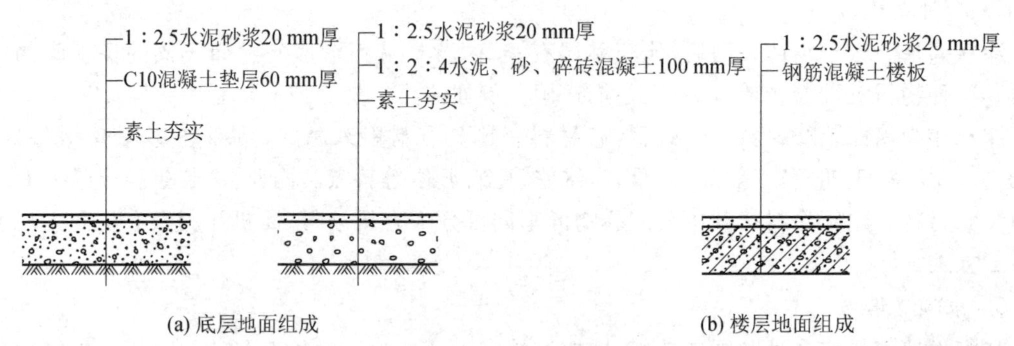

图2-74　现浇水泥砂浆地面

2) 现浇水磨石地面

现浇水磨石地面面层用大理石等中等硬度石料的石屑与水泥拌和，浇筑硬结后经磨光而成。水磨石地面具有耐磨、耐久、防腐蚀和不渗水等特点，它磨光打蜡后具有与天然石材相似的光滑度，不易染尘，易于清洁。现浇水磨石地面构造做法如图2-75所示。

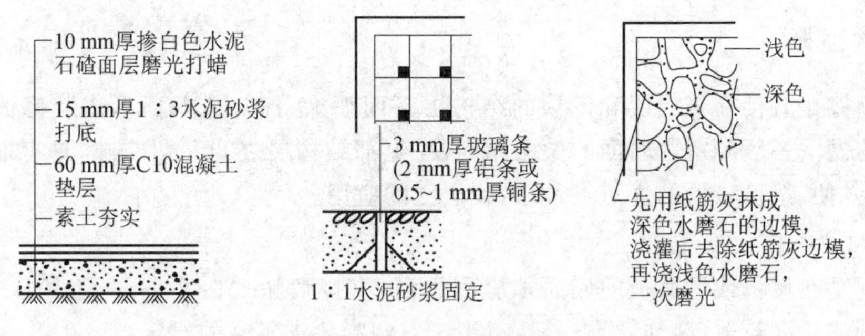

图 2-75　现浇水磨石地面

2. 块料地面

缸砖、陶瓷锦砖、大理石、花岗岩地面砖地面是用缸砖、陶瓷锦砖、大理石、花岗岩等铺设的块材地面，其做法是在基层上找平，在洒水润湿的基层上刷素水泥浆一道，用15～20 mm厚1∶2～1∶4干硬性水泥砂浆铺平拍实，砖块间灰缝宽度约3 mm。

3. 塑料地面

塑料地面的做法是在塑料板背面、地面找平层表面满涂黏合剂，待不沾手时粘贴，养护24 h。塑料地面具有耐磨、绝缘性好、吸水性小和一定的弹性等特点，但塑料地面容易因老化而失去光泽。

4. 木地面

木地面常用的构造方式有实铺式、空铺式和粘贴式三种。实铺地面是在结构层上设置木龙骨，在木龙骨上钉木地板的地面。木龙骨断面一般为50 mm×50 mm，每隔800 mm左右设横撑一道。木地面有单层和双层两种做法。双层木地面是用20 mm厚的普通木板与龙骨成45°方向铺钉，面层用硬木拼花地板。粘贴式木地面是采用石油沥青、环氧树脂、聚氨酯、聚醋酸乙烯等胶结材料将木地板粘贴在找平层上。为了防潮，可在找平层上涂热沥青一道。

5. 涂料地面

涂料地面是为了改善水泥地面和混凝土地面易开裂、易起尘、不美观等使用上和装饰上的不足而对地面用涂料进行涂刷、涂刮等表面处理的一种地面。

传统的地面涂料，如地板漆等，与水泥地面黏结性差、易磨损、易脱落，现已逐渐被人工合成的高分子材料所代替。

常见的涂料包括水乳型、水溶型和溶剂型涂料。这些涂料与水泥地面黏结力强，具有耐磨、耐酸、耐碱、抗冲力、防水、无毒、施工方便、价格低廉等优点，适合于一般建筑水泥地面的装修。

三、顶棚装修

顶棚是位于楼板层和屋顶最下面的装修层，以满足室内的使用和美观要求。按照顶棚的构造形式不同，顶棚分为直接式顶棚和悬吊式顶棚。

1. 直接式顶棚

直接式顶棚是直接在楼板层和屋顶的结构层下面喷涂、抹灰或贴面形成装修面层的顶棚。直接式顶棚的做法一般和室内墙面的做法相同，与上部结构层之间不留空隙，具有取材容易、构造简单、施工方便、造价较低的优点，所以得到广泛的应用。

1）喷涂顶棚

喷涂顶棚是在楼板或屋面板的底面填缝刮平后，直接喷涂大白浆、石灰浆等涂料形成的顶棚。喷涂顶棚的厚度较薄，装饰效果一般，适用于对观瞻要求不高的建筑。

2）抹灰顶棚

抹灰顶棚是在楼板或屋面板的底面勾缝或刷素水泥浆后，进行表面抹灰，有的还在抹灰层的上面再刮仿瓷涂料或喷涂乳胶漆等涂料形成的顶棚，其装饰效果优于喷涂顶棚，适用于室内装饰要求一般的建筑，如图 2-76(a)、(b)所示。

3）贴面顶棚

贴面顶棚是在楼板或屋面板的底面用砂浆找平后，用胶黏剂粘贴墙纸、泡沫塑料板或装饰吸声板等形成的顶棚。贴面顶棚的材料丰富，能满足室内不同的使用要求，如保温、隔热、吸声等，如图 2-76(c)所示。

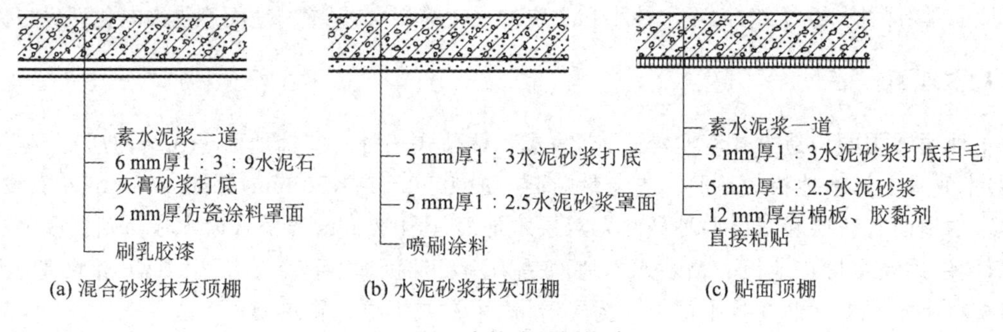

(a) 混合砂浆抹灰顶棚　(b) 水泥砂浆抹灰顶棚　(c) 贴面顶棚

图 2-76　直接式顶棚构造

2. 悬吊式顶棚

悬吊式顶棚悬吊在楼板层和屋顶的结构层下面，与结构层之间留有一定的空间，以满足遮挡不平整的结构底面、敷设管线、通风、隔声以及特殊的使用要求。同时，悬吊式顶棚的面层可做成高低错落、虚实对比、曲直组合等各种艺术形式，具有很强的装饰效果。但悬吊式顶棚构造复杂、施工繁杂、造价较高，适用于对装修质量要求较高的建筑。

悬吊式顶棚一般由吊筋、骨架和面层组成。

1）吊筋

吊筋又叫吊杆，是连接楼板层和屋顶的结构层与顶棚骨架的杆件，其形式和材料的选用与顶棚的重量、骨架的类型有关，一般有Φ(6～8) 的钢筋、8 号钢丝或Φ＞8 mm 的螺栓。吊筋与楼板和屋面板的连接方式与楼板和屋面板的类型有关，如图 2-77 所示。

2）骨架

骨架由主龙骨和次龙骨组成，其作用是承受顶棚荷载并将荷载由吊筋传给楼板或屋面板。

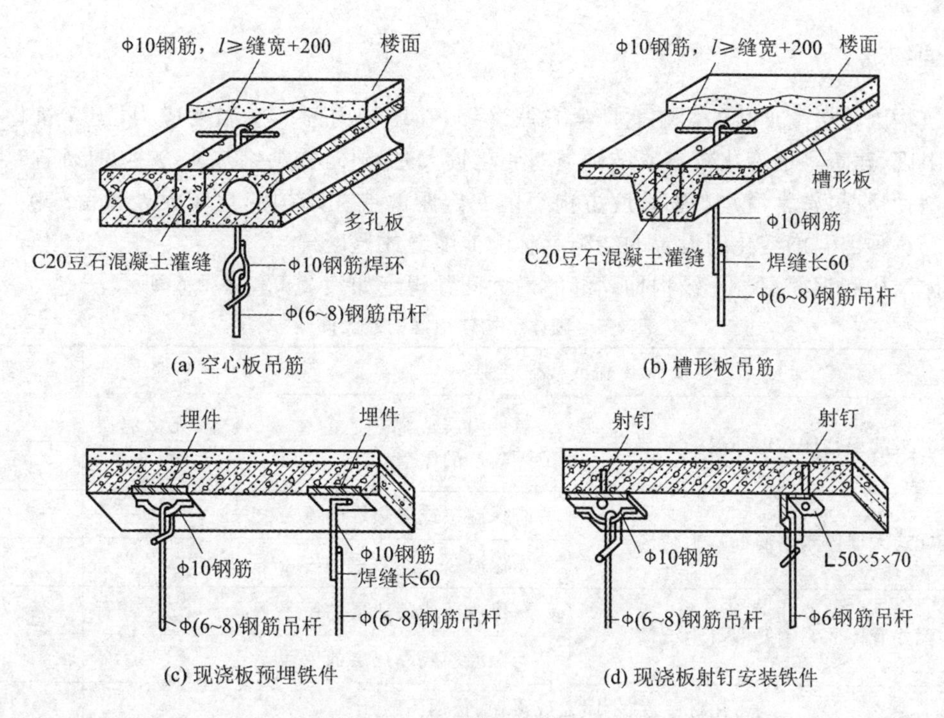

图 2-77　吊筋与楼板的连接

骨架按材料分有木骨架和金属骨架两类。木骨架制作工效低、不耐火，现已较少采用。金属骨架多用轻钢龙骨和铝合金龙骨，一般是定型产品，装配化程度高，现被广泛采用。

3）*面层*

面层的作用是装饰室内并满足室内的吸声、反射等特殊要求，其材料和构造形式应与骨架相匹配，一般有抹灰类、板材类和格栅类等。

任务 7　建筑变形缝

一、变形缝的作用、类型及设置要求

变形缝是保证房屋在温度变化、基础不均匀沉降或地震时有一定的自由伸缩，以防止墙体开裂、结构破坏而预先在建筑上留的竖直的缝。

变形缝包括伸缩缝、沉降缝和防震缝。

预留变形缝会增加相应的构造措施，也不经济，设置通长缝影响建筑美观，故在设计时，应尽量不设缝。可通过验算温度应力、加强配筋、改进施工工艺（如分段浇筑混凝土）或适当加大基础面积等措施来解决；对于地震区，可通过简化平、立面形式，增加结构刚度等措施来解决。换言之，只有当采取上述措施仍不能防止结构变形的情况下才设置变形缝。

1. 伸缩缝

建筑物因受温度变化的影响而产生热胀冷缩，在结构内部产生温度应力，当建筑物长度超过一定限度、建筑平面变化较多或结构类型变化较大时，建筑物会因热胀冷缩变形而产生开裂。为预防这种情况，常常沿建筑物长度方向每隔一定距离或在结构变化较大处预留缝隙，将建筑物断开。这种因温度变化而设置的缝隙就称为伸缩缝或温度缝。

砌体结构和钢筋混凝土结构伸缩缝的最大间距规定如表 2-5 和表 2-6 所示。

表 2-5　砌体结构伸缩缝的最大间距

屋盖或楼盖类别		间距/m
整体式或装配整体式钢筋混凝土结构	有保温层或隔热层的屋盖、楼盖，无保温层或隔热层的屋盖	50
		40
装配式无檩体系钢筋混凝土结构	有保温层或隔热层的屋盖、楼盖	60
	无保温层或隔热层的屋盖	50
装配式有檩体系钢筋混凝土结构	有保温层或隔热层的屋盖	75
	无保温层或隔热层的屋盖	60
瓦材屋盖、木屋盖或楼盖、轻钢屋盖		100

注：1. 对烧结普通砖、烧结多孔砖、配筋砌块砌体房屋，取表中数值；对石砌体、蒸压灰砂普通砖、蒸压粉煤灰普通砖、混凝土砌块、混凝土普通砖和混凝土多孔砖房屋，取表中数值乘以 0.8 的系数，当墙体有可靠外保温措施时，其间距可取表中数值。
2. 在钢筋混凝土屋面上挂瓦的屋盖应按钢筋混凝土屋盖采用。
3. 层高大于 5 m 的烧结普通砖、烧结多孔砖、配筋砌块砌体结构单层房屋，其伸缩缝间距可按表中数值乘以 1.3 取用。
4. 温差较大且变化频繁地区和严寒地区采暖的房屋及构筑物墙体的伸缩缝的最大间距，应按表中数值予以适当减小。
5. 墙体的伸缩缝应与结构的其他变形缝相重合，缝宽度应满足各种变形缝的变形要求；在进行立面处理时，必须保证缝隙的变形作用。

表 2-6　钢筋混凝土结构伸缩缝的最大间距

结构类别		室内或土中/m	露天/m
排架结构	装配式	100	70
	装配式	75	50
框架结构	现浇式	55	35
	装配式	65	40
剪力墙结构	现浇式	45	30
	装配式	40	30
挡土墙、地下室墙等结构	现浇式	30	20

注：1. 装配整体式结构的伸缩缝间距，可根据结构的具体情况取表中装配式结构与现浇式结构之间的数值。
2. 框架-剪力墙结构或框架-核心筒结构房屋的伸缩缝间距，可根据结构的具体情况取表中框架结构与剪力墙结构之间的数值。
3. 当屋面无保温或隔热措施时，框架结构、剪力墙结构的伸缩缝间距宜按表中露天栏的数值取用。
4. 现浇挑檐、雨罩等外露结构的局部伸缩缝间距不宜大于 12 m。

伸缩缝是将建筑基础以上的建筑构件全部打开并在两个部分之间留出适当的缝隙，以保证伸缩缝两侧的建筑构件能在水平方向自由伸缩。缝宽 20～30 mm。

墙体伸缩缝一般做成平缝、错口缝、企口缝等截面形式，主要视墙体材料、厚度及施工条件而定，地震地区只能用平缝。

2. 沉降缝

为减少地基不均匀沉降对建筑物造成的危害，在建筑物某些部位设置的从基础到屋面全部断开的垂直缝称为沉降缝。

1）沉降缝的设置原则

① 建筑平面的转折部位。

② 高度差异或荷载差异较大处。

③ 长高比过大的砌体承重结构或钢筋混凝土框架结构的适当部位。

④ 地基土的压缩性有显著差异处。

⑤ 建筑结构或基础类型不同处。

⑥ 分期建造的房屋的交界处。

2）沉降缝的缝宽

沉降缝的缝宽与地基情况和建筑物高度有关，沉降缝的宽度如表2-7所示，在软弱地基上时，缝宽应适当增加。

表2-7　沉降缝的宽度

房屋层数	沉降缝宽度/mm
2～3	50～80
4～5	80～120
5层以上	不小于120

3. 防震缝

防震缝是为了防止建筑物的各部分在地震荷载作用时相互撞击造成变形和破坏而设置的垂直缝。在设计烈度为7～9度的建筑中，防震缝将建筑物分成若干体型简单、结构刚度均匀的独立单元，以减少和防止地震力对建筑的破坏。

1）防震缝的设置原则

多层砌体结构房屋有下列情况之一的宜设防震缝，缝两侧均应设置墙体，缝宽应根据烈度和房屋高度确定，可采用70～100 mm。

① 建筑立面高差在6 m以上；

② 建筑有错层，且楼板高差大于层高的1/4；

③ 建筑物相邻各部分结构刚度、质量截然不同。

上述各种原则对钢筋混凝土结构房屋同样适用，此外钢筋混凝土结构遇下列情况时，宜设置防震缝。

① 建筑平面中，凹角长度较长或突出部分较多；

② 建筑物相邻各部分荷载相差悬殊；

③ 地基不均匀，各部分沉降差过大。

2）防震缝的缝宽

防震缝的缝宽与结构形式、设防烈度、建筑物高度有关。在砖混结构中，缝宽一般为50～100 mm。

钢筋混凝土房屋需要设置防震缝时，防震缝宽度应分别符合下列要求：

① 框架结构（包括设置少量抗震墙的框架结构）房屋的防震缝宽度，当高度不超过15 m时，不应小于100 mm；高度超过15 m时，6度、7度、8度和9度分别每增加高度5 m、4 m、3 m和2 m，宜加宽20 mm；

② 框架-抗震墙结构房屋的防震缝宽度不应小于①中规定数值的70%，抗震墙结构房屋的防震缝宽度不应小于①中规定数值的50%，且均不宜小于100 mm；

③ 防震缝两侧结构类型不同时，宜按需要较宽防震缝的结构类型和较低房屋高度确定缝宽。

二、变形缝的构造

1. 墙体变形缝

为防止外界自然条件对墙体及室内环境的侵袭，变形缝外墙一侧常用浸沥青的麻丝或木丝板、泡沫塑料条、橡胶条、油膏等有弹性的防水材料填充，当缝隙较宽时，缝口可用镀锌薄钢板、彩色薄钢板、铝皮等金属调节片做盖缝处理。内墙可用具有一定装饰效果的金属片、塑料片或木盖条遮盖。所有填缝及盖缝材料和构造应保证结构在水平方向自由伸缩而不产生破裂，如图2-78、图2-79、图2-80所示。

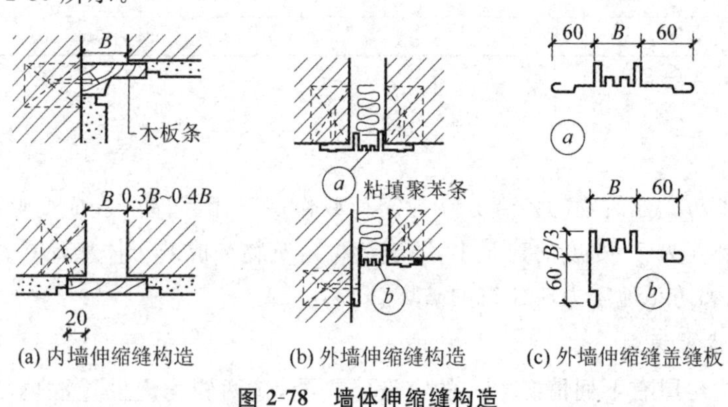

图 2-78　墙体伸缩缝构造

2. 楼地层变形缝

楼地层变形缝的位置与宽度应和墙体变形缝一致，其构造应方便行走、防火和防止灰尘下落、美观等，卫生间等有水环境还应考虑防水。楼地面变形缝的缝内常填充弹性的油膏、沥青麻丝、金属或橡胶类调节片，上铺与地面材料相同的活动盖板、金属盖板或橡胶片等，注意在地面与盖板之间要留5 mm缝隙。顶棚处变形缝可用木板、金属板或其他吊顶材料覆盖，如图2-81所示。

3. 屋顶变形缝

屋顶变形缝在构造上应解决好防水、保温等问题。屋顶变形缝一般按所处位置可分为等高屋顶

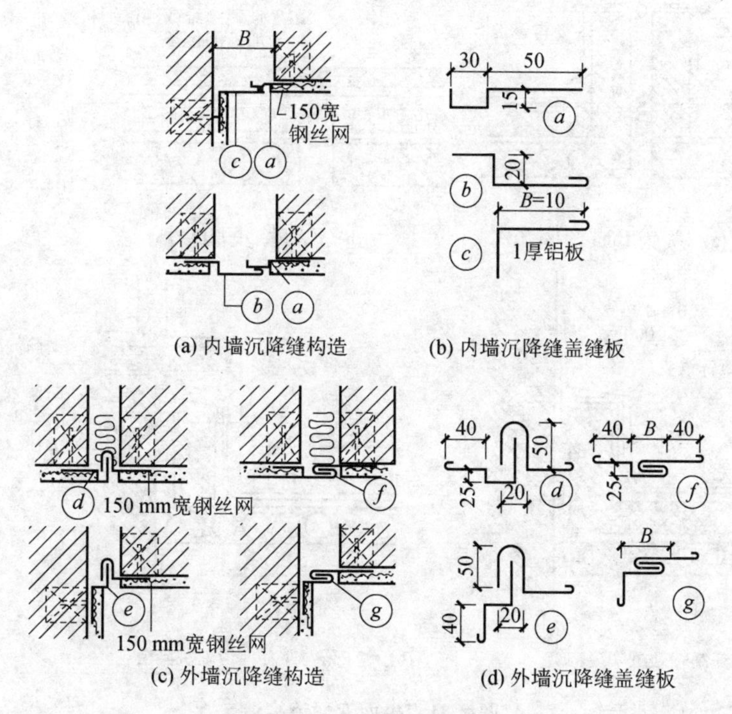

图 2-79　墙体沉降缝构造

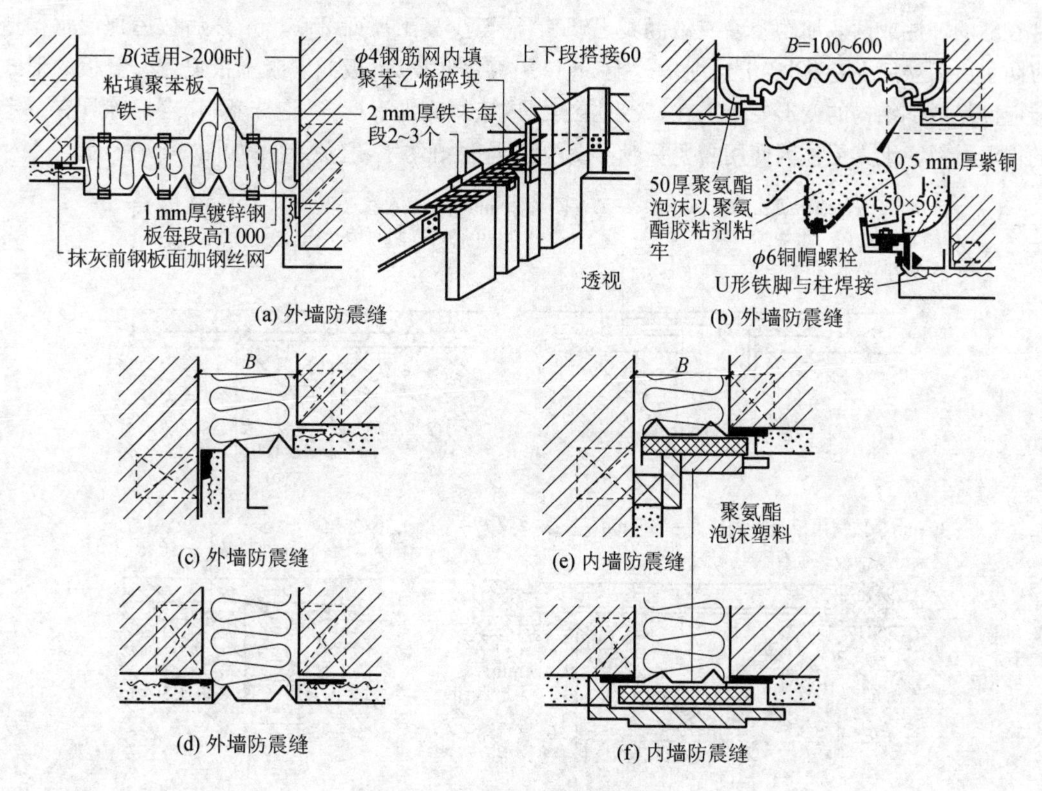

图 2-80　墙体防震缝构造

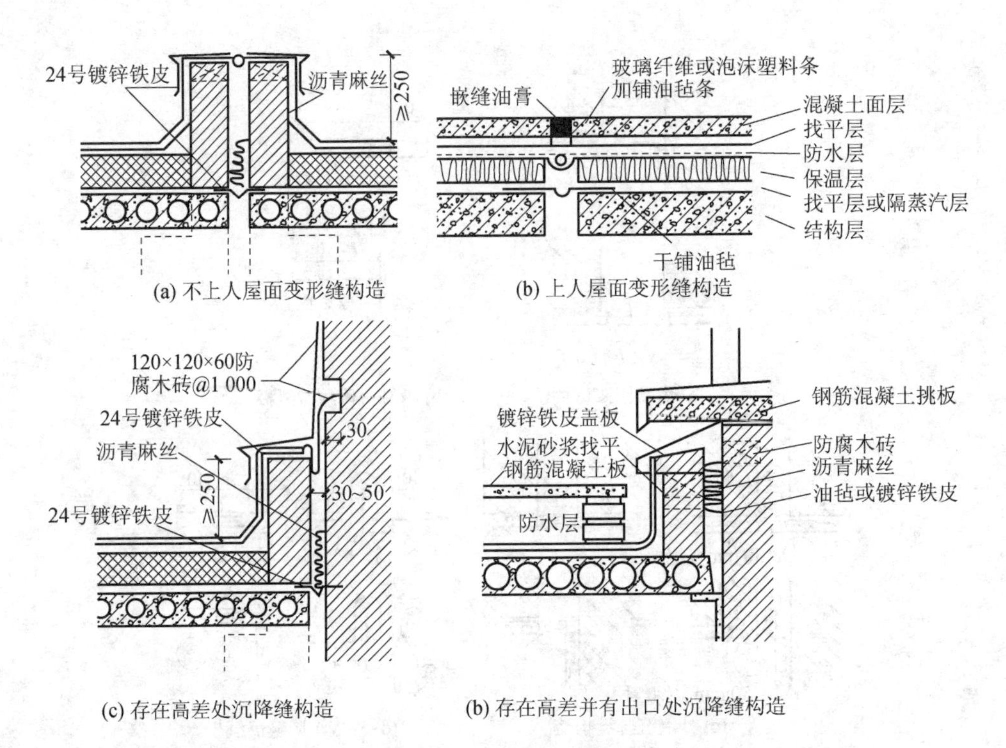

图 2-81　楼面变形缝构造

变形缝和不等高屋顶变形缝，按使用要求又分为上人屋顶变形缝和非上人屋顶变形缝。非上人屋顶通常在缝的一侧或两侧加砌矮墙或做混凝土矮墙，墙至少高出屋面 250 mm，然后按屋顶泛水构造要求将防水层沿矮墙上卷，固定于预埋木砖上，缝口用镀锌铁皮、铝板或混凝土板覆盖。盖板的形式和构造应满足两侧结构的变形要求。在寒冷地区，缝内应填充沥青麻丝、泡沫塑料、岩棉等具有一定弹性的保温材料。上人屋顶因使用需要一般不设矮墙，应做好防水，避免渗漏，如图 2-82 所示。

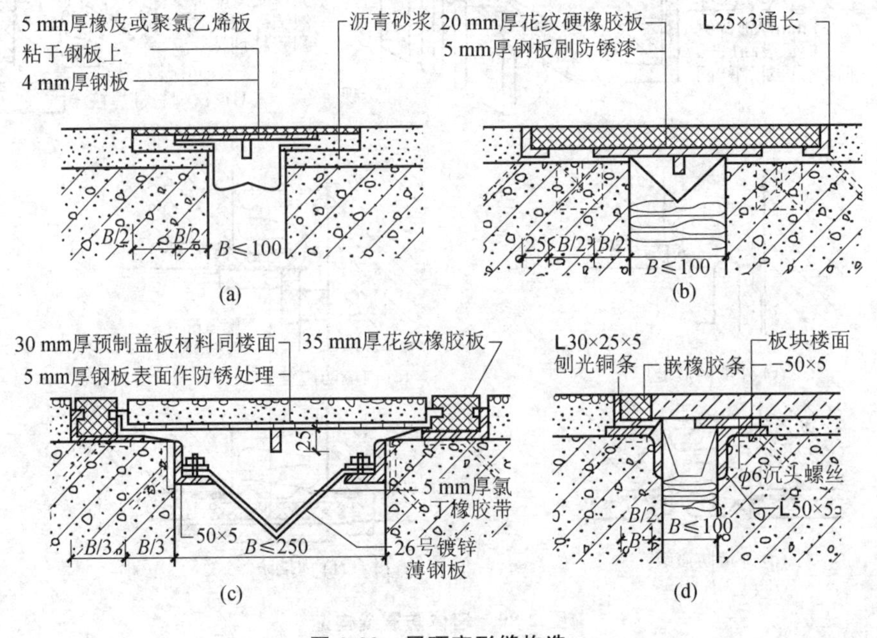

图 2-82　屋顶变形缝构造

一、名词解释

基础埋置深度

门窗过梁

纵横墙承重方案

材料找坡

结构找坡

刚性角

柔性防水

变形缝

二、问答题

1.影响建筑构造的因素有哪些？

2.一般在什么情况下应设置附加圈梁？具体的设置原则是什么？

3.什么是基础？什么是地基？

4.影响基础埋深的因素主要有哪些方面？

5.砖墙的尺寸如何确定？常用的砖墙分几种组砌方式？

6.门的具体尺寸应综合考虑哪些方面的因素？

7.窗的尺寸应综合考虑哪几个方面的内容？

8.楼板层由哪些部分组成？各起什么作用？

9.常见的有组织排水方案有哪几种？

10.楼梯平台宽度、栏杆扶手高度和楼梯净空高度各有什么规定？

11.画图说明台阶与坡道构造。

12.楼梯踏面如何进行防滑处理？

13.柔性防水的防水层构造要点是什么？

14.墙身为什么要设置防潮层？

15.地下室防潮与防水的构造要点分别有哪些？

16.简述抹灰类墙面构造。

17.变形缝的种类有几种？伸缩缝、沉降缝、防震缝在构造上有哪些相同处和不同处？

学习情境3

建筑制图与识图

学习目标

了解常用的制图工具及使用方法，熟悉国家建筑制图标准和几何作图方法，能识读建筑总平面图、建筑平面图、建筑立面图、建筑剖面图及建筑详图。

了解建筑工程设计各阶段的任务，建筑工程施工图的组成、用途和查阅方法，掌握建筑总平面图、建筑平面图、建筑立面图、建筑剖面图的形成、内容和识读方法，了解建筑详图的内容和作用，熟悉结构平面布置图和构件详图的内容和识读方法及建筑工程图的组成、建筑施工图的组成。

任务 1 建筑制图的基本知识

一、制图工具及使用方法

正确使用制图工具是提高绘图质量、提高绘图速度的前提条件，在本任务中，首先介绍常用的绘图工具和仪器的使用方法。

1. 绘图板

绘图板为矩形木板，图纸用胶带纸固定其上，侧面为引导丁字尺移动的工作边。平时必须维护板面平坦，工作边平直，不受潮、受热，避免磕碰。

2. 丁字尺

丁字尺用于画水平线和作三角板移动的导边。使用时，尺头必须紧靠图板的左侧边。画水平线时，铅笔沿尺身的工作边自左向右移动，同时铅笔与前进方向成75°左右的斜角。

3. 三角板

三角板用于和丁字尺配合画与水平线成15°倍角的倾斜线和垂直线及它们的平行线；两块三角板配合使用可绘制其他角度的垂直线或平行线。

4. 比例尺

比例尺用来缩小或者放大图形，如图3-1所示。大部分比例尺有六种刻度，分别表示1∶100、1∶200、1∶300、1∶400、1∶500、1∶600。比例尺的数字以米(m)为单位。

比例是图形与实物相对应的线性尺寸之比。比例的大小是指比值的大小，如1∶5、1∶10。

图中所标注的尺寸是形体实际的大小，与图的比例无关。

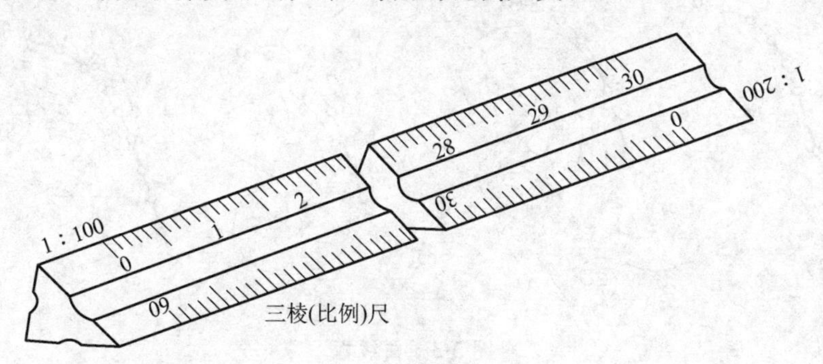

图3-1 比例尺

5. 圆规与分规

分规用以截取或等分线段，圆规是画圆或圆弧的仪器，如图 3-2 所示。

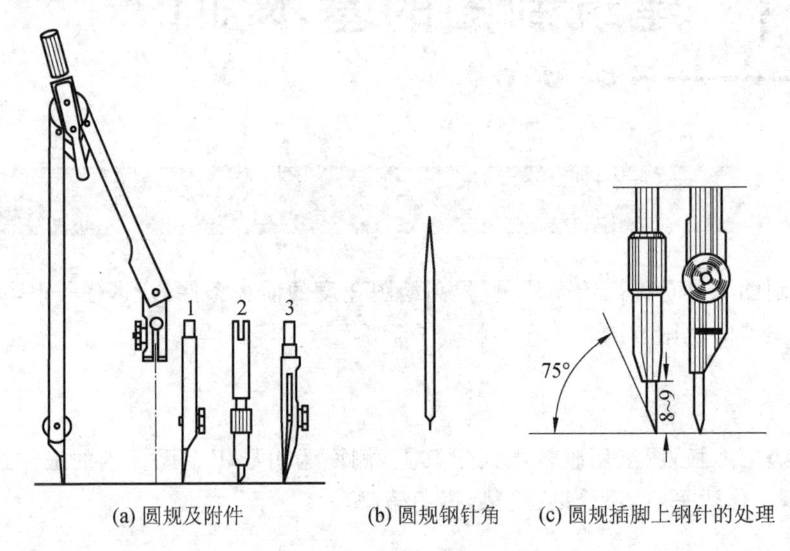

图 3-2　圆规与分规

1—钢针插腿；2—铅笔插芯；3—墨线笔插芯

6. 建筑模板

建筑模板上有可以画出各种不同大小、不同形状的图例或者符号的孔，主要用来画各种建筑标准图例和常用符号，例如柱子、墙、门开启线、索引符号、标高符号等。

7. 曲线板

曲线板是用来画非圆曲线的工具。画曲线时，首先要先定出曲线上足够数量的点，徒手将各点连成曲线，然后选取适当的曲线板，找出曲线板上与所画曲线吻合的一段，沿曲线板边缘将该曲线画出，然后连续画出其他各段。注意，相邻两段应有一部分重合，曲线才显得圆滑，如图 3-3 所示。

图 3-3　曲线板

8. 擦线板

擦掉一条画错的图线时，很容易将邻近的图线也擦掉一部分，擦线板就是用来保护邻近的图线的。

9. 绘图铅笔

绘图铅笔的硬度按 B—H 依次增大，通常底稿选用 HB—2H，写字选用 HB，加深选用 HB—B，圆弧加深选用 B。

二、制图标准

建筑工程图是表达建筑工程设计的重要技术资料，是施工的依据，为了使建筑工程图清晰、统一，便于识读，便于技术交流，满足设计和施工的要求，在绘制图样时，工程图样的规格、线型、尺寸的标注、图例及书写的字体都必须采用统一的标准。这些统一的标准就是建筑工程制图标准。

1. 图纸幅面规格

图纸幅面是指图纸的大小，为了合理使用图纸，便于装订，在国家标准中对工程图纸的大小作了相应的规定。图纸的幅面及图框尺寸，应符合表 3-1 的规定及图 3-4 至图 3-6 所示的格式。

表 3-1　幅面及图框尺寸(单位:mm)

尺寸代号	幅面代号				
	A0	A1	A2	A3	A4
$b \times l$	841×1189	594×841	420×494	297×420	210×297
c	10			5	
a	25				

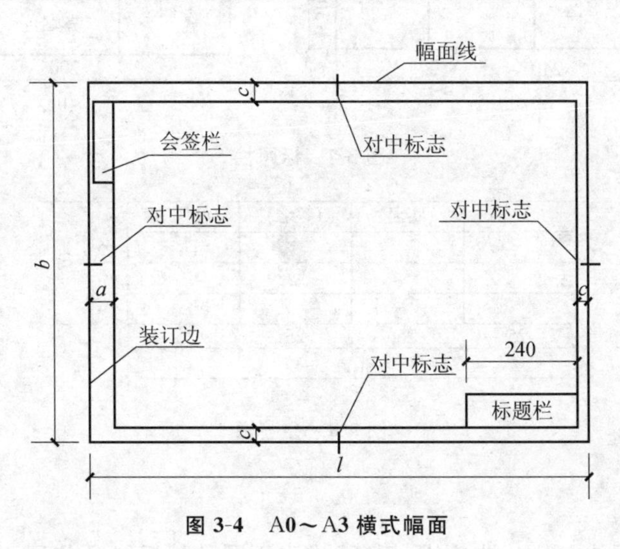

图 3-4　A0～A3 横式幅面

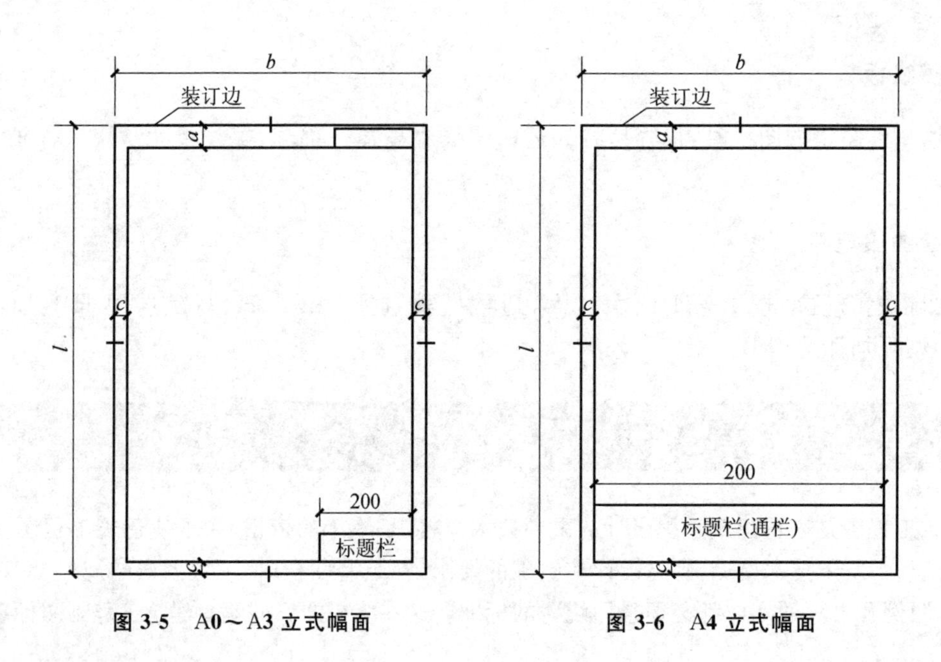

图 3-5　A0～A3 立式幅面　　图 3-6　A4 立式幅面

2. 标题栏与会签栏

图纸的标题栏、会签栏及装订边的位置，应符合下列规定。

标题栏应按图 3-7 所示样式根据工程需要选择确定其尺寸、格式及分区。签字区应包含实名列和签名列。

会签栏应按照图 3-8 所示格式绘制，其尺寸为 100 mm×20 mm，栏内应填写会签人员所代表的专业、姓名、日期等。一个会签栏不够时，可另加一个，两个会签栏并列，无须会签的图纸可不设会签栏。

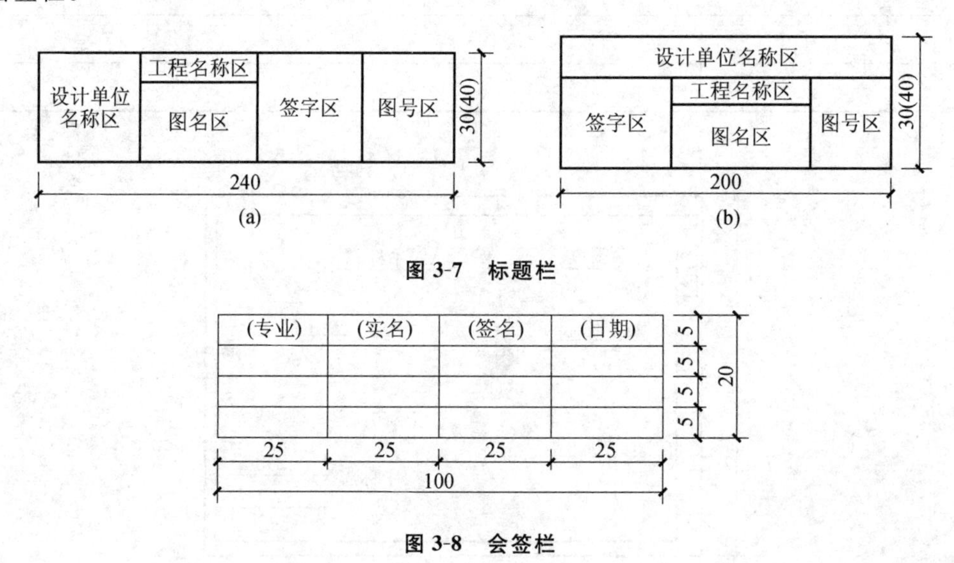

图 3-7　标题栏

图 3-8　会签栏

3. 图线

图线有实线、点画线、虚线、波浪线、折断线等，不同的情况必须使用不同的线型、粗细。常用图线如表 3-2 所示。

表 3-2　常用图线

名称		线型	线宽	一般用途
实线	粗		b	主要可见轮廓线
	中粗		0.7b	可见轮廓线
	中		0.5b	可见轮廓线、尺小线、变更云线
	细		0.25b	图例填充线、家具线
虚线	粗		b	见各有关专业制图标准
	中粗		0.7b	不可见轮廓线
	中		0.5b	不可见轮廓线、图例线
	细		0.25b	图例填充线、家具线
单点长画线	粗		b	见各有关专业制图标准
	中		0.5b	见各有关专业制图标准
	细		0.25b	中心线、对称线、轴线等
双点长画线	粗		b	见各有关专业制图标准
	中		0.5b	见各有关专业制图标准
	细		0.25b	假想轮廓线、成形前原始轮廓线
折断线	细		0.25b	断开界线
波浪线	细		0.25b	断开界线

图线的宽度 b 宜从下列线宽系列中选取：0.35 mm、0.5 mm、0.7 mm、1.0 mm、1.4 mm、2.0 mm。每个图样应根据复杂程度与比例大小，先选定基本线宽再根据表 3-3 来确定线宽组。

表 3-3　线宽组

线宽比	线宽组/mm			
b	1.4	1.0	0.7	0.5
0.7b	1.0	0.7	0.5	0.35
0.5b	0.7	0.5	0.35	0.25
0.25b	0.35	0.25	0.18	0.13

注：1. 需要微缩的图纸不宜采用 0.18 mm 及更细的线宽。

2. 同一张图纸内，各不同线宽的细线，可统一采用较细的线宽组的细线。

绘制图线时还应注意以下几点：

① 点画线和双点画线的首末两端应是线段，而不是点。点画线与点画线交接或点画线（双点画线）与其他图线交接时，应是线段交接。

② 虚线与虚线交接或虚线与其他图线交接时，都应是线段交接。虚线为实线的延长线时，不得与实线连接。

③ 相互平行的虚线,其间隙不宜小于其中粗线的宽度且不宜小于 0.7 mm。

④ 图线不得与文字、数字和符号重叠、混淆,不可避免时,应首先保证文字等的清晰。

4. 字体

文字、数字和符号也是工程图纸的重要组成内容。在工程图纸中,除了绘制准确的图样以外,还要用文字书写说明,用数字表示尺寸,用符号代表某些构件或者某些部分。

图样及说明中的汉字宜采用长仿宋体,宽度与高度的关系应符合表 3-4 的规定。

表 3-4　长仿宋体字宽度与高度的关系/mm　(单位:mm)

字高	20	14	10	7	5	3.5
字宽	14	10	7	5	3.5	2.5

图纸上所需书写的文字、数字或符号等,均应笔画清晰、字体端正、排列整齐,标点符号应清楚正确。

长仿宋体特点:①横平竖直;②起落分明;③结构匀称;④填满方格。

5. 比例

图样的比例即图形与实物相对应的线性尺寸之比,比例的大小是指比值的大小,如 1∶50 大于 1∶100。

一般情况下,一个图样选用一种比例,根据专业制图需要,同一张图样可选用两种比例。特殊情况下,也可自选比例,这时,除应注出绘图比例外,还须在适当位置绘制出相应的比例尺。绘图所用的比例如表 3-5 所示。

表 3-5　绘图所用的比例

常用比例	1∶1、1∶2、1∶5、1∶10、1∶20、1∶30、1∶50、1∶100、1∶150、1∶200、1∶500、1∶1 000、1∶2 000
可用比例	1∶3、1∶4、1∶6、1∶15、1∶25、1∶40、1∶60、1∶80、1∶250、1∶300、1∶400、1∶600、1∶5 000、1∶10 000、1∶20 000、1∶50 000、1∶100 000、1∶200 000

6. 尺寸标注

尺寸的组成:尺寸界线、尺寸线、尺寸起止符号、尺寸数字。

1) 尺寸界线、尺寸线、尺寸起止符号

尺寸界线:细实线,一般与被注线段垂直,一端离开图样轮廓线不小于 2 mm,另一端超出尺寸线 2～3 mm。图样轮廓线可作尺寸界线。

尺寸线:细实线,与被注线段平行。图样任何图线都不能作尺寸线。

尺寸起止符号:一般为中粗斜短线,长 2～3 mm,与尺寸界线成顺时针 45°。半径、直径、角度、弧长用箭头。

2) 尺寸数字

尺寸数字一般依其方向写在靠近尺寸线的上方、左方。尺寸数字一般应注写在靠近尺寸线的上方中部。如果没有足够的位置,最外边的尺寸数字可注写在尺寸界线的外侧。中间相邻的尺寸数字可错开注写，尺寸数字应按国标要求书写，并且水平方向字头向上、垂直方向字头向左。

3）尺寸的排列与布置

尺寸宜在图样轮廓以外，不宜与图线、文字及符号等相交(断开相应图线)。

相互平行的尺寸线应沿被注写的图样轮廓线由近向远，小尺寸在内，大尺寸靠外，整齐排列。图样轮廓以外的尺寸界线距图样最外轮廓线之间的距离不小于10 mm，平行排列的尺寸线的间距宜为7～10 mm，全图一致，如图3-9所示。

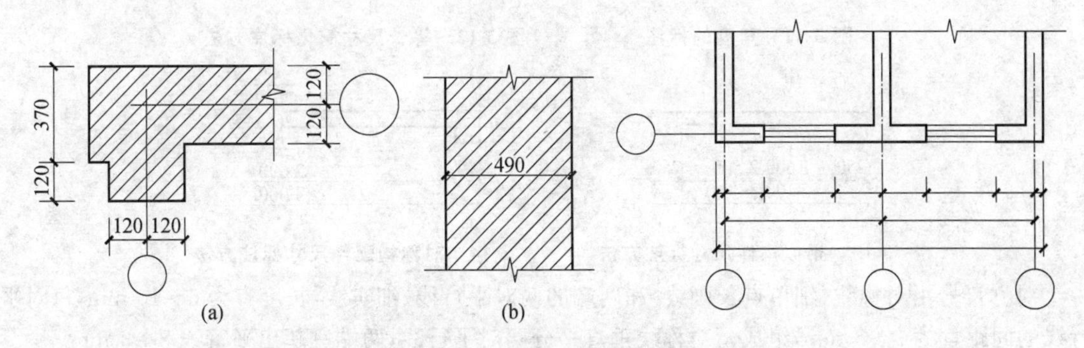

图3-9　尺寸线的排列与布置

总尺寸的尺寸界线应靠近所指部位，中间的尺寸界线可稍短，但其长度要相等。

4）半径、直径、球的尺寸标注

半径的尺寸线应一端从圆心开始，另一端画箭头指向圆弧。半径数字前加注半径符号“*R*”。

圆的直径尺寸前标注直径符号“ϕ”，圆内标注的尺寸线应通过圆心，两端画箭头指至圆弧，如图3-10所示。标注球的半径、直径时，应在尺寸前加注符号“*S*”，即“*SR*”“$S\phi$”，注写方法同圆弧半径和圆直径。

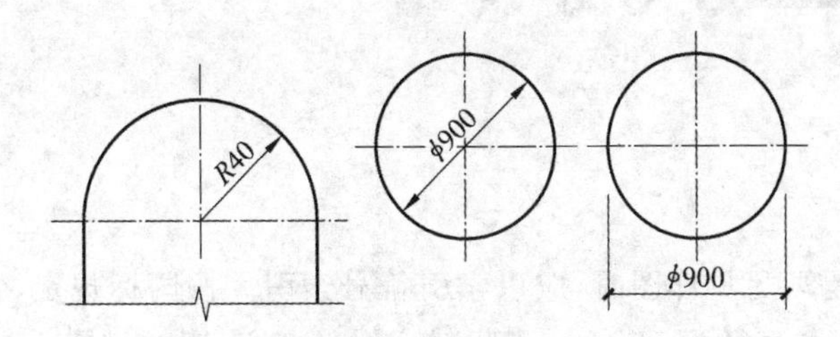

图3-10　半径和直径的标注

5）角度、坡度的标注

角度的尺寸线应以圆弧表示。此圆弧的圆心应是该角的顶点，角的两条边为尺寸界线。起止符号用箭头，若没有足够位置画箭头，可用圆点代替。角度数字应按水平方向注写，如图3-11所示。

标注圆弧的弧长时，尺寸线为与该圆弧同心的圆弧线，尺寸界线垂直于该圆弧的弦，起止符号用箭头表示。弧长数字上方应加圆弧符号“⌒”。

标注圆弧的弦长时，尺寸线为平行于该弦的直线，尺寸界线垂直于该弦，起止符号用中粗斜短线表示。

6）尺寸的简化标注

等长尺寸简化标注方法如图3-12所示，相似构件尺寸标注方法如图3-13所示，对称构配件尺寸标注方法，如图 3-14 所示。

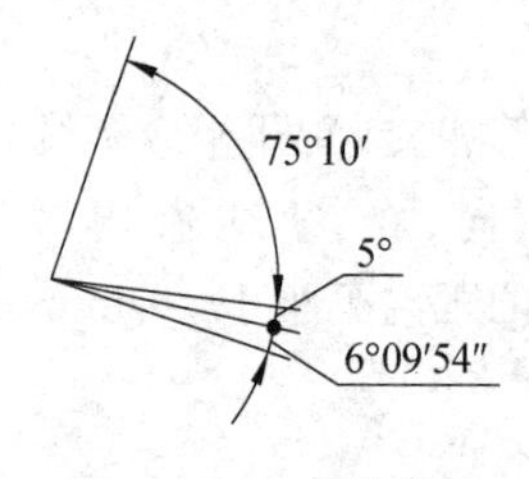

图 3-11　角度的标注

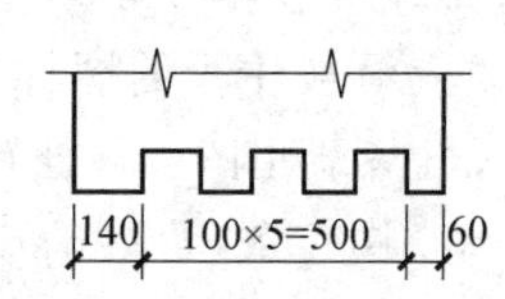

图 3-12　等长尺寸简化标注方法

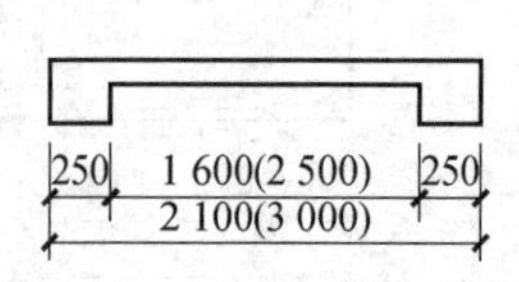

3-13　相似构件尺寸标注方法

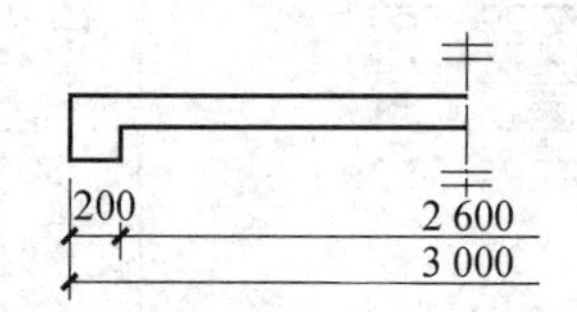

3-14　对称构配件尺寸标注方法

对称符号由对称线（细单点长画线）和两端的两对平行线（细实线，长度宜为 6～10 mm，每对平行线的间距宜为 2～3 mm）组成。对称线垂直平分两对平行线，两端宜超出平行线 2～3 mm。

对称构配件尺寸线略超过对称符号，只在另一端画尺寸起止符号，标注整体全尺寸，注写位置宜与对称符号对齐。

任务 2　建筑识图的基本知识

1. 索引及详图符号

1）索引符号

如图中某一局部需要另见详图时，应以索引符号索引。按国标规定，索引符号的圆和引出线均应以细实线绘制，圆直径为 10 mm，引出线应对准圆心，圆内过圆心画一水平线，上半圆中用阿拉伯数字注明该详图的编号，下半圆中用阿拉伯数字注明该详图所在图纸的图纸号，如图 3-15(a)所示。如果详图与被索引的图样在同一张图纸内，则在下半圆中间画一水平细实短线。索引出的详图如采用标准图，应在索引符号水平直径的延长线上加注该标准图册的编号。

2）详图符号

详图符号用一粗实线圆绘制，直径为 14 mm。详图与被索引的图样同在一张图纸内时，应在符号内用阿拉伯数字注明详图编号；如不在同一张图纸内，可用细实线在符号内画一水平直径，在上半圆中注明详图编号，在下半圆中注明被索引图纸的图纸号，如图 3-15(b)所示。

2. 标高

在建筑图中经常用标高符号表示某一部位的高度，它有绝对标高和相对标高之分。绝对标高是以我国青岛附近黄海的平均海平面为零点测出的高度尺寸；相对标高是以建筑物室内主要

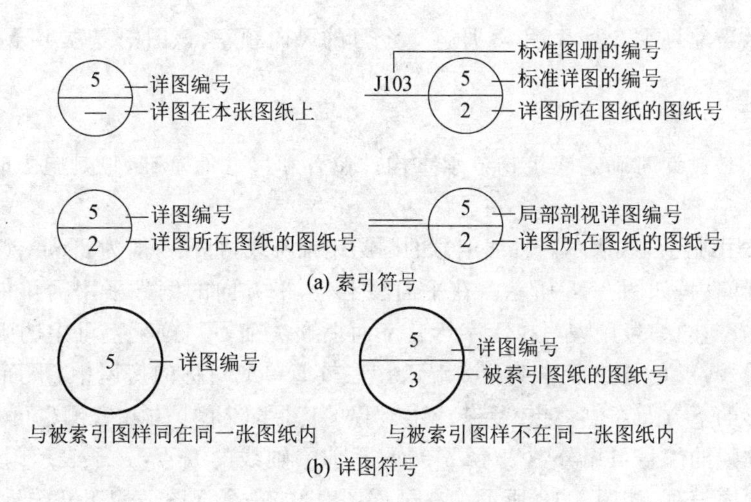

图 3-15　索引符号和详图符号

地面为零点测出的高度尺寸。

各类图上所用标高符号应按图 3-16 所示的形式，以细实线绘制，标高符号的尖端应指至被标注的高度，尖端可向下也可向上。标高数值以米为单位，一般注至小数点后 3 位数(总平面图中为两位数)，在“建施”图中的标高数字表示其完成面的数值。

如标高数字前有“—”号，则表示该处完成面低于零点标高；如数字前有“＋”号或没有符号，则表示高于零点标高。如果同一位置表示几个不同标高时，数字可按图 3-16(e)所示的形式注写。

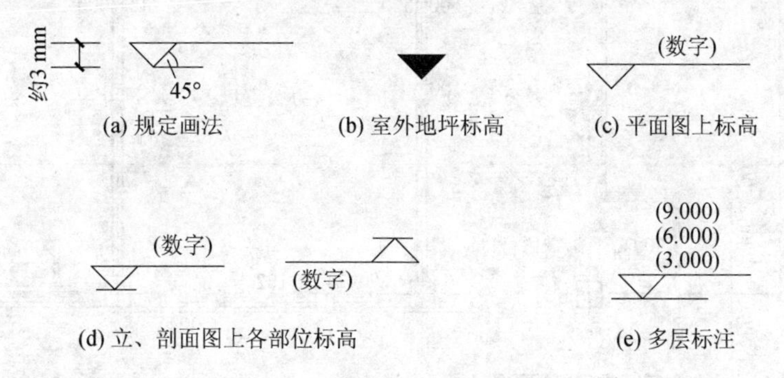

图 3-16　标高符号及规定画法

3. 指北针及风玫瑰图

1）指北针

指北针用细实线绘制，圆的直径宜为 24 mm，指针尖为北向，指针尾部宽度宜为 3 mm。需用较大直径绘指北针时，指针尾部宽度宜为直径的 1/8，如图 3-17(a)所示。

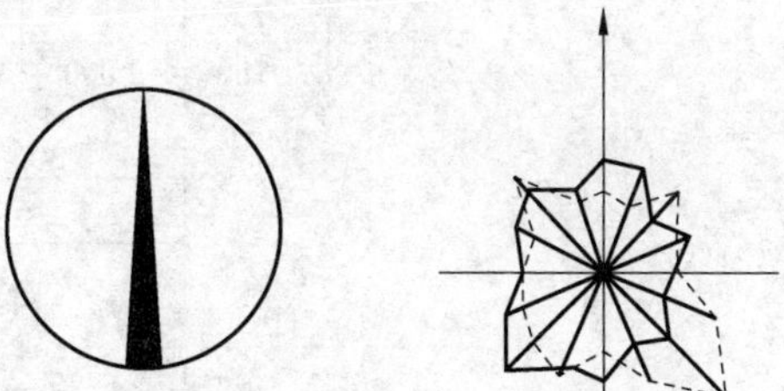

(a) 指北针　　(b) 风玫瑰图

图 3-17　指北针和风玫瑰图

2）风玫瑰图

风玫瑰图是根据当地的气象资料，将全年中各不同风向的刮风次数与刮风总次数之比用同一比例画在 16 个方位线上连接而成的图形，因其形状像一朵玫瑰花而得名。图中实折线距中心点最远的风向表示刮风频率最高，称为常年主导风向，图 3-17(b)中，常年主导风向为西南风，

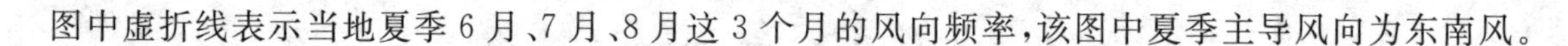

图中虚折线表示当地夏季 6 月、7 月、8 月这 3 个月的风向频率，该图中夏季主导风向为东南风。

4. 定位轴线

定位轴线既是设计时确定建筑物各承重构件位置和尺寸的基准，也是施工时用来定位和放线的尺寸依据。

定位轴线采用细点画线表示。轴线编号的圆圈用细实线，直径一般为 8 mm，详图上为10 mm，轴线编号写在圆圈内，如图 3-18 所示。在平面图上，水平方向的编号采用阿拉伯数字从左向右依次编写，垂直方向的编号用大写拉丁字母自下而上顺次编写。拉丁字母中的 I、O 及 Z 3 个字母不得作轴线编号，以免与数字 1、0 及 2 混淆。在较简单或对称的房屋中，平面图的轴线编号，一般标注在图形的下方及左侧；对较复杂或不对称的房屋，图形上方和右侧也可标注。

对于附加轴线的编号可用分数表示，分母表示前一轴线的编号，分子表示附加轴线的编号，用阿拉伯数字顺序编写，如图 3-18 所示。在画详图时，如一个详图适用于几个轴线时，应同时将各有关轴线的编号注明。

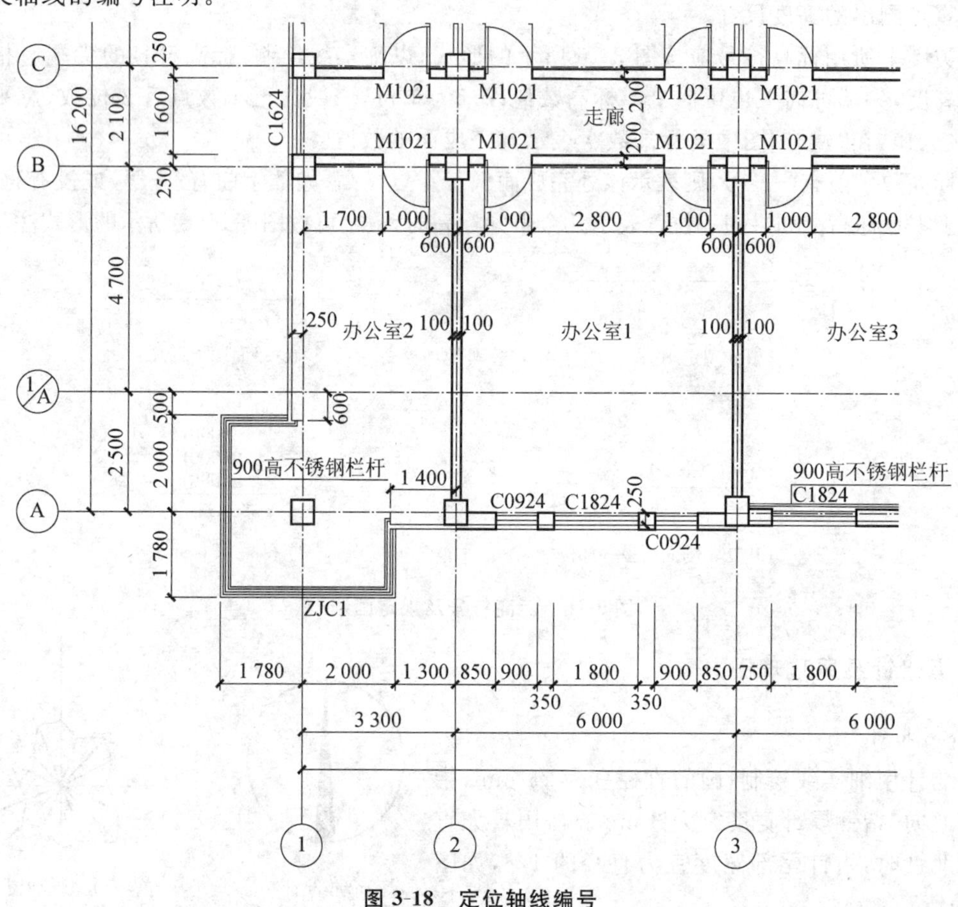

图 3-18 定位轴线编号

5. 常用图例

1）总平面图常用图例

总平面图常用图例如表 3-6 所示。

表 3-6　总平面图常用图例

名称	图例	说明
新建的建筑物	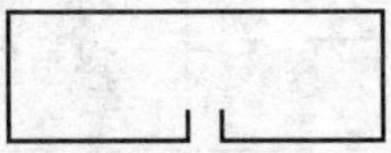	(1) 用粗实线表示，可以不画出入口 (2) 需要时，可在右上角以点数或数字(高层宜用数字)表示层数
原有的建筑物		(1) 在设计图中拟利用者，均应编号说明 (2) 用细实线表示
计划扩建的预留地或建筑物		用中虚线表示
拆除的建筑物	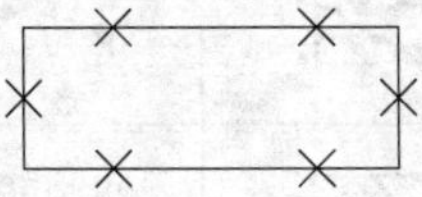	用细实线表示
围墙及大门	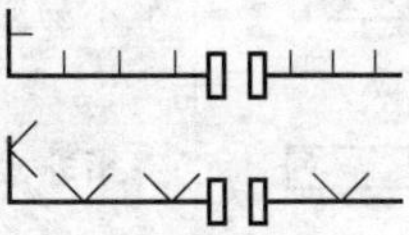	上图表示砖石、混凝土或金属材料围墙，下图表示镀锌铁丝网、篱笆等围墙，如仅表示围墙时不画大门
坐标	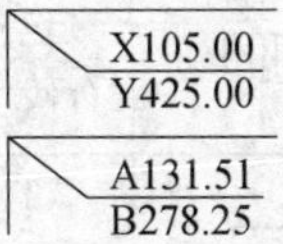 X105.00 Y425.00 A131.51 B278.25	上图表示测量坐标，下图表示施工坐标
护坡	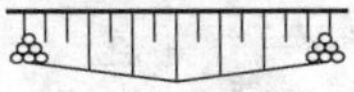	边坡较长时，可在一端或两端局部表示
原有的道路		
计划扩建的道路		
新建的道路	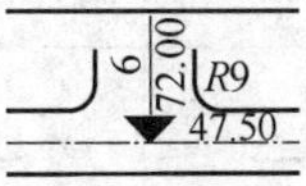 6 72.00 $R9$ 47.50	“$R9$”表示道路转弯半径为 9 m，“47.50”为路面中心标高，“6”表示 6%，为纵向坡度，“72.00”表示变坡点间距离
拆除的道路	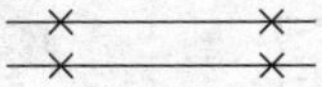	
挡土墙		被挡的土在“突出”的一侧
桥梁	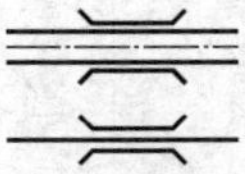	(1) 上图表示公路桥，下图表示铁路桥 (2) 用于旱桥时应注明

2) 常用建筑材料图例

常用建筑材料图例如表 3-7 所示。

表 3-7　常用建筑材料图例

序号	名称	图例	说明
1	自然土壤		包括各种自然土壤
2	夯实土壤		
3	砂、灰土	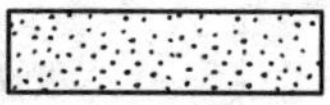	靠近轮廓线绘较密的点
4	毛石		
5	普通砖	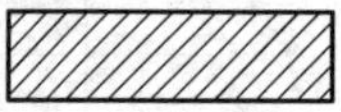	包括实心砖、多孔砖、砌块等砌体，断面纹窄不易绘出图例线时，可涂红
6	空心砖	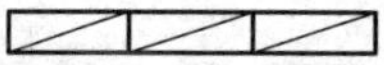	指非承重砖砌体
7	饰面砖		包括铺地砖、马赛克、陶瓷地砖、人造大理石砖
8	混凝土	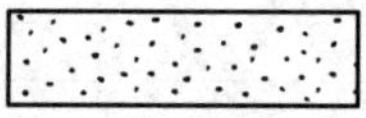	(1) 本图例指能承重的混凝土及钢筋混凝土 (2) 包括各种强度等级、骨料、添加剂的混凝土 (3) 绘制图上画出钢筋时，不画图例线 (4) 断面图形小，不易画出图例线时，可涂黑
9	钢筋混凝土	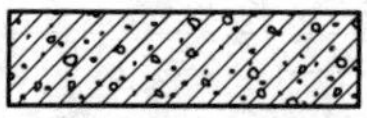	
10	多孔材料	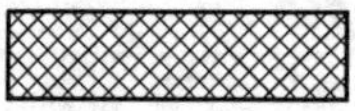	包括水泥珍珠岩、沥青珍珠岩、泡沫混凝土、非承重加气混凝土、软水、细石制品等
11	粉刷	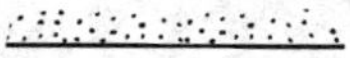	本图例采用较稀的点
12	木材	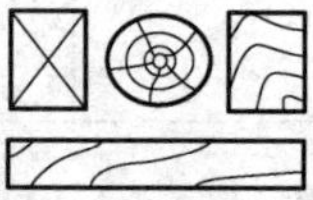	(1) 上图为横断面，上左图为垫木、木砖或木龙骨 (2) 下图为纵断面
13	金属		(1) 包括各种金属 (2) 图形小时，可涂黑

3）常用的构造及配件图例

常用的构造及配件图例如表 3-8 所示。

表 3-8　常用的构造及配件图例

名称	图例	说明
楼梯	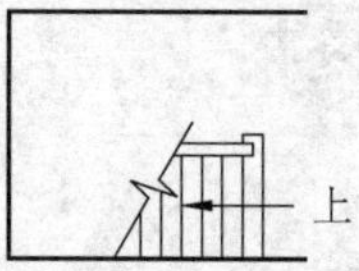	(1) 上图为底层楼梯平面,中图为中间层楼梯平面,下图为顶层楼梯平面 (2) 楼梯的形式及步数应按实际情况绘制
	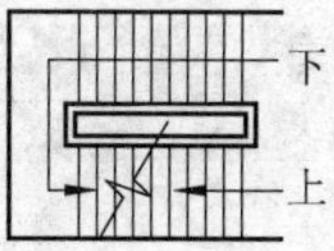	
	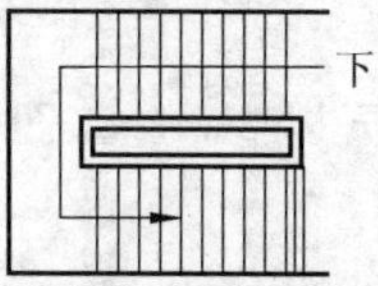	
检查孔		左图为可见检查孔,右图为不可见检查孔
孔洞		
坑槽		
烟道	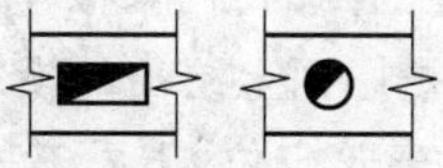	
通风道	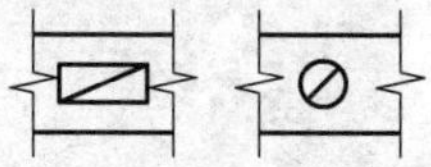	
墙上预留洞或槽	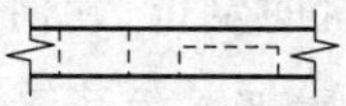	
单扇门(包括平开或单面弹簧)	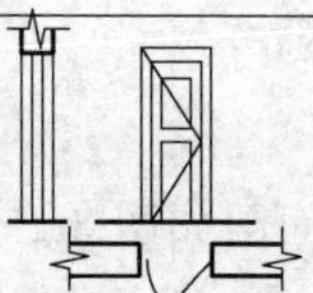	(1) 门的名称代号用 M 表示 (2) 在剖面图中,左为外、右为内,在平面图中,下为外、上为内 (3) 在立面图中,开启方向线交角的一侧为安装合页的一侧。实线为外开,虚线为内开 (4) 平面图中的开启弧线及立面图中的开启方向线在一般的设计图上不表示,仅在制作图上表示 (5) 立面形式应按实际情况绘制
双扇门(包括平开或单面弹簧)	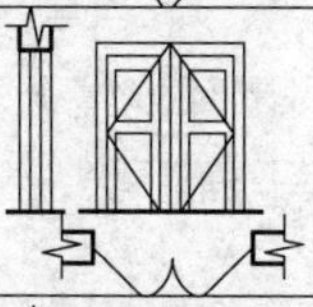	
对开折叠门	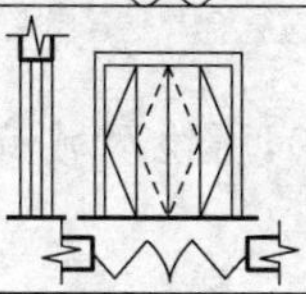	

任务 3 建筑施工图

一、首页及建筑总平面图

1. 首页

施工图的第一张图纸一般称为首页。首页是整套施工图的概括和必要补充，包括图纸目录和施工图设计总说明。

图纸目录是以表格形式列出的各专业图纸的图号及内容，以便查阅，一般先列新绘制图纸，后列选用的标准图或重复利用图。标准图有国标、省标、院标等形式。

设计总说明的内容一般有本施工图的设计依据，项目概况，设计标高，用料说明，室内外装修，门窗表及新技术、新材料的做法说明等方面。

2. 建筑总平面图

1）图示方法与作用

建筑总平面图是将新建建筑周围一定范围内的新建、拟建、原有和拆除的建筑物、构筑物连同地形、地物用正投影法和相应图例在水平投影面上绘出的投影图，一般采用 1∶500、1∶1000、1∶2000 的比例绘制。建筑总平面图是新建建筑定位、土方工程、施工放线及其他专业总平面图的依据。

2）内容

建筑总平面图主要表达的内容有新建建筑的定位、朝向、标高、占地范围（红线）、外轮廓形状、层数，原有建筑的位置、层数，道路的位置、走向及与新建建筑的联系等，附近的地形、地物和绿化布置情况等，指北针或风玫瑰图及补充图例等。

3）识读

以下简要介绍识读总平面图的方法，总平面图如图 3-19 所示。

阅读总平面图时，主要注意以下几个方面。

（1）看清工程名称和性质、地形地貌以及周围环境情况

在总平面图中，有关拟建项目的工程名称、平面形状、层数、地形地貌、周围环境等都会反映出来，看图时要认真阅读。

（2）查看比例、图例以及相关的文字说明

总平面图常用的比例为 1∶500 或 1∶1000，所绘区域特别大时，也可以用 1∶2000 的比例。总平面图中所标注的尺寸，以 m 为单位。

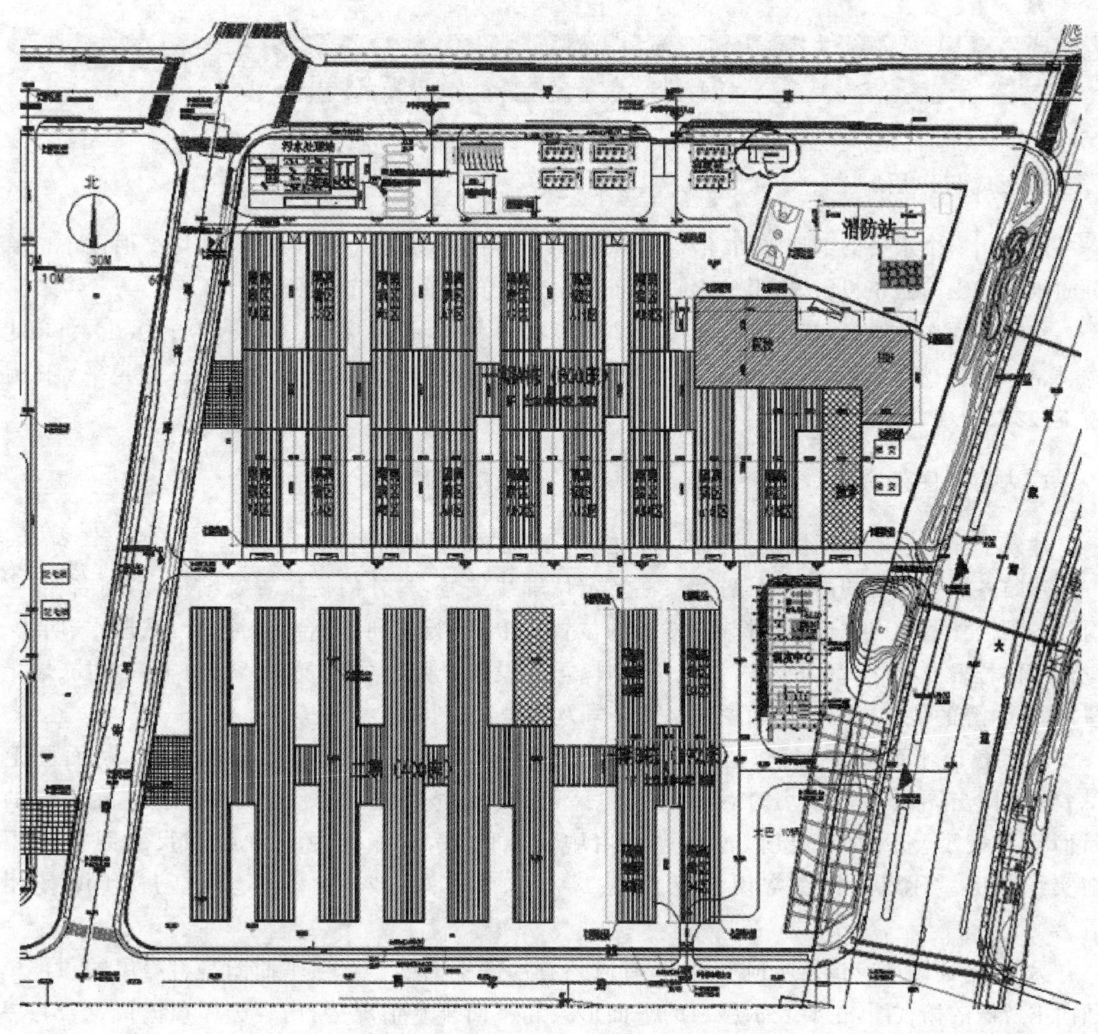

图 3-19　总平面图

(3) 弄清建筑物的朝向

通过查看总平面图中的指北针或风玫瑰图,可以确定建筑物的朝向。朝向对采暖负荷的计算有很大影响,对于居住建筑尤为重要。

(4) 仔细核对图中的标高

总平面图中的标高为绝对标高。尤其山区的地形,标高更为复杂,要认真读懂室外标高的变化情况以及室内标高与室外标高的关系。

标高也是以 m 为单位,一般精确到小数点后三位。

(5) 弄清道路绿化等周围环境情况

必须了解拟建建筑物周围的环境情况,比如基地的给排水管网的走向,标高与来源;供热设施及其位置、供热方式、管网的敷设方式;供电设施的位置、布线方式、用电负荷情况等。

二、建筑平面图

1. 形成与作用

假想用一个水平的剖切平面，沿着房屋略高于窗台处将房屋剖切开，对剖切平面以下的部分向水平投影面做正投影，所得的水平剖面图称为建筑平面图，简称平面图。

建筑平面图主要反映建筑物各层的平面形状和大小，各层房间的分隔和联系（出入口、走廊、楼梯等的位置），墙和柱的位置，截面尺寸和材料，门窗的类型和位置等情况。建筑平面图是施工放线、砌墙、安装门窗、编制预算、备料等的基本依据。

2. 内容及图示方法

建筑平面图一般包括底层平面图、标准层平面图、顶层平面图等。

建筑各层平面图的内容应包括墙、柱及定位轴线编号，内外门窗位置及编号，房间名称；室内外各项尺寸及室内楼地面的标高；楼梯的位置及上、下行方向；阳台、雨篷、台阶、散水、明沟、花台等的位置及尺寸；室内设备，如卫生器具、重要设备及隔断的位置、形状；地下室布局、墙上留洞、高窗等的位置、尺寸；剖面图的剖切符号及编号；详图索引符号等。

房屋各层平面图上与剖切平面相接触的墙、柱等的轮廓线用粗实线画出，断面画上材料图例（当图纸比例较小时，砖墙断面可不画出图例，钢筋混凝土柱和钢筋混凝土墙的断面涂黑表示）；门的开启扇、窗台边线用中实线画出，其余可见轮廓线和尺寸线等均用细实线画出。建筑平面图常用的比例是 1∶50、1∶100 或 1∶200，其中，1∶100 使用最多。

另外，平面图还应包括屋顶平面图，有时还有局部平面图。屋顶平面图是将房屋的顶部单独向下所做的俯视图，主要表示屋顶的平面形式和屋面排水情况等，内容为屋顶檐口、檐沟、屋面坡度、分水线、雨水口、上人孔、出屋顶水箱等的投影。

3. 识读

以下是识读底层平面图的方法。底层平面图如图 3-20 所示，其余各层平面图的识读方法基本相同。

① 了解图名和比例。从图 3-20 可知，此图是办公楼的底层平面图，比例为 1∶100。

② 了解建筑的平面布置（房间分隔情况、房间的用途、各房间的联系），定位轴线及各构件的位置。办公楼的底层是由内走道连接的各办公室。建筑中间有一部楼梯。从图 3-20 可看出该框架结构办公楼的定位轴线编号及尺寸。

③ 了解门窗的位置、编号和数量，底层门及窗的种类。

④ 了解平面尺寸和地面标高。平面图中的外部尺寸一共有三道，即总尺寸、轴线尺寸和细部尺寸。办公楼的总宽度为 16.20 m，总长度为 37.80 m，室内地面标高为零，室内外地面高差为 450 mm。

⑤ 了解其他建筑构配件。从图 3-20 可看出散水、踏步等的布置。

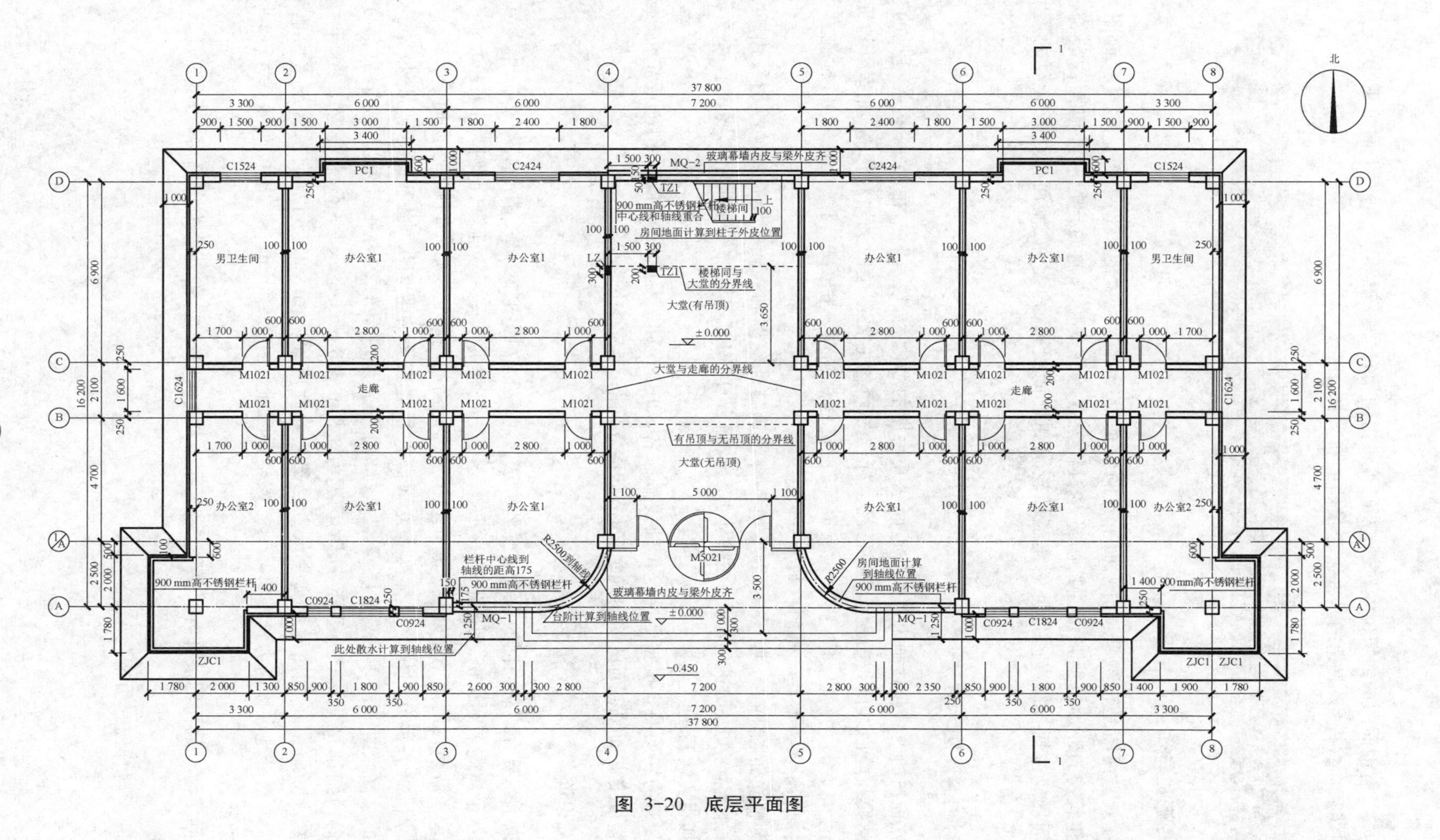
北
办公室1
办公室2
男卫生间
走廊
楼梯间
上
大堂(有吊顶)
大堂(无吊顶)
大堂与走廊的分界线
有吊顶与无吊顶的分界线
楼梯间与大堂的分界线
玻璃幕墙内皮与梁外皮齐
900 mm高不锈钢栏杆
900 mm高不锈钢栏杆中心线和轴线重合
房间地面计算到柱子外皮位置
房间地面计算到轴线位置
台阶计算到轴线位置
此处散水计算到轴线位置
栏杆中心线到轴线的距离175
R2500到轴线
R2500
±0.000
-0.450
M1021
M5021
C1524
C2424
C1624
C0924
C1824
PC1
MQ-1
MQ-2
ZJC1
TZ1
LZ
37 800
16 200

图 3-20 底层平面图

⑥ 了解剖面图的剖切位置、投影方向等。由剖切符号可知，1—1 剖切平面位于⑥、⑦轴之间，剖切后向右投影，表达的是办公楼横向的布置情况。

三、建筑立面图

1. 形成与作用

建筑立面图是在与建筑物立面平行的铅垂投影面上所做的正投影图。建筑立面图主要表达建筑物的外形特征，门窗洞、雨篷、檐口、窗台等在高度方向的定位和外墙面的装饰。建筑立面图应包括投影方向可见的建筑外轮廓和墙面线脚、构配件、墙面做法及必要的尺寸和标高等。

2. 内容及图示方法

立面图的内容包括画出室内外地面线及房屋的勒脚、台阶、门窗、雨篷、阳台等可见的建筑外轮廓线和墙面线脚，构配件、墙面做法，标出外墙各主要部位的尺寸和标高，如室外地面、窗台、窗上口、阳台、雨篷、檐口、女儿墙顶等；注出建筑物两端的定位轴线及其编号；标注索引符号；用文字说明外墙面装修的材料及其做法。

为使立面图主次分明、表达清晰，通常将建筑物外轮廓和有较大转折处的投影线用粗实线表示；外墙上突出、凹进的部位，如壁柱、窗台、阳台、门窗洞等轮廓线用中粗实线表示；室外地坪线用加粗实线表示。

建筑的立面图宜根据两端定位轴线号命名，如①～⑩立面图、A～E 立面图，无定位轴线的建筑物可按立面图各面的朝向确定名称，如南立面图、东立面图等。

3. 识读

以下简要介绍立面图的识读步骤与方法。①～⑧立面图如图 3-21 所示。

① 了解图名和比例。从图 3-21 可知，这是办公楼的①～⑧立面图，比例为 1∶100。

② 了解房屋的体型和外貌。建筑物①～⑧立面的轮廓是矩形，屋顶为平屋面。

③ 了解各部分的尺寸及标高。立面图的尺寸主要为竖向尺寸，有三道。最外一道是建筑物的总高尺寸；中间一道是层高尺寸；最内一道是房屋的室内外高差、门窗洞口高度、垂直方向的细部尺寸。该办公楼各层的高度为 3.9 m、3.6 m、3.6 m、3.3 m，总高为15.300 m，室内外高差0.450 m。立面图的标高表示主要部位的高度。由图 3-21 可以看出，首层室内地面为±0.000，室外地坪标高为－0.450 m，二层楼板面标高为 3.900 m，三层楼板面标高为7.500 m，依此类推。

④ 了解外墙面的装饰等。从图 3-21 可看出立面的装饰，如外墙为白色面砖外墙、局部有玻璃幕墙。

⑤ 了解详图索引情况。

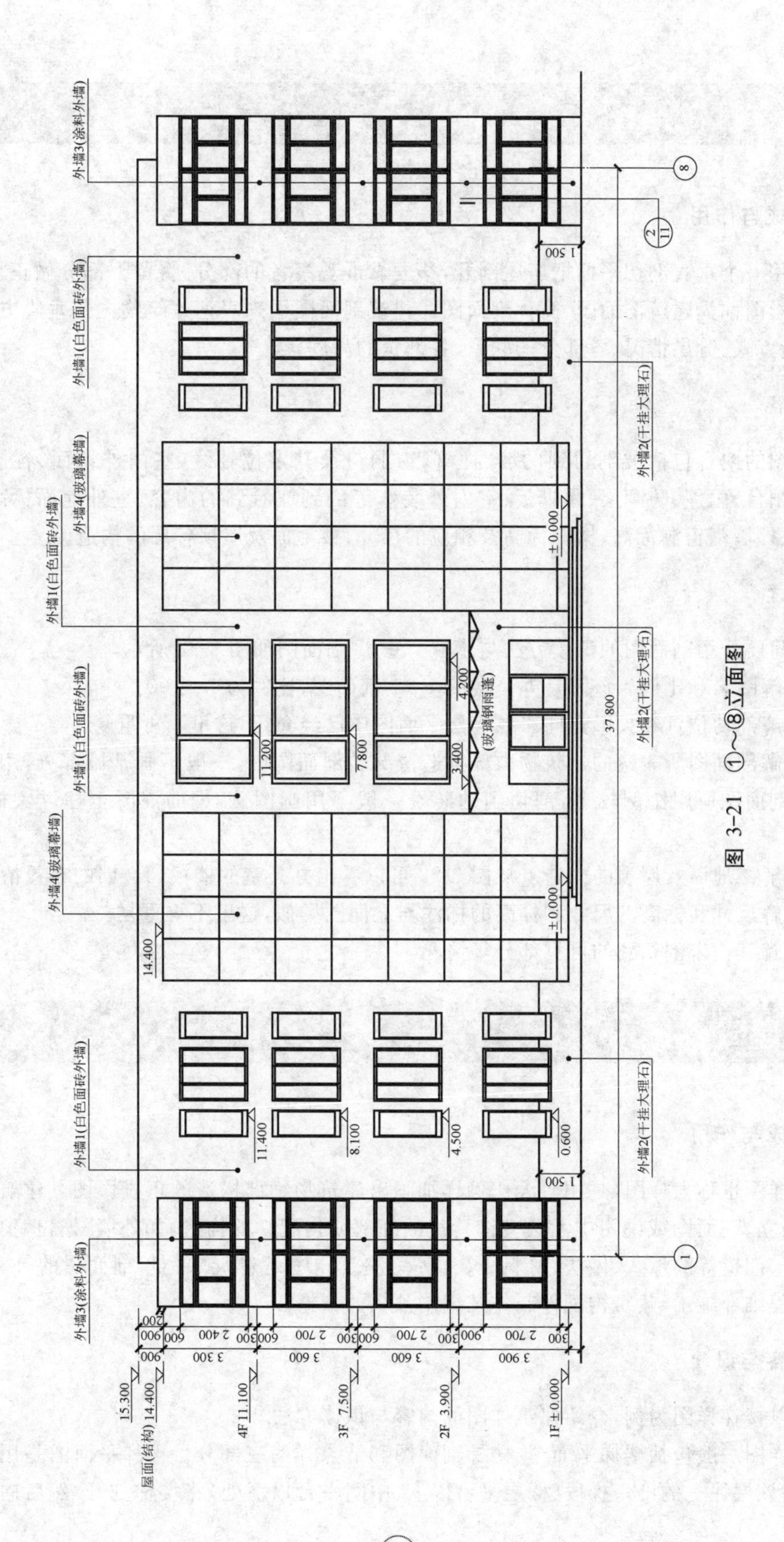
外墙3(涂料外墙)
外墙1(白色面砖外墙)
外墙4(玻璃幕墙)
外墙1(白色面砖外墙)
外墙1(白色面砖外墙)
外墙4(玻璃幕墙)
外墙1(白色面砖外墙)
外墙3(涂料外墙)
外墙2(干挂大理石)
外墙2(干挂大理石)
外墙2(干挂大理石)
(玻璃钢雨篷)
37 800
1 500
1 500
屋面(结构) 14.400
15.300
4F 11.100
3F 7.500
2F 3.900
1F ±0.000
±0.000
±0.000
14.400
11.400
8.100
4.500
0.600
11.200
7.800
4.200
3.400
3 300
3 600
3 600
3 900
900
2 400
2 700
2 700
2 700
600
300
900
1
8
2
11
图 3-21 ①~⑧立面图

四、建筑剖面图

1. 形成与作用

假想用一个垂直剖切平面把房屋剖开，移去靠近观察者的部分，将留下部分做正投影，所得到的正投影图称为建筑剖面图，简称剖面图。建筑剖面图用来表达建筑物内部垂直方向的结构形式、构造方式、分层情况、各部分的联系、各部位的高度等。

2. 内容

剖面图的内容包括被剖切到的墙、柱、门窗洞口及其定位轴线，室内外地面、各层楼面、屋顶、楼梯、阳台、雨篷、防潮层、踢脚板、室内外装修等剖到或看到的内容，室外地面标高、各层楼地面标高、外墙门窗洞标高、檐口标高及相应的尺寸，楼地面及屋顶各层的构造。

3. 识读

以下简要介绍剖面图的识读方法与步骤。1—1 剖面图如图 3-22 所示。

① 了解图名和比例。该图是办公楼的 1—1 剖面图，比例为 1∶100。

② 了解剖切位置和投影方向。在底层平面图中已经介绍，这里不再重复。

③ 了解剖面图所表达的建筑物内部构造情况。剖面图中，一般不画基础部分，用折断线表示。由于剖面图所用比例较小，剖切到的砖墙一般不用画图例，钢筋混凝土柱、梁、板、墙涂黑表示。

④ 了解楼地面及屋顶的构造。从图 3-22 可以看出办公室的楼板、梁、墙的布置情况。

⑤ 了解尺寸和标高。尺寸和标高的标注与立面图类似，这里不再重复。

⑥ 了解其他未剖切到的可见部分等情况。

五、建筑详图

1. 形成与作用

建筑详图也称大样图，是用较大比例详细画出建筑物细部构造的正投影图。建筑详图主要表达在平、立、剖面图或说明中无法交待清楚的细部或构配件的构造，如外墙、檐口、窗台、楼梯、屋面、栏杆、门窗等的形式、做法、材料、尺寸等。建筑详图是建筑平、立、剖面图的补充和深化，是建筑工程细部施工、建筑构配件制作及编制预算的依据。

2. 内容与识读

下面以楼梯详图为例，介绍建筑详图的内容与识读方法。

楼梯详图一般包括楼梯平面图、楼梯剖面图和节点详图三部分。楼梯平面图是用一水平剖切平面，在该层往上的第一梯段(楼层平台以上、中间平台以下处)将楼梯剖开，然后向下投影所

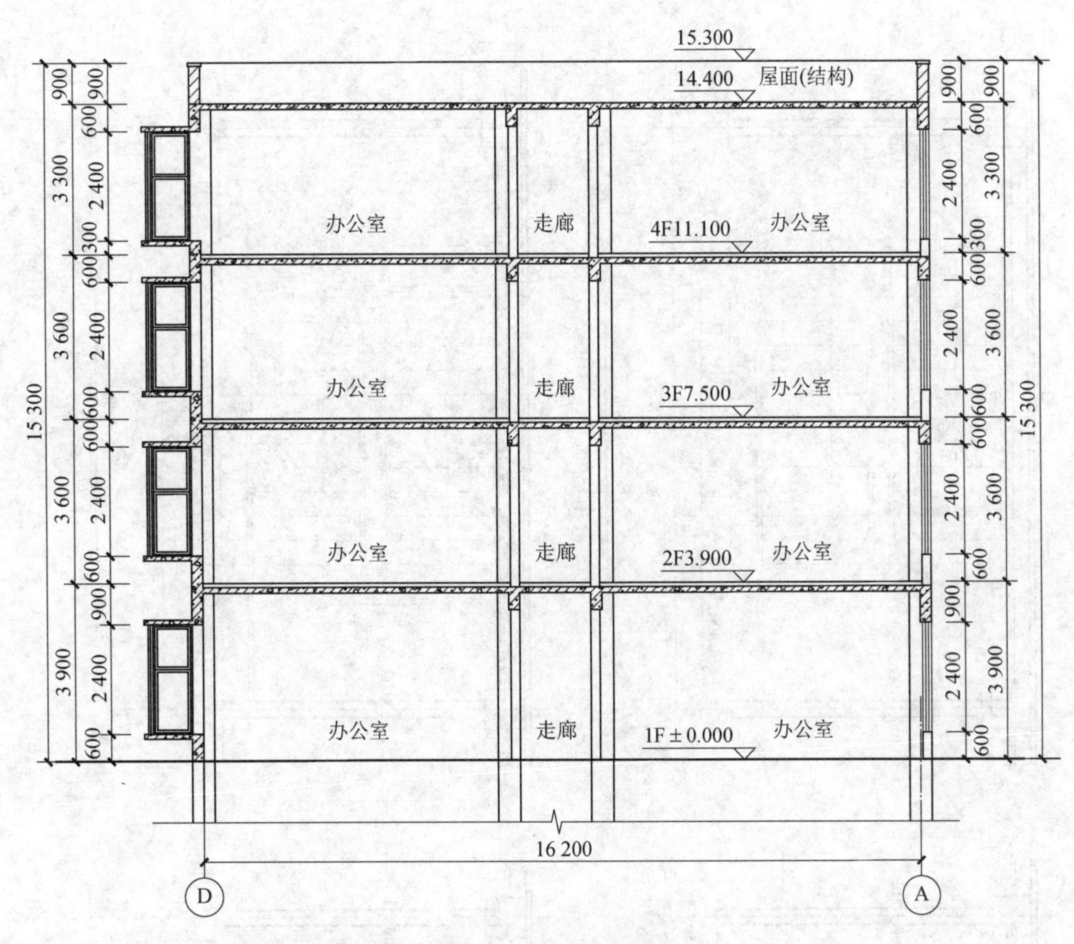

图 3-22　1—1 剖面图

得的剖面图，剖切到的梯段在图中用 45°折断线表示。楼梯平面图一般用 1∶50 的比例绘制，通常只画出底层、中间层、顶层三个平面图。楼梯剖面图是用假想的铅垂剖切平面通过各层的一个梯段和门窗洞口将楼梯剖开，并向另一个未剖切到的梯段方向所做的正投影图。下面以图 3-23为例，讲解楼梯详图的识读步骤与方法。

① 了解楼梯的类型及梯段的上、下方向。从图 3-23 可知，楼梯为平行双跑式，从楼层平台处标注的上、下箭头可知楼梯的走向。

② 了解楼梯间的尺寸。楼梯间的开间为 3.15 m、进深为 7.2 m。

③ 了解梯段的宽度、踏步级数、踏面的宽度及梯段的水平投影长度。从图 3-23 中的楼梯平面图可知每个梯段的宽度为 1450 mm，梯井宽 250 mm，首层梯段的踏面个数均为 12 个(踏步级数为 13 级)，踏面的宽度为 300 mm，梯段的水平投影长度为 300×12 mm＝3600 mm。

④ 了解各休息平台的宽度和标高。图 3-23 中，各层的楼层平台宽度为 2100 mm，标高为 ±0.000 m、3.900 m、7.500 m、11.100 m；中间平台宽度为 1800 mm，标高为 1.950 m、5.700 m、9.300 m。

⑤ 了解楼梯剖面图的剖切位置、投影方向等。从底层平面图的剖切符号可以看出剖切面位于每层往上的第一个梯段宽度中间，剖切后向另一个梯段方向投影。

⑥ 了解梯段、平台、栏杆、扶手等相互间的连接构造及详图索引符号。

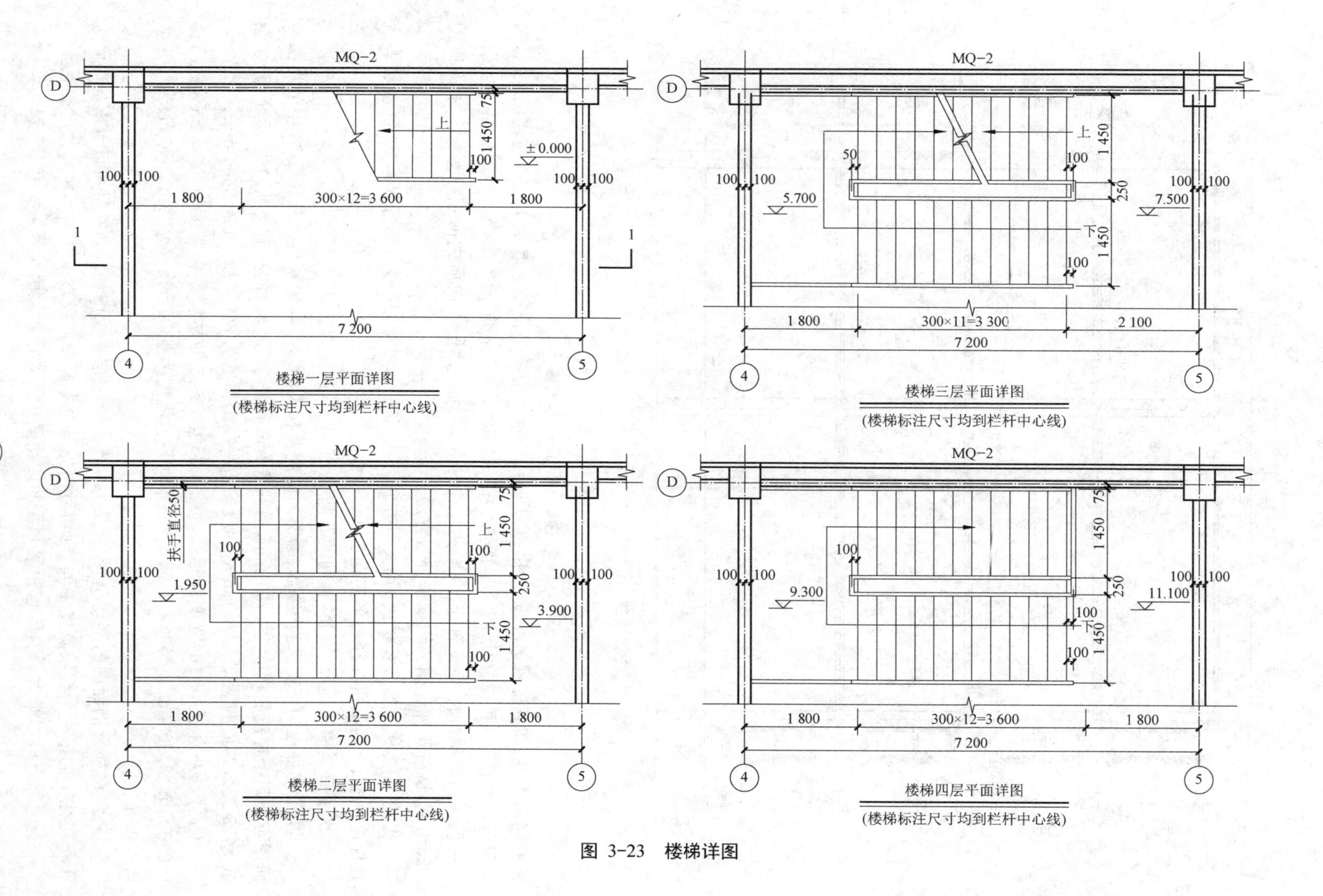

MQ-2
D
4
5
±0.000
1 800
300×12=3 600
7 200
1 450
75
100
楼梯一层平面详图
(楼梯标注尺寸均到栏杆中心线)
5.700
7.500
300×11=3 300
2 100
250
50
上
下
楼梯三层平面详图
(楼梯标注尺寸均到栏杆中心线)
扶手直径50
1.950
3.900
楼梯二层平面详图
(楼梯标注尺寸均到栏杆中心线)
9.300
11.100
楼梯四层平面详图
(楼梯标注尺寸均到栏杆中心线)

图 3-23 楼梯详图

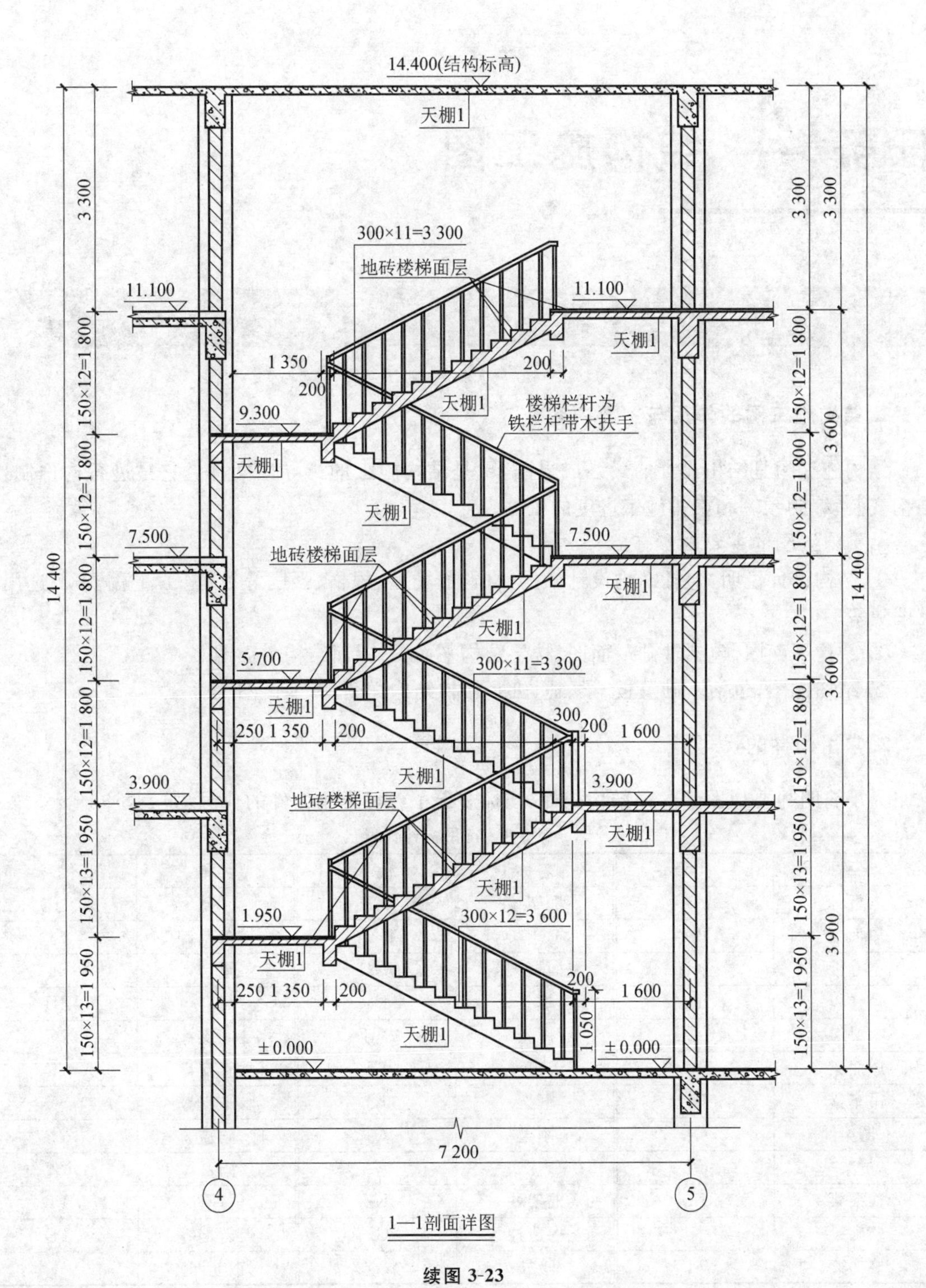

1—1剖面详图

续图 3-23

⑦ 明确踏步尺寸及栏杆的高度。从楼梯剖面图可知，踏步尺寸为 150 mm×300 mm，栏杆的高度在梯段处为 1050 mm。

任务 4 结构施工图

一、概述

1. 结构施工图的作用与主要内容

结构施工图是结构设计的最终成果图，也是结构施工的指导性文件。它是进行构件制作、结构安装、编制预算和安排施工进度的依据。

结构施工图的主要内容有：

① 结构设计说明，包括结构设计依据、材料的类型、规格、强度等级、施工注意事项、选用标准图集等。

② 结构平面图，包括基础平面图、楼层结构平面图、屋面结构平面图。

③ 结构详图，包括基础及板、梁、柱详图，楼梯结构详图，其他详图等。

2. 常用构件的代号

为了简明扼要地图示各种结构构件，国标规定了各种常用构件的代号，如表 3-9 所示。

表 3-9 常用构件代号

名称	代号	名称	代号	名称	代号
板	B	框架梁	KL	基础	J
屋面板	WB	框支梁	KZL	设备基础	SJ
空心板	KB	屋面框架梁	WKL	承台	CT
楼梯板	TB	檩条	LT	桩	ZH
梁	L	屋架	WJ	柱间支撑	ZC
屋面梁	WL	天窗架	CJ	垂直支撑	CC
吊车梁	DL	框架	KJ	水平支撑	SC
圈梁	QL	刚架	GJ	雨篷	YP
过梁	GL	柱	Z	阳台	YT
连系梁	LL	框架柱	KZ	预埋件	M
基础梁	JL	构造柱	GZ	天窗端壁	TD
楼梯梁	TL	暗柱	AZ	钢筋网	W

3. 钢筋混凝土构件图

1）钢筋混凝土简介

混凝土是由水泥、石子、砂和水按一定比例配合，经搅拌、捣实、养护而成的一种人造石，简写为“砼”。混凝土是脆性材料，抗压强度高，抗拉强度低。混凝土的强度等级按抗压强度分为C15、C20、C25、C30、C35、C40、C45、C50、C55、C60等十四个等级。钢筋抗拉强度高，而且能与混凝土良好黏结，可弥补混凝土的不足，因此在混凝土里加入一定数量钢筋成为钢筋混凝土，可大大提高构件的承载力。

2）钢筋混凝土构件中的钢筋

(1) 钢筋的等级和代号

钢筋混凝土构件中常用的钢筋有热轧Ⅰ级普通低碳钢HPB300的光圆钢筋，热轧Ⅱ级HRB335、Ⅲ级HRB400、Ⅳ级HRB500普通低碳钢的带肋钢筋，热处理钢筋，冷拉钢筋，冷轧带肋钢筋等。常用钢筋的等级和代号如表3-10所示。

(2) 钢筋的作用和分类

在钢筋混凝土结构中配置的钢筋按其作用不同可分为以下几种，如图3-24所示。

表3-10　常用钢筋的等级和代号

种类		代号	种类		代号
热轧钢筋	HPB300(Ⅰ)	A	冷拉钢筋	Ⅰ	A^l
	HRB335(Ⅱ)	B		Ⅱ	B^l
	HRB400(Ⅲ)	C		Ⅲ	C^l
	HRB500(Ⅳ)	D		Ⅳ	D^l
热处理钢筋		D^{ht}	冷轧带肋钢筋		A^R

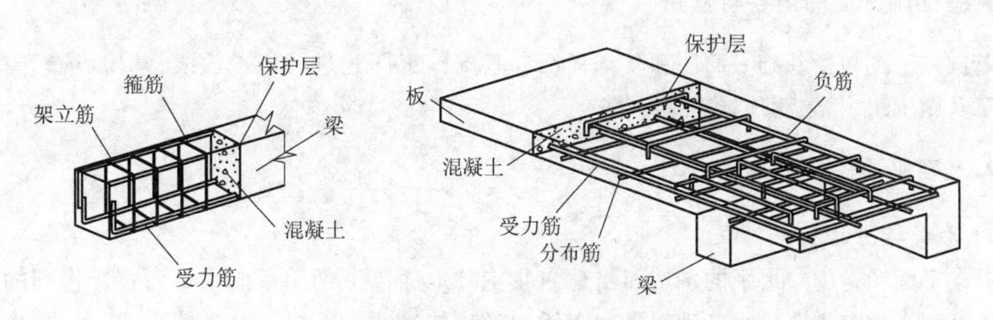

图3-24　钢筋混凝土构件中钢筋的种类

① 受力筋：承受拉、压作用的钢筋，用于梁、板、柱、剪力墙等构件中。

② 架立筋：用于梁内，作用是固定箍筋位置，与梁内的纵向受力钢筋形成钢筋骨架，并承受由于混凝土收缩及温度变化产生的应力。

③ 箍筋：梁、柱中承受剪力的钢筋，同时起固定受力筋和架立筋形成钢筋骨架的作用。

④ 分布筋：板中与受力筋垂直，在受力筋内侧的钢筋，主要作用是固定受力筋的位置，并将荷载均匀地传给受力筋，同时也可抵抗因混凝土收缩及温度变化的应力。

⑤ 负筋：现浇板边（或连续梁边）受负弯矩处放置的钢筋。

⑥ 其他钢筋：按构件的构造要求和施工安装要求而配置的构造筋、吊环等。

(3) 保护层和弯钩

为保护钢筋、防蚀防火，并加强钢筋与混凝土的黏结力，钢筋至构件表面应有一定厚度的混凝土，这就是保护层。梁的保护层最小厚度为25 mm，柱的保护层最小厚度为30 mm，板、墙的保护层最小厚度为 15 mm。为了使钢筋与混凝土具有良好的黏结力,应将光圆钢筋和箍筋两端做成半圆弯钩或直弯钩,带肋钢筋两端可不做成弯钩。

3）钢筋混凝土构件图的内容及图示方法

钢筋混凝土构件图由模板图、配筋图、预埋件详图和钢筋用量表等组成。

模板图主要表达构件的外形尺寸,同时需标明预埋件的位置,预留孔洞的形状、尺寸及位置,是构件模板制作、安装的依据。简单的模板图可与配筋图合并表示。

在配筋图中,构件轮廓用细实线表示,钢筋用粗实线表示,钢筋的断面用黑圆点表示。在配筋图中,钢筋的标注方法有两种:一种是标注钢筋的根数、级别和直径,如 3B20,表示 3 根直径为 20 mm 的Ⅱ级钢筋;另一种是标注钢筋的级别、直径和间距,如 A8@200 表示直径为 8 mm 的Ⅰ级钢筋,间距为 200 mm。为了清楚表达钢筋的形状和尺寸,还需单独绘出钢筋详图,将钢筋形状用粗实线绘出,并标注每段尺寸。该尺寸不包括弯钩长度,一般钢筋所注尺寸为外皮尺寸,箍筋所注尺寸为内皮尺寸。

在设预埋件的构件中还应预绘出预埋件详图。

钢筋用量表是供预算和工程备料用的表。在钢筋用量表中应标明构件代号、构件数量、钢筋简图、钢筋编号、钢筋规格、直径、长度、根数、总长度、总质量等。

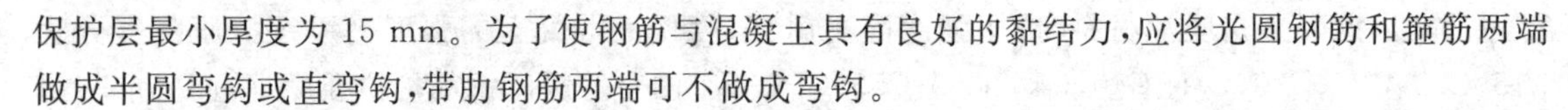

二、基础施工图

1. 基础施工图的内容与作用

基础施工图包括基础平面图和基础详图。基础施工图是进行施工放线、基槽(坑)开挖、基础施工及施工组织、编制预算的主要依据。

2. 基础平面图

1）形成与图示方法

基础平面图是用一水平的剖切面沿建筑物室外地面以下剖切后向水平面投影得到的全剖面图。基础平面图主要表示基础的平面布置、与墙(柱)的关系,以及基础的形式、尺寸、构件编号等。基础平面图中应绘制出与建筑底层平面图位置、编号一致的定位轴线,被剖切到的墙和柱的断面轮廓用粗实线表示,基础底面的轮廓线用细实线表示,基础梁可用粗点画线表示。基础大放脚的材料及尺寸等可以不画,在基础详图中表示。

2）识读

以下简要介绍基础平面图的识读。基础平面图如图 3-25 所示。

① 了解基础的类型。从图 3-25 中可知基础采用的是独立基础。

② 了解基础的材料。

③ 了解基础的平面布置情况及尺寸。从图 3-25 中可知,所有柱下均设置了独立基础,有单柱独立基础、双柱独立基础、四柱独立基础。

④ 了解施工要求。从说明中可知地基持力层的承载力标准值 $f_{ak}=300$ kPa,说明中还规定了基槽开挖、回填及工程验收等方面的要求。

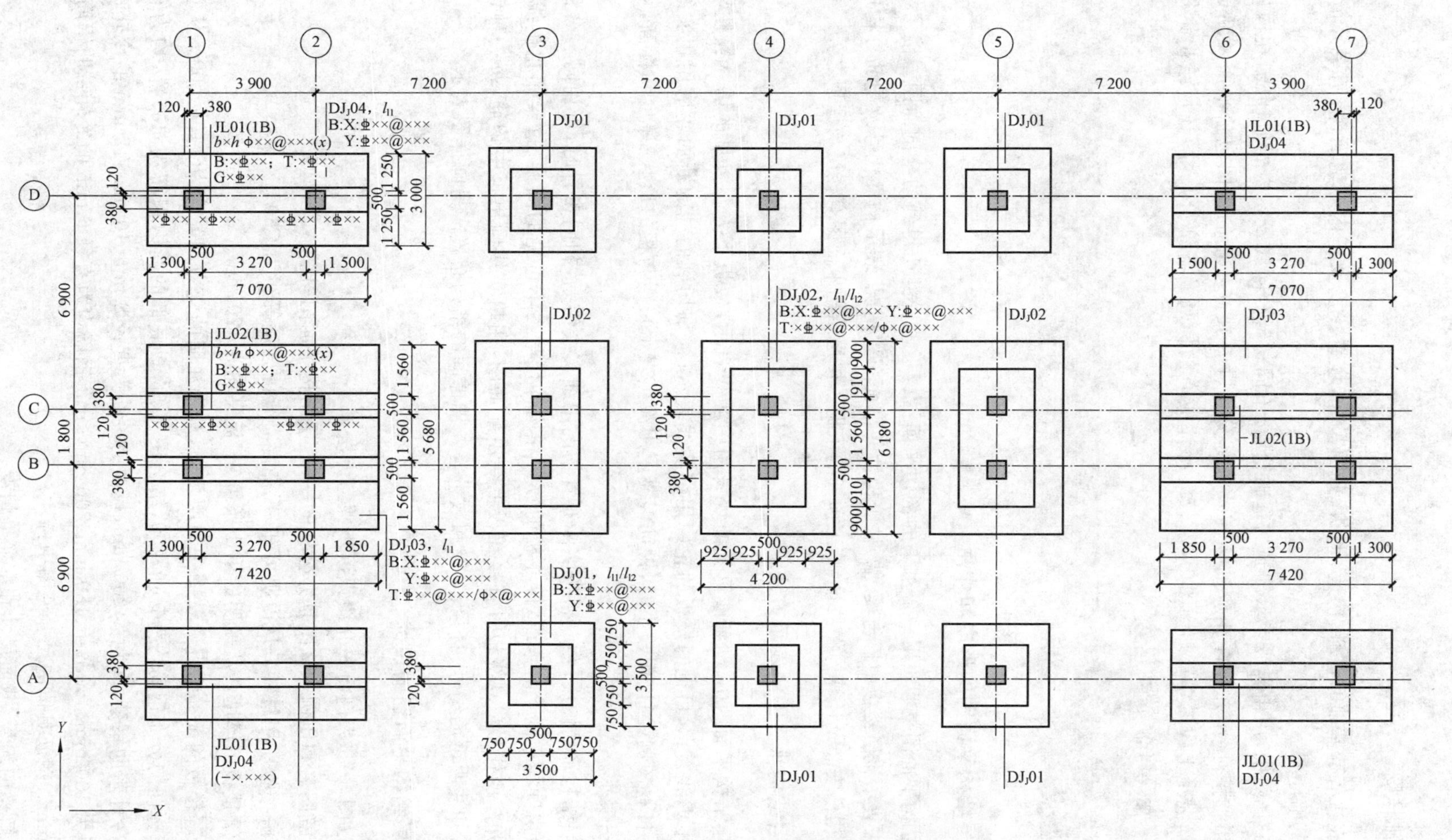
DJJ04，l_{11}
B:X:ф××@×××
Y:ф××@×××
JL01(1B)
b×h ф××@×××(x)
B:×ф××；T:×ф××
G×ф××
JL02(1B)
DJJ01
DJJ02
DJJ03
DJJ04
DJJ02，l_{11}/l_{12}
B:X:ф××@××× Y:ф××@×××
T:×ф××@×××/ф×@×××
DJJ03，l_{11}
T:ф××@×××/ф×@×××
DJJ01，l_{11}/l_{12}
(−×.×××)
3 900
7 200
6 900
1 800
7 070
7 420
5 680
6 180
4 200
3 500
3 000
3 270
X
Y

图 3-25　基础平面图

3. 基础详图

为了表达清楚基础的材料、构造、形状、截面尺寸、埋置深度及室内外地面、防潮层等情况，需要绘制基础详图。

在基础详图中，用粗实线表示剖到的基础轮廓、不同材料分隔线及室内外地坪线，在构件的断面上绘出材料符号，并标注相应的标高及各部分尺寸。独立基础的详图包括平面及断面详图。在钢筋混凝土的独立基础详图中，不仅要标注应有的标高及各部分尺寸，还应绘出钢筋并标注钢筋编号、直径、等级、根数等。

三、楼层结构平面图

1. 楼层结构平面图的形成和作用

楼层结构平面图是假想用一个水平的剖切平面沿楼板上皮剖切得到的全剖面图。楼层结构平面图用来表示该层楼板中板与梁、墙、柱等构件的平面布置情况，表示构件代号及配筋等构造做法，是各层构件安装及计算构件数量、施工预算的依据。楼层结构平面图有楼层与屋顶之分。

2. 楼层结构平面图的表示方法

在楼层结构平面图中，剖到或可见的墙身用中实线表示，楼板下方不可见的墙、梁、柱等的轮廓线用中虚线表示，可见的楼板的轮廓用细实线表示；被剖切到的柱的断面轮廓用粗实线表示，并画上材料图例（当比例较小时，钢筋混凝土用涂黑表示）；梁与板的形状、厚度和标高，可用重合断面图表示。

在楼层结构平面图中，预制板按实际布置情况用细实线绘制，相同布置时，可用同一名称表示，并将该房间楼板画上对角线，标注板的数量和构件代号。不可见的圈梁、过梁用粗虚线（单线）表示，并注明代号。现浇板可直接在板上绘出配筋图：用粗实线画出板中钢筋，每一种钢筋只画一根，并注明钢筋编号、直径、等级和数量等。楼梯间的结构布置需另画详图表示。

3. 楼层结构平面图的识读

下面以图 3-26 为例简要介绍识读步骤与方法。

① 了解图名和比例。该图是办公楼的一、三层结构平面图，比例 1∶100。

② 了解楼板所用材料。从说明可知，现浇混凝土的强度等级为 C30。

③ 了解楼板的厚度。从说明的第 1 条可知，板厚均为 120 mm。

④ 了解楼板的配筋情况。从图中说明可知，凡未注明的受力钢筋均为ϕ 10@200。从总说明可知，未标注的分布钢筋均为ϕ 6@200，结合图可知，板底部的受力钢筋双向布置，均为直径 10 mm 的冷轧带肋钢筋，间距为 200 mm，板面的负筋为直径 8 mm、10 mm、12 mm 的冷轧带肋钢筋，间距为 100 mm、150 mm、180 mm、200 mm；分布钢筋均为直径 6 mm 的冷轧带肋钢筋，间距为 200 mm。钢筋具体的尺寸见图中标注。

⑤ 了解梁的编号、截面尺寸和配筋等情况。

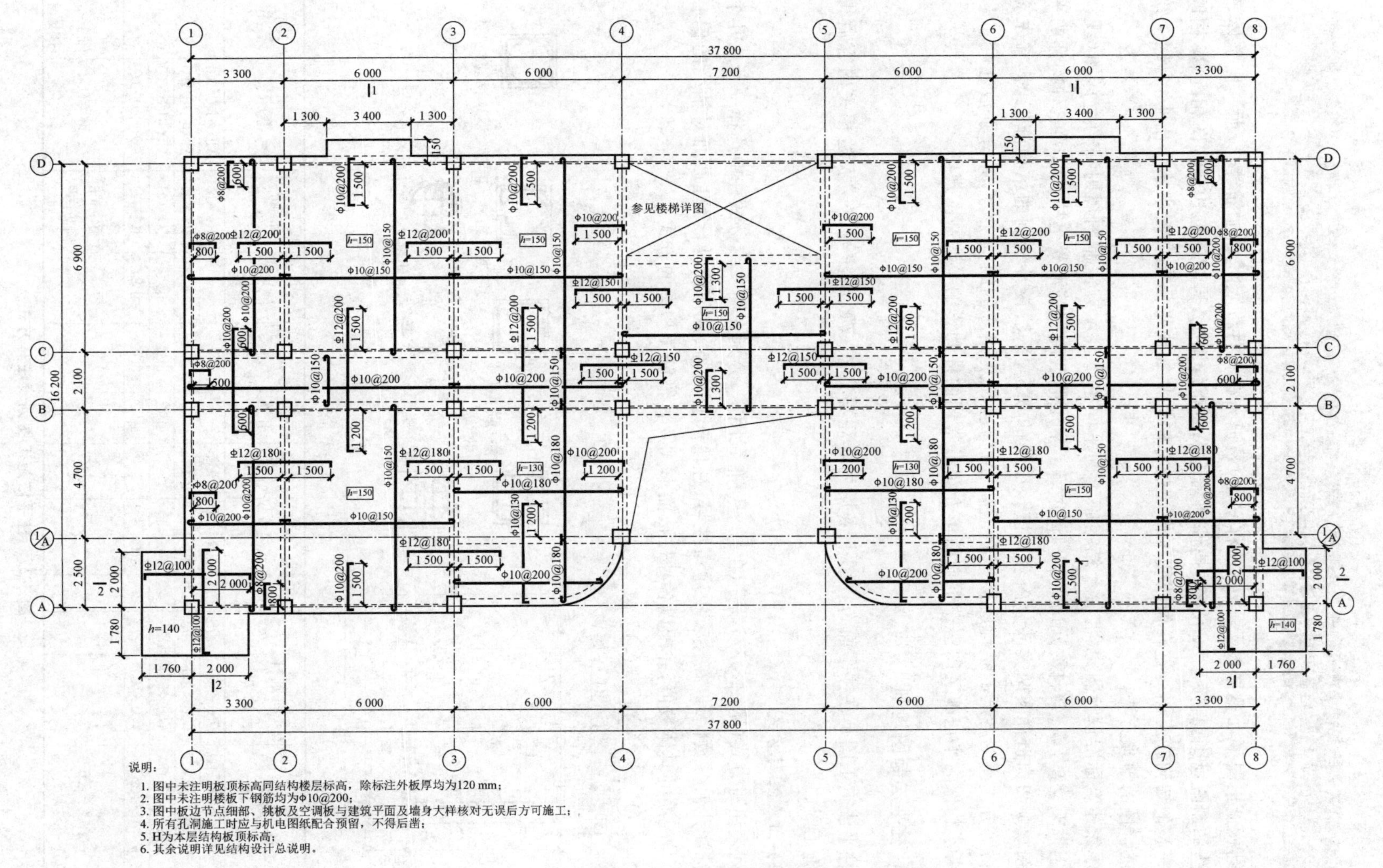

说明：

1. 图中未注明板顶标高同结构楼层标高，除标注外板厚均为120 mm；
2. 图中未注明楼板下钢筋均为Φ10@200；
3. 图中板边节点细部、挑板及空调板与建筑平面及墙身大样核对无误后方可施工；
4. 所有孔洞施工时应与机电图纸配合预留，不得后凿；
5. H为本层结构板顶标高；
6. 其余说明详见结构设计总说明。

图 3-26　一、三层结构平面图

四、混凝土结构施工图平面整体表示方法

结构施工图平面整体表示方法(简称平法)是把结构构件的尺寸和配筋等,按照平面整体表示方法的制图规则,直接表示在各类构件的结构平面布置图上,再与标准构造详图相配合,构成一套完整的结构施工图。这样做改变了传统的将构件从结构平面布置图中索引出来,再逐个绘制配筋详图的烦琐方法。

国家建筑标准设计图集《混凝土结构施工图平面整体表示方法制图规则和构造详图(现浇混凝土框架、剪力墙、梁、板)》(16G101-1) 介绍了常用的现浇钢筋混凝土柱、墙、梁三种构件的平法制图规则和构造详图两大部分内容。按该图集的规定,平法设计绘制的结构施工图,首先应用表格等方式注明各层的结构层楼地面标高、结构层高及相应的结构层号,并分别放在柱、墙、梁等各类构件的平法施工图中。下面简单介绍最常用的柱和梁的平法制图规则。

1. 柱平法制图规则

柱平法施工图是在柱平面布置图上采用列表注写方式或截面注写方式表达相关内容后得到的施工图。

1) 列表注写方式

列表注写方式(见图 3-27) 是指在柱平面布置图上,分别在同一编号的柱中选择一个或几个截面标注几何参数代号,在柱表中注写柱号、柱段起止标高、几何尺寸(含柱截面对轴线的偏心情况)与配筋的具体数值,并配以各种柱截面形式及其箍筋类型图的方式。

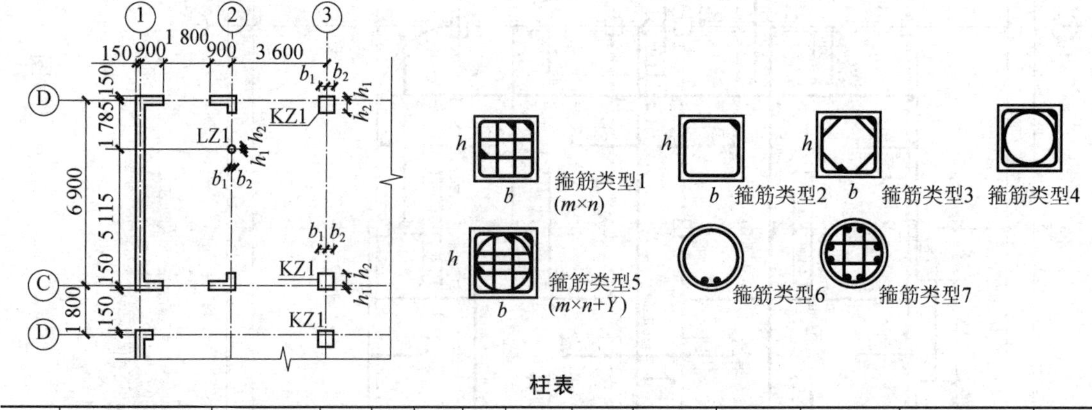

柱表

柱号	标高/m	b×h(圆柱直径 D)	b_1	b_2	h_1	h_2	全部纵筋	角筋	b边一侧中部筋	h边一侧中部筋	箍筋类型号	箍筋	备注
KZ1	−4.530~−0.030	750×700	375	375	150	550	28B25				1(6×6)	A10@100/200	
	−0.030~19.470	750×700	375	375	150	550	24B25				1(5×4)	A10@100/200	
	19.470~37.470	650×600	325	325	150	450		4B22	5B22	4B20	1(4×4)	A10@100/200	
	37.470~59.070	550×500	275	275	150	350		4B22	5B22	4B20	1(4×4)	A8@100/200	
XZ1	−0.030−8.670						8B25				按标准构造详图	A10@200	③~⑧轴 KZ1 中设置

图 3-27　柱平法施工图列表注写方式

2）截面注写方式

截面注写方式(见图 3-28）是指在分标准层绘制的柱平面布置图的柱截面上，分别在同一编号的柱中选择一个截面并放大，直接注写截面尺寸和配筋具体数值的方式。

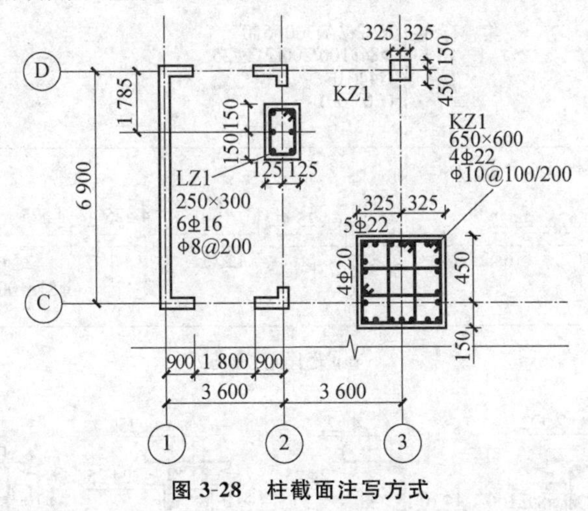

图 3-28　柱截面注写方式

2. 梁平法制图规则

梁平法施工图是在梁平面布置图上采用平面注写方式或截面注写方式表达相关内容后得到的施工图。

1）平面注写方式

平面注写包括集中标注和原位标注。集中标注表达梁的通用数值，原位标注表达梁的特殊数值。当集中标注中的某项数值不适用于梁的某个部位时，则采用原位标注，施工时原位标注取值优先。

（1）集中标注

梁集中标注有编号、截面尺寸、箍筋、上部通长筋或架立筋、侧面纵向构造筋或受扭筋五项必注值和顶面标高高差一项选注值。

图 3-29(a)中的集中标注含义如下：框架梁 KL2 共 2 跨，一端有悬挑；梁截面尺寸为 300 mm 宽、650 mm 高；箍筋用直径为 8 mm 的Ⅰ级钢筋，加密区箍筋间距为 100 mm，非加密区箍筋间距为 200 mm，箍筋为 2 肢箍；梁上部有 2 根直径为 25 mm 的Ⅱ级钢筋作为通长筋；梁两侧共配置 4 根直径为 10 mm 的Ⅰ级钢筋作为纵向构造钢筋，每侧各配 2 根；梁顶面标高比结构层楼面标高低 0.1 m。

（2）原位标注

梁支座上部纵筋的标注包含贯通筋在内的所有纵筋。当上部纵筋多于一排时，用斜线“/”将各排纵筋自上而下分开。当同排纵筋有两种直径时，用加号“＋”将两种直径的纵筋相连，注写时将角部纵筋写在前面。当梁中间支座两边的上部纵筋相同时，可仅在支座的一边标注配筋值，当两边的上部纵筋不同时，须在支座两边分别标注配筋值。

梁下部纵筋的表示方法与上部纵筋的表示方法基本相同。附加箍筋或吊筋直接画在平面图中的主梁上，注明总配筋值。

以图 3-29(a)中框架梁 KL2 第一跨的原位标注为例：梁左端支座纵筋共有 4 根，其中 2 根是直径为 25 mm 的Ⅱ级钢筋，分别放在两端角部，另 2 根是直径为 22 mm 的Ⅱ级钢筋；右端支座纵筋为 6

根直径为 25 mm 的Ⅱ级钢筋，分两排布置，上排 4 根，下排 2 根；梁底部有 6 根直径为 25 mm 的Ⅱ级钢筋，分两排布置，上排 2 根，下排 4 根，全部伸入支座。对比图 3-29(b)中四个传统的绘制截面图的表示方法，平面注写方式既减少了绘图工作量，又简单明了地表示了梁各部位的配筋。

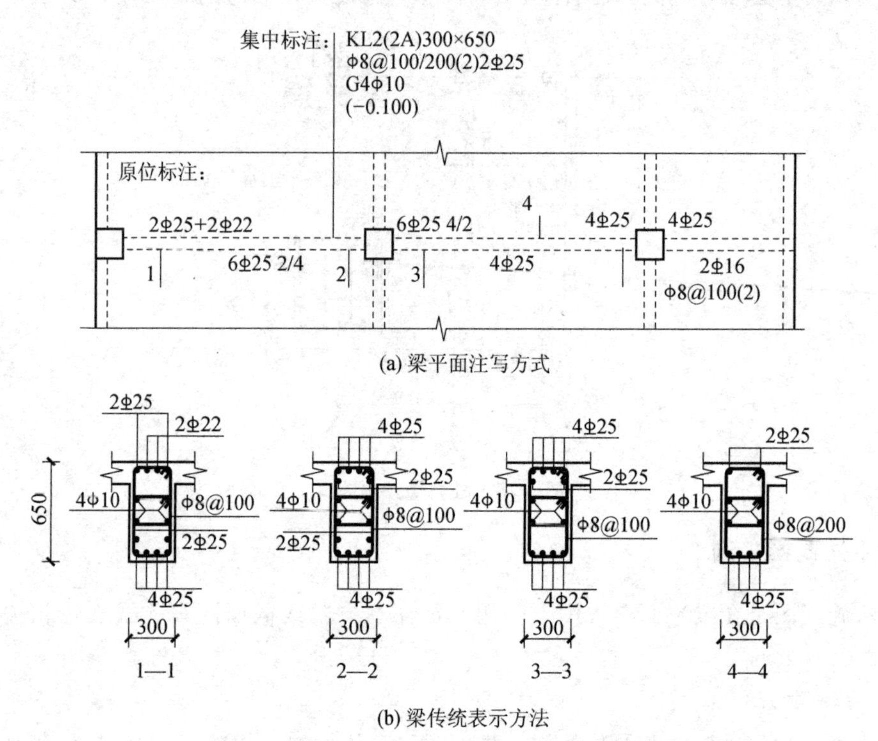

(a) 梁平面注写方式

(b) 梁传统表示方法

图 3-29 梁平面注写方式与传统表示方法的对比

2) 截面注写方式

截面注写方式是指在按标准层绘制的梁平面布置图上，分别在不同编号的梁中各选择一根梁，用剖面号引出配筋图，并在其上注写截面尺寸和配筋具体数值的方式(见图 3-30)。截面注写方式既可以单独使用，也可与平面注写方式结合使用。

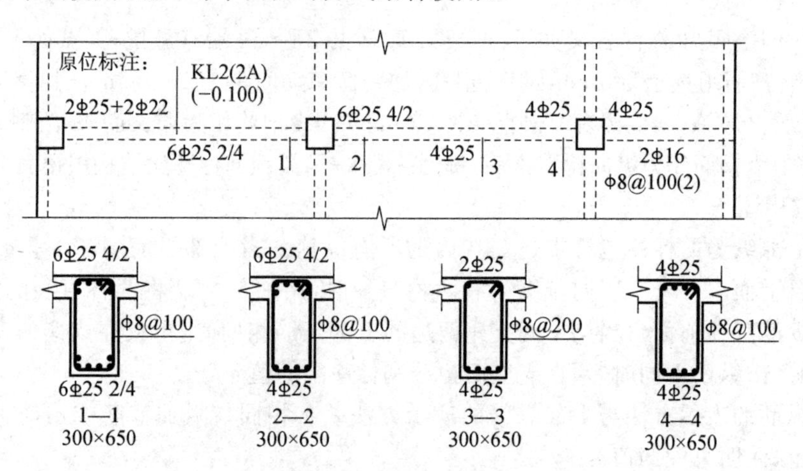

图 3-30 梁截面注写方式

五、楼梯结构详图

楼梯结构详图一般包括楼梯结构平面图和楼梯配筋图(见图 3-31)。

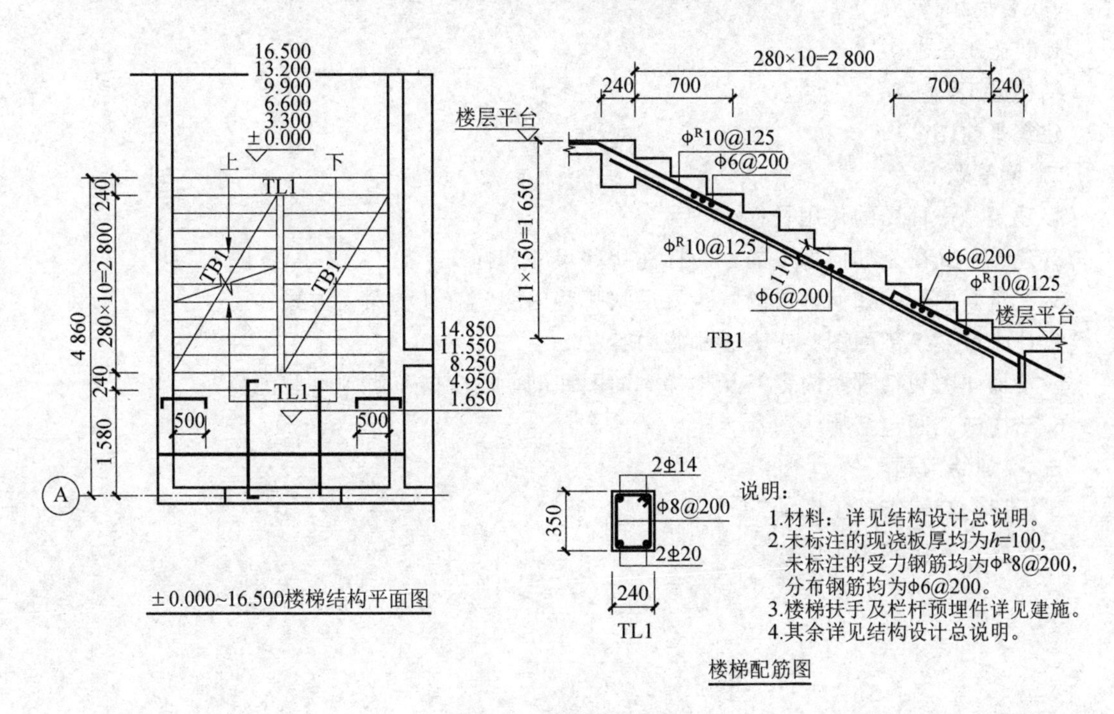

图 3-31　楼梯结构详图

1. 楼梯结构平面图

楼梯结构平面图是设想沿上一楼层平台梁顶剖切后所做的水平投影。剖切到的墙用中实线表示;楼梯梁、板的轮廓线,可见的用细实线表示,不可见的则用细虚线表示。楼梯结构平面图主要反映各构件(如楼梯梁、梯段板、平台板及楼梯间的门窗过梁等)的平面布置、代号、大小、定位尺寸以及它们的结构标高。楼梯结构平面图的识读方法与楼层结构平面图类似。

2. 楼梯配筋图

为了详细表示梯段板和楼梯梁的配筋,可以用较大的比例尺画出每个构件的配筋图。如图 3-13 中,梯段板下层的受力筋采用Φ^{R}10@125,分布筋采用Φ 6@200;在楼梯段的两端、斜板截面的上部配置支座受力钢筋Φ^{R}10@125,分布筋Φ 6@200。

外形简单的梁,可只画断面。如图 3-31 中的梁 TL1,该梁为矩形截面,尺寸为 240 mm×350 mm,梁底配置 2 根直径为 20 mm 的Ⅱ级钢筋做主筋,梁顶配置 2 根直径为 14 mm 的Ⅱ级钢筋做架立筋,箍筋用直径为 8 mm 的Ⅰ级钢筋,间距为 200 mm。

一、名词解释

建筑施工图

结构施工图

建筑平面图

二、问答题

1.建筑总平面图的作用是什么？

2.建筑平面图是如何形成的？应标注哪些尺寸和标高？

3.建筑立面图是如何形成的？主要反映哪些内容？有几种命名方式？

4.什么是建筑剖面图？它表达哪些内容？

5.楼梯详图包括哪些内容？从楼梯平面图和剖面图中能了解到哪些内容？

6.结构施工图包括哪些图？

三、实训练习题

1.识读一套建筑施工图。

2.识读一套结构施工图。

学习情境4

建筑材料

学习目标

了解主要建筑材料（包括气硬性胶凝材料、水泥、混凝土、建筑砂浆、砌筑材料、建筑钢材、木材、建筑防水材料）的基本性质，从而在以后的工程实际中能够合理选择与应用建筑材料。

任务 1 建筑材料的定义

1. 广义的建筑材料

广义的建筑材料是指用于土木工程（工业与民用建筑、水利、道路桥梁、港口、车站、码头等）中的所有材料（包括使用的各种原材料、半成品、成品等）的总称，如水泥、砂、石灰石、生石膏、混凝土拌和物、硬化混凝土等。它具体有如下三个方面的含义：

① 构成建筑物和构筑物本身的材料；

② 施工过程中所用的材料；

③ 建筑设备所用的材料。

2. 狭义的建筑材料

狭义的建筑材料是指构成建筑物和构筑物本身的材料。

建筑物和构筑物本身包括以下几类：基础、梁、板、柱、楼梯、墙体、门、窗和屋顶等。这些部位按所使用材料的不同分为以下几类：

① 窗按材料的不同分为木窗、钢窗、铝合金窗、塑钢窗和玻璃钢窗等；

② 门按材料的不同分为木门、钢门、铝合金门、塑钢门、玻璃钢门和无框玻璃门等；

③ 墙体按材料的不同分为砖墙、石墙、土墙、混凝土墙和砌块墙等；

④ 楼板按材料的不同分为木楼板、砖拱楼板、钢筋混凝土楼板和钢衬板组合楼板；

⑤ 楼梯按材料的不同分为钢筋混凝土楼梯、钢楼梯、木楼梯及组合材料楼梯；

⑥ 屋顶按材料的不同分为钢筋混凝土屋顶、瓦屋顶、卷材屋顶、金属屋顶和玻璃屋顶等。

任务 2 气硬性胶凝材料

建筑材料中凡自身经过一系列物理、化学作用后，能从浆体变成坚硬的固体，并能将散粒材料（如砂、石等）或块状材料（如砖、石块等）胶结成一个整体的物质，称为胶凝材料。胶凝材料按其化学组成，可分为有机胶凝材料（亦称矿物胶凝材料，如沥青、树脂等）和无机胶凝材料（如石灰、水泥等）。

无机胶凝材料根据硬化条件又分为气硬性胶凝材料与水硬性胶凝材料两种。气硬性胶凝材料，只能在空气中硬化，并保持或继续提高强度，如石灰、石膏、镁质胶凝材料及水玻璃等；水硬性胶凝材料，不仅能在空气中硬化，而且能更好地在水中硬化，保持或继续提高强度，如各种水泥。

一、石灰

石灰是在建筑及装饰工程中最早使用的胶凝材料之一，属于气硬性胶凝材料。它具有原料来源广泛、工艺简单、成本低廉等特点，所以目前被广泛应用于建筑及装饰工程中。石灰是石灰石、白垩等以碳酸钙为主要成分的原料在低于烧结温度下煅烧所得的产物，其主要成分是氧化钙，次要成分是氧化镁，通常把这种白色轻质的块状物质称为块灰；块灰经粉碎、磨细制成的生石灰称为磨细生石灰粉或建筑生石灰粉。建筑用石灰有生石灰（块灰）、生石灰粉、熟石灰粉和石灰膏等几种形态。

1. 石灰的生产

以碳酸钙为主要成分的天然岩石，如石灰岩、白垩、白云质石灰岩、贝壳等，都可用来生产石灰。

主要成分为碳酸钙的天然岩石，在900～1100 ℃的温度下，煅烧而得的块状产品，即为石灰，又称生石灰。生石灰的主要成分是CaO，煅烧时的反应为

$$CaCO_3 \xrightarrow{900\sim1100\ ℃} CaO + CO_2 \uparrow$$

为了加快煅烧过程，常使温度高达1000～1100 ℃。煅烧时温度的高低及分布情况对石灰质量有很大影响。若温度太低或温度分布不均匀，碳酸钙不能完全分解，则产生欠火石灰；若温度太高，则产生过火石灰。煅烧良好的石灰，质轻色匀，密度为3.2 g/cm^3，堆积表观密度为800～1000 kg/m^3。原料中常含碳酸镁，故生石灰中尚含一些MgO。按MgO的多少，生石灰又分为钙质石灰（MgO含量≤5%）和镁质石灰（MgO含量＞5%）。

2. 石灰的熟化

生石灰加水生成氢氧化钙的过程称为生石灰熟化或消解。生石灰熟化会放出大量的热，熟化时体积增大1～2.5倍。生石灰必须在充分熟化后才能使用，否则未熟化的生石灰将在使用后继续熟化，使材料表面凸起、开裂或局部脱落。

3. 石灰的硬化

石灰的硬化速度很缓慢，且硬化体强度很低。石灰浆体在空气中逐渐硬化，主要是干燥结晶和碳化这两个过程同时进行来完成的。

4. 石灰的主要技术性质

1）良好的保水性

生石灰熟化为石灰浆时，氢氧化钙粒子呈胶体分散状态，颗粒表面吸附一层较厚的水膜。粒子数量很多，因此其总表面积很大，这是石灰保水性良好的主要原因。利用这一性质，将石灰掺入水泥砂浆中，配制成混合砂浆，可以克服水泥砂浆容易泌水的缺点。

2）凝结硬化慢、强度低

由于空气中的CO_2含量低，而且碳化后形成的碳酸钙硬壳阻止CO_2向内部渗透，也阻止水

分向外蒸发，$CaCO_3$和 $Ca(OH)_2$结晶体生成缓慢且量少。

3）吸湿性强

生石灰吸湿性强、保水性好，是传统的干燥剂。

4）体积收缩大

石灰浆体凝结硬化的过程中，蒸发大量水分，硬化石灰中的毛细管失水收缩，引起体积收缩，使制品开裂。因此，石灰不宜单独用来制作建筑构件及制品。

5）耐水性差

若石灰浆体尚未硬化之前，就处于潮湿环境中，由于石灰中的水分不能蒸发，则其硬化停止；若是已硬化的石灰，长期受潮或受水浸泡，由于 $Ca(OH)_2$易溶于水，会使已硬化的石灰溃散。因此，石灰不宜用在潮湿环境及易受水浸泡的部位。

6）化学稳定性差

石灰是碱性材料，与酸性物质接触时，容易发生化学反应，生成新物质。因此，石灰及含石灰的材料长期处在潮湿空气中，容易与二氧化碳作用生成碳酸钙，即碳化。石灰材料还容易遭受酸性介质的腐蚀。

5. 石灰的应用

1）用于室内粉刷

石灰浆(膏)加入大量水后可调制成稀浆(即石灰乳)。石灰乳是一种廉价涂料，施工方便、颜色洁白、能为室内增白添亮，用于粉刷室内墙面和顶棚。

2）拌制建筑砂浆

石灰膏、砂和水拌制成的石灰砂浆可用于抹灰；石灰膏、水泥、砂和水拌制成的混合砂浆可用于砌筑，也可用于抹灰。

3）配制灰土和三合土

灰土是将生石灰粉和黏土按 1∶(2～4) 的比例加水拌和，经夯实而成的。三合土是将生石灰粉(或消石灰粉)、黏土和砂按 1∶2∶3 的比例加水拌和，经夯实而成的。灰土和三合土主要用于建筑物的基础、路面或地面垫层。

4）生产硅酸盐制品

以石灰和硅质材料(如石英砂、粉煤灰等)为原料，加水拌和，经成形、蒸养或蒸压处理等工序而制成的建筑材料，统称为硅酸盐制品，如粉煤灰砖、灰砂砖、加气混凝土砌块等。

6. 石灰的储存和运输

① 储存和运输生石灰时，要防止受潮，且贮存时间不宜过长。这是因为生石灰会吸收空气中的水分，消化成消石灰粉，进一步与空气中的 CO_2作用生成碳酸钙，失去胶凝能力。

② 储存和运输生石灰时要注意安全。生石灰受潮熟化会放出大量的热，且体积增大 1～2.5倍，故要将生石灰与可燃物分开保管，以免引起火灾。

二、建筑石膏

石膏胶凝材料是一种以硫酸钙为主要成分的气硬性胶凝材料。生产石膏的原料主要为含硫酸钙的天然石膏(生石膏)或含硫酸钙的化工副产品。生石膏又称二水石膏,化学式为 $CaSO_4 \cdot 2H_2O$。将二水石膏在不同条件下煅烧可得到建筑石膏、高强石膏等不同品种的石膏。

建筑石膏颗粒较细,制品强度较低。高强石膏晶粒较粗,需水量较小,强度较高,主要用于室内高级抹灰及制作石膏板等装饰制品。

建筑石膏性能良好、原材料丰富、生产工艺简单、成本低,在建筑工程上应用广泛。

1. 石膏的主要品种

(1) 建筑石膏

让天然二水石膏在石膏炒锅或沸腾炉内燃烧且温度控制在 107～170 ℃时,二水石膏脱水为细小晶体的β型半水石膏 $CaSO_4 \cdot 0.5H_2O$,将晶体磨细制得建筑石膏。建筑石膏为白色或白灰色粉末,多用于建筑工程中的抹灰、粉刷及生产各种石膏制品。

(2) 模型石膏

模型石膏的主要成分也是β型半水石膏,但杂质少、色白,主要用于陶瓷制坯工艺的成形和装饰浮雕等。

(3) 高强石膏

二水石膏在密闭的压蒸釜内(124 ℃、0.13 MPa 压力)蒸炼脱水成为半水石膏,又称α型半水石膏,再经磨细制得高强石膏。与β型半水石膏相比,α型半水石膏的晶体粗大且密实,达到一定稠度所需的用水量小,且只有β型半水石膏的一半。因此高强石膏硬化后结构密实、强度较高,硬化 7 d 时的强度可达 15～40 MPa。高强石膏主要用于要求较高的抹灰工程、装饰制品和石膏板,另外,掺入防水剂还可制成高强度防水石膏和无收缩的黏结剂等。

(4) 粉刷石膏

粉刷石膏是天然二水石膏或废石膏经适当工艺所得到的粉状生成物,添加适量的缓凝剂、保水剂等化学外加剂后可制成抹灰用胶结料。

石膏的品种虽很多,但在建筑中应用最多的是建筑石膏。

2. 石膏的技术性质

(1) 凝结硬化时间短

建筑石膏在加水拌和后,浆体在几分钟内便开始失去可塑性,30 min 内完全失去可塑性而产生强度,2 h 的强度可达 3～6 MPa。

(2) 凝结硬化时体积微膨胀

石膏浆体在凝结硬化初期会产生微膨胀,膨胀率为 0.5%～1.0%。这一特点使石膏制品的表面光滑、细腻,尺寸精确,形体饱满,装饰性好。

(3) 孔隙率大

建筑石膏在拌和时,为使浆体具有施工要求的可塑性,需加入建筑石膏用量 60%～80%的水，而建筑石膏水化的理论需水量为建筑石膏用量的18.6%，所以大量的自由水蒸发时在建筑石膏制品内部形成大量的毛细孔隙。

(4) 保温性和吸声性好

建筑石膏制品的孔隙率大，且均为微细的毛细孔，所以导热系数小，一般为0.12～0.20 W/(m·K)。大量的毛细孔隙对吸声有一定的作用，特别是穿孔石膏板(板中有贯穿的孔径为6～12 mm的孔眼)，对声波的吸收能力强。

(5) 强度较低

建筑石膏的强度较低，但其强度发展较快，2 h的抗压强度可达3～6 MPa，7 d的抗压强度为8～12 MPa。

(6) 具有一定的调湿性

石膏制品内部的大量毛细孔隙对空气中的水蒸气具有较强的吸附能力，所以对室内的空气湿度有一定的调节作用。

(7) 防火性好

建筑石膏制品的导热系数小，传热慢。在遇到火灾时，二水石膏中的结晶水蒸发，吸收热并在表面形成蒸汽幕和脱水物隔热层，可在一定时间内阻止火势蔓延，起到良好的防火效果。

(8) 耐水性、抗渗性、抗冻性差

建筑石膏制品孔隙率大，且二水石膏可微溶于水，遇水后强度大大降低。

3. 石膏的应用

不同品种的石膏，性质各异，用途也不一样。二水石膏可以用作石膏工业的原料、水泥的调节剂等；煅烧后的硬石膏可用来浇筑地板和制造人造大理石，也可以作为水泥的原料；建筑石膏在建筑工程中可用作室内抹灰、粉刷、油漆打底的材料，还可以制造建筑装饰制品、石膏板，以及水泥原料中的调凝剂和激发剂。此处重点介绍建筑石膏的应用。

(1) 室内抹灰及粉刷

可将建筑石膏加水调成浆体，用作室内粉刷材料，石膏浆中还可以掺入石灰；可将建筑石膏加水、砂拌和成石膏砂浆，用于室内抹灰或作为油漆打底。石膏砂浆具有良好的隔热保温性能，能够调节室内空气温度和湿度，并且具有良好的防火性能。由于不耐水，故建筑石膏不宜在外墙中使用。

(2) 建筑装饰制品

以建筑石膏为主要原料，掺入少量纤维增强材料和胶料，加水搅拌成石膏浆体，将浆体注入各种各样的金属(或玻璃)模具中，就获得了花样、形状不同的石膏装饰制品，如平板、多孔板、花纹板、浮雕板等。石膏装饰制品有色彩鲜艳、品种多样、造型美观、施工方便等优点，是公用建筑物和顶棚常用的装饰制品。

(3) 石膏板

近年来随着框架轻板结构的发展，石膏板的生产和应用也迅速地发展起来。石膏板具有轻质、隔热保温、吸声、不燃以及施工方便等性能，除此之外，还具有原料来源广泛、燃料消耗低、设备简单、生产周期短等优点。常见的石膏板主要有纸面石膏板、纤维石膏板和空心石膏板。另外，新型石膏板材不断涌现。

任务3 水泥

水泥是水硬性胶凝材料的总称。凡细磨材料与水混合后成为塑性浆体，经一系列物理、化学作用形成坚硬的石状体，并能将砂石等散粒材料胶结成整体的水硬性胶凝材料，统称为水泥。

水泥是建筑工程中最重要的建筑材料之一。随着我国现代化建设的高速发展，水泥的应用越来越广泛。水泥不仅大量应用于工业与民用建筑，而且广泛应用于公路、铁路、水利电力、海港和国防等工程。

水泥品种繁多。按所含的主要水硬性物质不同，水泥可分为硅酸盐水泥、铝酸盐水泥、硫铝酸盐水泥、铁铝酸盐水泥、氟铝酸盐水泥等，其中硅酸盐水泥的应用最广。

硅酸盐水泥按用途和性能不同，又可分为通用水泥、专用水泥和特性水泥三大类。

通用水泥是指用于一般土木工程的水泥，主要包括硅酸盐水泥、普通硅酸盐水泥、矿渣硅酸盐水泥、火山灰质硅酸盐水泥、粉煤灰硅酸盐水泥和复合硅酸盐水泥。专用水泥是指具有专门用途的水泥，如道路水泥、大坝水泥、砌筑水泥等。特性水泥是指在某方面具有突出性能的水泥，如膨胀硅酸盐水泥、快硬硅酸盐水泥、白色硅酸盐水泥、低热硅酸盐水泥和抗硫酸盐硅酸盐水泥等。

一、通用硅酸盐水泥的生产

硅酸盐水泥的原材料主要是石灰质原料和黏土质原料，石灰质原料可以采用石灰石、白垩、石灰质凝灰岩和泥灰岩等。将几种原材料按一定比例混合后磨细制成生料，然后将生料送入回转炉或立窑煅烧，煅烧后得到以硅酸钙为主要成分的水泥熟料，再与适量石膏混合、磨细，得到硅酸盐水泥成品。概括来讲，硅酸盐水泥的主要生产工艺过程为“两磨”（磨细生料、磨细水泥）和“一烧”（生料煅烧成熟料），如图 4-1 所示。

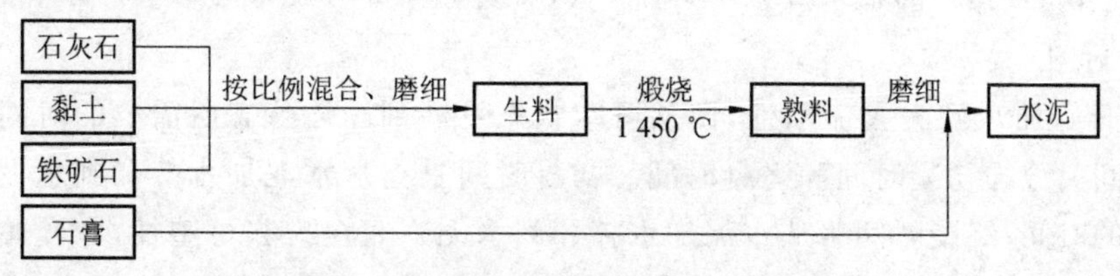

图 4-1 通用硅酸盐水泥的生产工艺流程

二、通用硅酸盐水泥的技术要求

1. 化学指标

通用硅酸盐水泥的化学指标应符合表 4-1 的规定。

表 4-1　通用硅酸盐水泥的化学指标/(%)

<table>
<tr><th>品种</th><th>代号</th><th>不溶物
(质量分数)</th><th>烧失量
(质量分数)</th><th>三氧化硫
(质量分数)</th><th>氧化镁
(质量分数)</th><th>氯离子
(质量分数)</th></tr>
<tr><td rowspan="2">硅酸盐水泥</td><td>P·Ⅰ</td><td>≤0.75</td><td>≤3.0</td><td rowspan="3">≤3.5</td><td rowspan="3">≤5.0①</td><td rowspan="8">≤0.06③</td></tr>
<tr><td>P·Ⅱ</td><td>≤1.50</td><td>≤3.5</td></tr>
<tr><td>普通硅酸盐水泥</td><td>P·O</td><td></td><td>≤5.0</td></tr>
<tr><td rowspan="2">矿渣硅酸盐水泥</td><td>P·S·A</td><td></td><td></td><td rowspan="2">≤4.0</td><td>≤6.0②</td></tr>
<tr><td>P·S·B</td><td></td><td></td><td></td></tr>
<tr><td>火山灰质硅酸盐水泥</td><td>P·P</td><td></td><td></td><td rowspan="3">≤3.5</td><td rowspan="3">≤6.0②</td></tr>
<tr><td>粉煤灰硅酸盐水泥</td><td>P·F</td><td></td><td></td></tr>
<tr><td>复合硅酸盐水泥</td><td>P·C</td><td></td><td></td></tr>
</table>

注:① 如果水泥压蒸试验合格,则水泥中氧化镁的含量(质量分数)允许放宽至≤6.0%。

② 如果水泥中氧化镁的含量(质量分数)大于6.0%,则需进行水泥压蒸安定性试验并合格。

③ 当有更低要求时,该指标由买卖双方协商确定。

2. 碱含量

水泥中的碱含量按($Na_2O+0.658K_2O$)计算值表示。若使用活性骨料,用户要求提供低碱水泥时,水泥中的碱含量应不大于0.6%或由买卖双方协商确定。

3. 物理指标

1) 细度

水泥的细度是指水泥颗粒的粗细程度。通常水泥越细,凝结硬化越快,强度(特别是早期强度)越高,收缩也越大。但水泥越细,越易吸收空气中水分而受潮形成絮凝团,反而会使水泥活性降低。此外,提高水泥的细度要增加粉磨时的能耗,会降低粉磨设备的生产率,增加成本。

硅酸盐水泥和普通硅酸盐水泥的细度用比表面积表示,其比表面积应不小于300 m^2/kg。矿渣硅酸盐水泥、火山灰质硅酸盐水泥、粉煤灰硅酸盐水泥和复合硅酸盐水泥的细度以筛余百分率表示,80 μm 方孔筛的筛余百分率不大于10%或45 μm 方孔筛的筛余百分率不大于30%。

2) 凝结时间

水泥从开始加水到失去流动性,即从可塑状态发展到固体状态所需要的时间称为凝结时间。凝结时间又分为初凝时间和终凝时间。初凝时间是指从水泥加水拌和到水泥浆开始失去可塑性所需的时间;终凝时间为从水泥加水拌和到水泥浆完全失去可塑性,并开始具有强度所需的时间。硅酸盐水泥的初凝时间不得早于45 min,终凝时间不得迟于390 min;普通硅酸盐水泥、矿渣硅酸盐水泥、火山灰质硅酸盐水泥、粉煤灰硅酸盐水泥和复合硅酸盐水泥的初凝时间不得早于45 min,终凝时间不得迟于600 min。

水泥的凝结时间在施工中有重要意义。初凝时间不宜过早是为了有足够的时间对混凝土进行搅拌、运输、浇筑和振捣;终凝时间不宜过长是为了使混凝土尽快硬化,产生强度,以便尽快拆去模板,提高模板周转率。

3) 安定性

水泥凝结硬化过程中,体积变化是否均匀适当的性质称为安定性。一般来说,硅酸盐水泥在凝结硬化过程中体积略有收缩，这些收缩绝大部分是在硬化之前完成的，因此水泥石（包括混凝土和砂浆）的体积变化比较均匀适当，即安定性良好。如果水泥中某些成分的化学反应不能在硬化前完成而在硬化后进行，并伴随体积不均匀变化，此时便会在已硬化的水泥石内部产生内应力，达到一定程度时会使水泥石开裂，从而导致工程质量事故，即安定性不良。

引起水泥安定性不良的原因有很多，主要有以下三种：熟料中所含的游离氧化钙过多、熟料中所含的游离氧化镁过多、掺入的石膏过多。

由游离氧化钙过多引起的水泥安定性不良可用沸煮法（雷氏法和试饼法）检验，在有争议时以雷氏法为准。由于游离氧化镁的水化作用比游离氧化钙更加缓慢，所以必须用压蒸法才能检验出它的危害。石膏过多的危害须长期浸在常温水中才能发现。

4）强度

水泥的强度是评定其质量的重要指标，也是划分强度等级的依据。水泥的强度包括抗压强度和抗折强度。

将水泥、标准砂及水按规定比例（水泥：标准砂：水＝1：3：0.5）用规定方法制成规格为40 mm×40 mm×160 mm的标准试件，在标准条件[1 d内放入(20±1) ℃、相对湿度90%以上的养护箱中，1 d后放入(20±1) ℃的水中]下养护，测定其3 d和28 d时的抗折强度和抗压强度。根据3 d和28 d时的抗折强度和抗压强度划分硅酸盐水泥的强度等级，并按照3 d时的强度的大小分为普通型和早强型（用R表示）。硅酸盐水泥的强度等级有42.5、42.5R、52.5、52.5R、62.5、62.5R六种；普通硅酸盐水泥的强度等级有42.5、42.5R、52.5、52.5R四种；矿渣硅酸盐水泥、火山灰质硅酸盐水泥、粉煤灰硅酸盐水泥的强度等级有32.5、32.5R、42.5、42.5R、52.5、52.5R六种；复合硅酸盐水泥的强度等级有32.5R、42.5、42.5R、52.5、52.5R五种。

5）水化热

水泥在水化过程中放出的热量称为水化热。水泥的放热量大小及放热速度与水泥熟料的矿物组成和细度等有关。水化热大部分在初期放出，以后逐渐减少。

在冬季施工时，水化热有利于水泥的正常凝结硬化，但对于大体积混凝土工程，由于水化热聚集在内部不易散出，内外温度差导致混凝土产生温度应力，可使混凝土产生裂缝，因此大体积混凝土工程中要严格控制水化热。

三、水泥的储存、运输与验收

1. 质量评定

通用硅酸盐水泥的化学指标中任一项及凝结时间、强度、安定性中的任一项不符合标准规定的指标时为不合格品。

2. 储存、运输与包装

水泥的包装方式主要有散装和袋装。散装水泥从出厂、运输、储存到使用，直接通过专用工具进行，发展散装水泥具有较好的经济效益和社会效益。袋装水泥一般采用50 kg包装袋的形式。《通用硅酸盐水泥》(GB 175—2007)规定：袋装水泥每袋净含量50 kg，且不得少于标志质量的99%，随机抽取20袋，总质量(含包装袋)不得少于1000 kg。水泥袋上应清楚标明：执行标准、水泥名称、代号、强度等级、生产者名称、生产许可证标志及编号、出厂编号、包装日期、净含量。散装水泥发运时应提交包含上述内容的卡片。硅酸盐水泥和普通硅酸盐水泥的包装袋两侧水泥名称和强度等级印刷采用红色，矿渣硅酸盐水泥采用绿色，火山灰质硅酸盐水泥、粉煤灰硅酸盐水泥和复合硅酸盐水泥则采用黑色或蓝色。

水泥的储存和运输，最重要的是防止受潮或混入杂物，不同品种和强度等级的水泥，应分别储存、运输，不得混杂，避免错用。

水泥在储存、运输时，由于吸收空气中的水分而逐渐受潮变质，强度降低。磨得越细的水泥，受潮变质越迅速。水泥强度降低的程度，随储存、运输时防潮条件的不同而有差别。根据某些工程的测定结果，在正常储存条件下，一般水泥每天强度损失率为0.2%～0.3%。

通常储存3个月的水泥，其强度降低15%～25%；储存6个月的水泥，其强度降低25%～40%。因此水泥不宜存放过久。工程中要加强水泥强度等级的测定工作，尤其是对储存过久的水泥，必须重新进行强度检验，方能使用。

四、其他品种水泥

1. 快硬硅酸盐水泥

以硅酸盐水泥熟料和适量石膏磨细制成的，以3 d抗压强度表示标号的水硬性胶凝材料称为快硬硅酸盐水泥(简称快硬水泥)。

快硬水泥的凝结时间中初凝时间不得早于45 min，终凝时间不得迟于10 h。

快硬水泥具有凝结硬化快的特点，早期强度发展快，故可用来配制早强、高强度等级的混凝土，适用于紧急抢修工程、低温施工工程和高等级混凝土预制件等。

快硬水泥易受潮变质，储存和运输中要特别注意防潮，存放期一般不超过一个月，施工时不能与其他水泥混合使用。另外，这种水泥水化时放热量大且迅速，不适合用于大体积混凝土工程。

2. 白色硅酸盐水泥

由氧化铁含量很少的白色硅酸盐水泥熟料、适量石膏及0%～10%的石灰石或窑灰，经磨细制成的水硬性胶凝材料，称为白色硅酸盐水泥(简称白水泥)。

白水泥与通用硅酸盐水泥的主要区别在于着色的氧化铁质量分数少，因而色白。通用硅酸盐水泥熟料呈灰色，主要原因是氧化铁质量分数相对较高，达3%～4%，而白水泥熟料中氧化铁质量分数在0.5%以下，水泥接近白色。

3. 彩色硅酸盐水泥

彩色硅酸盐水泥，简称彩色水泥。按其生产方法可分为两类：一类是在白水泥的生料中加入少量金属氧化物，直接烧成彩色水泥熟料，然后再加入适量石膏磨细制成；另一类是将白色硅酸盐水泥熟料、适量石膏和碱性颜料混合、磨细而制成。

白色和彩色硅酸盐水泥，主要用于建筑物内、外的装饰工程（如地面、楼面、楼梯、墙、柱及台阶），以及建筑立面的线条、装饰图案、雕塑等。配以彩色大理石、石灰石、白云石等彩色石子，石屑和石英砂作粗、细骨料，可拌制成彩色砂浆和混凝土，起到艺术装饰的作用。

4. 抗硫酸盐硅酸盐水泥

以适当成分的硅酸盐水泥熟料，加入适量石膏，磨细制成的具有抵抗硫酸根离子侵蚀的水硬性胶凝材料，称为抗硫酸盐硅酸盐水泥，主要用于海港、水利、隧道、道路和桥梁基础等工程中易受硫酸盐侵蚀的部位。

5. 膨胀水泥

将硅酸盐水泥熟料、适量石膏和膨胀剂混合、磨细制成的水硬性胶凝材料，称为膨胀水泥。膨胀水泥按水泥的主要矿物成分，分为硅酸盐、铝酸盐和硫铝酸盐型膨胀水泥；按水泥的膨胀值及其用途不同，又分为收缩补偿水泥和自应力水泥两大类。

膨胀水泥在硬化过程中不但不收缩，反而有不同程度的膨胀。膨胀水泥除了具有微膨胀性外，也具有强度发展快、早期强度高的特点，可用于制作大口径输水管和各种输油、输气管，也常用于有抗渗要求的工程、要求补偿收缩的混凝土结构、要求早强的工程结构节点等。但是，这种水泥的使用温度不宜过高，一般使用温度为 60 ℃以下。

6. 高铝水泥

高铝水泥属铝酸盐水泥，是将以铝酸钙为主、氧化铝含量约 50%的熟料，磨细制成的水硬性胶凝材料（旧称矾土水泥）。

高铝水泥早期强度高、耐高温、抗硫酸盐侵蚀能力较好，主要用于工期紧急的工程，如国防、道路和特殊抢修工程以及早期强度要求高的工程等，也可用于冬季施工的工程。但高铝水泥不耐碱，不能用于接触碱溶液的工程。

任务 4 混凝土

混凝土是用胶凝材料将粗、细骨料（集料）聚集在一起形成坚硬整体，并具有强度和其他性能的复合材料。混凝土是建筑工程中用途最广、用量最大的建筑材料之一。随着科学技术的发展，人类改造自然的能力和规模日益增大，对混凝土材料也提出了一系列新的要求，因此，混凝土材料有着广阔的发展前景。

混凝土材料具有下列特点：原材料丰富，能就地取材，生产成本低，耐久性好，适用性强，水下、炎热、寒冷的环境均可使用；具有良好的可塑性，且性能可以人为调节；维修工作量小，拆旧费用低；作为基材，组合或复合其他材料的能力强；有利于有效地利用工业废渣。

水泥混凝土是以水泥为结合料，将矿物材料胶结成的具有一定力学性质的一种复合材料的总称。普通水泥混凝土是以水泥为结合料，以普通砂石为集料并以水为原材料，按专门设计的配合比经搅拌、成形、养护而得到的复合材料。

一、普通混凝土的组成材料

普通混凝土(简称混凝土)是由水泥作胶凝材料，以砂、石子作骨料，与水(经常还有各种外加剂)按一定比例配合，经搅拌、成形、养护而成的水泥混凝土。混凝土的结构如图4-2所示。

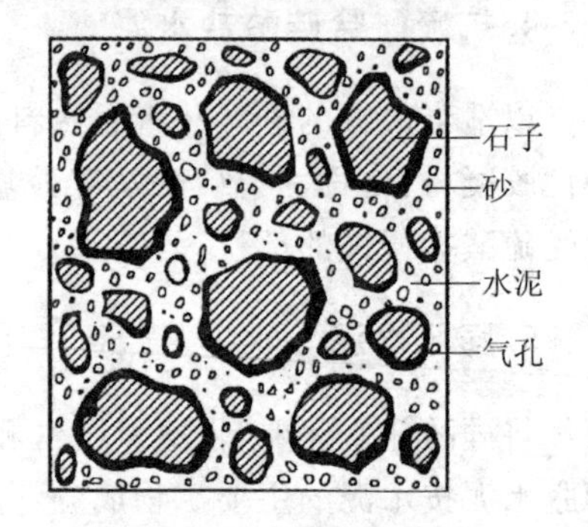

图4-2　混凝土的结构

1. 水泥

水泥是决定混凝土成本的主要材料，同时又起到黏结、填充等重要作用，所以水泥的选用格外重要。水泥的选用主要考虑水泥的品种和强度等级。水泥品种应根据工程特点、环境气候条件及设计施工要求进行选择。水泥强度等级的选择应与混凝土设计强度等级相适应，一般情况下，水泥强度等级为混凝土设计强度等级的1.5～2.0倍；如配制较高强度的混凝土，则水泥强度等级为混凝土设计强度等级的0.9～1.5倍；当配制高强混凝土(＞C60)时，水泥强度可不按前面的比例关系选择。

2. 细骨料

粒径为0.15～4.75 mm的骨料称为细骨料(砂子)。混凝土中使用的细骨料主要有天然砂和人工砂两大类。

天然砂一般是由天然岩石经过长期风化等自然条件作用形成的，根据产地不同，天然砂可分为河砂、湖砂、山砂和海砂。河砂、湖砂材质最好，洁净、无风化、颗粒表面光滑。山砂风化较严重，含泥较多，含有机杂质和轻物质也较多，质量最差。海砂中常含贝壳碎片及可溶性盐等有害杂质。

人工砂是经除土处理的机制砂和混合砂的统称。机制砂是由机械破碎、筛分制成的岩石颗粒，但不包括软质岩、风化岩的岩石颗粒。混合砂是由机制砂和天然砂混合制成的砂。

3. 粗骨料

粗骨料一般指粒径大于4.75 mm的岩石颗粒，有卵石和碎石两大类。卵石是由于自然条件作用形成的岩石颗粒，分为河卵石、海卵石和山卵石；碎石是由天然岩石(或卵石)经破碎、筛分而得。根据国家标准《建筑用卵石、碎石》(GB/T 14685—2011)，按卵石、碎石的技术要求将卵石、碎石分为Ⅰ类、Ⅱ类、Ⅲ类。Ⅰ类宜用于强度等级大于C60的混凝土；Ⅱ类宜用于强度等级为C30～C60及有抗冻、抗渗或其他要求的混凝土；Ⅲ类宜用于强度等级小于C30的混凝土(或建筑砂浆)。

粗骨料中公称粒径的上限称为该粒级的最大粒径。最大粒径反映了粗骨料的平均粗细程度。当骨料粒径增大时，其总表面积减小，因此包裹骨料表面所需的水泥浆数量相应较少，节约水泥。最大粒径过大，会降低混凝土的强度，同时最大粒径还受结构形式和配筋疏密的限制。

石子级配按供应情况分为连续粒级和单粒粒级。连续粒级是指颗粒从小到大连续分级，每一粒级都占适当的比例。连续粒级中大颗粒形成的空隙由小颗粒填充，搭配合理，采用连续粒级拌制的混凝土和易性较好，且不易产生分层、离析现象，混凝土的密实性较好，在工程中的应用较广泛。

单粒粒级是指缺少粗骨料中的某些粒级的颗粒，使粗骨料级配不连续。单粒粒级中大颗粒的空隙直接由粒径小很多的颗粒填充，石子间的空隙率较低，可减少水泥用量，但混凝土拌和物易产生离析现象，施工困难，工程中较少使用。

4. 拌和及养护用水

对拌和和养护混凝土用水的质量要求是不影响混凝土的凝结和硬化；无损于混凝土的强度发展和耐久性，不加快钢筋的锈蚀；不引起预应力钢筋脆断；不污染混凝土表面等。《混凝土结构工程施工及验收规范》(GB 50204—2015) 规定，混凝土拌和用水宜优先采用符合国家标准的饮用水。若采用其他水源时，水质要求应符合《混凝土用水标准》(JGJ 63—2006)的规定。

5. 混凝土外加剂

混凝土外加剂是指在拌制混凝土过程中掺入的用以改善混凝土性能的物质，其掺量一般不超过水泥质量的5%。由于混凝土外加剂掺量较少，一般在混凝土配合比设计时不考虑外加剂对混凝土质量或体积的影响。

混凝土外加剂的使用是混凝土技术的重大突破，外加剂的掺量虽然很少，却能显著改善混凝土的某些性能。在混凝土中应用外加剂，具有投资少、见效快、技术经济效益显著的特点。随着科学技术的不断进步，外加剂已越来越多地得到应用，现今外加剂已成为混凝土的四种基本组分以外的第五种重要组分。

1) 混凝土外加剂的类型

混凝土外加剂种类繁多，每种外加剂常常具有一种或多种功能，其化学成分可以是无机物、有机物或二者的复合产品。混凝土外加剂按其主要功能可分为以下四类。

① 改善混凝土拌和物流变性能的外加剂，如减水剂、泵送剂等。

② 调节混凝土凝结时间、硬化性能的外加剂，如缓凝剂、早强剂、速凝剂等。

③ 改善混凝土耐久性的外加剂，如引气剂、防水剂、阻锈剂等。

④ 改善混凝土其他性能的外加剂，如引气剂、膨胀剂、防冻剂、着色剂、脱模剂、防水剂等。

2) 常用的混凝土外加剂

① 减水剂。

② 早强剂。

③ 引气剂。

④ 缓凝剂。

⑤ 速凝剂。

6. 混凝土掺合料

混凝土掺合料是指在混凝土搅拌前或在搅拌过程中，与混凝土其他组分一起，直接加入的人造或天然的矿物材料以及工业废料，掺量一般大于水泥质量的5%。其目的是改善混凝土性能、调节混凝土强度等级和节约水泥用量等。

混凝土掺合料包括粉煤灰、硅灰、沸石粉、矿渣微粉、磨细自燃煤矸石粉、浮石粉、火山渣粉。

二、普通混凝土的技术性质

1. 混凝土拌和物的和易性

和易性（又称工作性）是指混凝土拌和物易于施工操作（拌和、运输、浇筑、振捣），并能获得质量均匀、成形密实的混凝土的性能。和易性是一项综合技术性能，包括流动性、黏聚性和保水性三个方面的含义。

1）流动性

流动性是指混凝土拌和物在自重或施工机械振捣作用下，能产生流动并均匀密实地填满模板的性能。塑性混凝土的流动性用坍落度表示，干硬性混凝土拌和物的流动性用维勃稠度表示。

2）黏聚性

黏聚性是指混凝土拌和物各组成材料之间具有一定的黏聚力，在运输和浇筑过程中不会产生离析和分层现象的性能，它反映了混凝土拌和物保持整体均匀性的能力。

3）保水性

保水性是指混凝土拌和物在施工过程中，保证水分不易析出，不会产生严重泌水现象的能力。有泌水现象的混凝土拌和物，易形成连通孔隙，影响混凝土的密实性而降低混凝土的质量。

2. 混凝土的强度

混凝土的强度指标有立方体抗压强度、轴心抗压强度、抗拉强度等。混凝土的抗压强度最大，抗拉强度最小，因此在建筑工程中主要是利用混凝土来承受压力作用。混凝土的抗压强度是混凝土结构设计的主要参数，也是混凝土质量评定的重要指标。工程中提到的混凝土强度一般指的是混凝土的抗压强度。

1）立方体抗压强度

按照《普通混凝土力学性能试验方法标准》(GB/T 50081—2016) 的规定，立方体抗压强度是指制作成边长为150 mm的立方体标准试件，在标准养护条件下，即在温度为(20±2) ℃、相对湿度为95%以上的标准养护室中或在温度为(20±2) ℃的不流动的$Ca(OH)_2$饱和溶液中，养护至28 d(从加水搅拌开始计时)，用标准试验方法测得的抗压强度值，用f_{cu}表示。

2）立方体抗压强度标准值和强度等级

立方体抗压强度标准值($f_{cu,k}$)是指按标准方法制作养护的边长为150 mm的立方体试件，在规定龄期用标准试验方法测得的抗压强度总体分布中的一个值，强度低于该值的百分率不超过5%。

强度等级是根据混凝土立方体抗压强度标准值划分的级别，采用符号C和混凝土立方体抗压强度标准值($f_{cu,k}$)表示。普通混凝土主要有C15、C20、C25、C30、C35、C40、C45、C50、C55、

C60、C65、C70、C75、C80十四个强度等级。

3）轴心抗压强度

轴心抗压强度是以150 mm×150 mm×300 mm的棱柱体试件为标准试件，在标准养护条件下养护28 d所测得的抗压强度，以f_{cp}表示。

在钢筋混凝土结构设计中，计算轴心受压构件时都采用轴心抗压强度作为计算依据，因为轴心抗压接近混凝土构件的实际受力状态。混凝土轴心抗压强度值比同截面的立方体抗压强度要小，在结构设计计算时，一般取$f_{cp}=0.67f_{cu}$。

3. 硬化混凝土的耐久性

硬化后的混凝土除了具有设计要求的强度外，还应具有与所处环境相适应的耐久性，混凝土的耐久性是指混凝土抵抗环境条件的长期作用，并保持其稳定良好的使用性能和外观完整性，从而维持混凝土结构安全、正常使用的能力。混凝土的耐久性主要包括抗冻性、抗渗性、抗侵蚀性、抗碳化及碱骨料反应等。

三、其他品种混凝土

1. 高性能混凝土

高性能混凝土是近几年来提出的一个全新的概念。目前各个国家对高性能混凝土还没有一个统一的定义，但其基本含义是具有良好的工作性、较高的抗压强度、较高的体积稳定性和良好耐久性的混凝土。高性能混凝土既是流态混凝土（坍落度>200 mm），也是高强混凝土（强度等级≥C60）。流态混凝土具有大的流动性，混凝土拌和物不离析，施工方便；高强混凝土强度高、耐久性好、变形小。高性能混凝土也可以是满足某些特殊性能要求的匀质混凝土。

2. 轻骨料混凝土

凡用轻粗骨料、轻砂（或普通砂）、水泥和水配制成的，干表观密度不大于1950 kg/m^{3}的混凝土，称为轻骨料混凝土。与普通混凝土相比，轻骨料混凝土具有表观密度小、强度高、防火性和保温隔热性好等优点，特别适用于高层建筑、大跨度建筑和有保温要求的建筑。随着墙体材料的改革，轻骨料混凝土将有更广泛的前景。

轻骨料混凝土的变形比普通混凝土大，弹性模量较小，极限应变大，利于改善构筑物的抗震性能。轻骨料混凝土的收缩和徐变比普通混凝土大20%～50%和30%～60%，热膨胀系数比普通混凝土小20%左右。

轻骨料混凝土与普通混凝土相比，表观密度小，隔热性能改善，可缩减结构尺寸，增加建筑物使用面积，降低基础工程费用和材料运输费用，综合效益良好。因此，轻骨料混凝土主要适用于高层和多层建筑、软土地基、大跨度结构、抗震结构、要求节能的建筑等。

3. 泵送混凝土

泵送混凝土是指在泵压的作用下，混凝土经刚性或柔性管道输送到浇筑地点进行浇筑的混凝土。泵送混凝土除必须满足混凝土设计强度和耐久性的要求外，尚应使混凝土满足可泵性要求。因此，对泵送混凝土粗骨料、细骨料、水泥、外加剂、掺合料等都必须严格控制。

混凝土输送泵管路可以敷设到吊车或小推车不能到达的地方，并使混凝土在一定压力下充填灌注部位，具有其他设备不可替代的特点，改变了混凝土输送效率低下的传统施工方法，因此近年来在钻孔灌注桩工程中开始应用，并广泛应用于公路、铁路、水利、建筑等工程中。

4. 防水混凝土

防水混凝土是指通过各种方法提高混凝土的抗渗性能，以达到防水要求的混凝土。常用的配制方法有：骨料级配法（改善骨料级配），富水泥浆法（采用较小的水灰比、较高的水泥用量和砂率，改善砂浆质量，减少孔隙率，改变孔隙形态特征），掺外加剂法（如引气剂、防水剂、减水剂等），采用特殊水泥（如膨胀水泥等）。防水混凝土主要用于有防水抗渗要求的水工构筑物、给排水工程构筑物（如水池、水塔等）和地下构筑物，以及有防水抗渗要求的屋面等。

5. 无砂大孔混凝土

无砂大孔混凝土是由水泥、粗骨料和水拌制而成的一种不含砂的轻混凝土。无砂大孔混凝土的水泥用量一般为 200～300 kg/m^3，水灰比为 0.4～0.6，选用 10～20 mm 颗粒均匀的碎石或卵石。水泥浆在其中不起填充粗骨料空隙作用，仅起将粗骨料胶结在一起的作用。无砂大孔混凝土配制时要严格控制用水量，若用水量过多，水泥浆会沿骨料向下流淌，使混凝土强度不均，容易在强度弱的地方折断。

普通无砂大孔混凝土的表观密度为 1500～1900 kg/m^3，抗压强度为 3.5～10 MPa。无砂大孔混凝土的导热系数小，保温性能好，吸湿性小，收缩较普通混凝土小 20%～50%，适宜做墙体材料。另外，无砂大孔混凝土还具有透气、透水性好等优点，在水工建筑中可用作排水暗道的材料。

6. 耐热混凝土

耐热混凝土是指能在长期高温作用下保持其所需的物理力学性能的混凝土，它由适当的胶凝材料，耐热粗、细骨料和水按一定比例配制而成。根据耐热混凝土所使用的胶凝材料不同，耐热混凝土有以下两种。

（1）硅酸盐水泥耐热混凝土

硅酸盐水泥耐热混凝土由普通水泥或矿渣水泥，磨细掺合料，耐热粗、细骨料和水配制而成。这类耐热混凝土，所用的水泥中不得掺有石灰岩类的混合材料，磨细掺合料可用黏土熟料、磨细石英砂、砖瓦粉末等，其中的 SiO_2、Al_2O_3 在高温下能与 CaO 作用，生成无水硅酸盐和铝酸盐，提高水泥的耐热性。耐热粗、细骨料可采用重矿渣、红砖、黏土质耐火砖碎块等。普通水泥配制的耐热混凝土的极限使用温度在 1200 ℃以下，矿渣水泥配制的耐热混凝土的极限使用温度在 900 ℃以下。

（2）铝酸盐水泥耐热混凝土

铝酸盐水泥耐热混凝土由高铝水泥或低钙铝酸盐水泥，耐火度较大的掺合料，耐热粗、细骨料和水配制而成，其极限使用温度在 1300 ℃以下。高铝水泥的熔化温度为 1200～1400 ℃，因此在此极限使用温度下是不会被熔化而降低强度的。

耐热混凝土在建筑工程中主要用来建造高炉基础、高炉外壳和热工设备基础及围护结构等。

7. 纤维混凝土

纤维混凝土是一种以普通混凝土为基材，外掺各种短切纤维材料而制成的纤维增强混凝土。常用的短切纤维材料有尼龙纤维、聚乙烯纤维、聚丙烯纤维、钢纤维、玻璃纤维、碳纤维等。

众所周知，普通混凝土虽然抗压强度较高，但其抗拉、抗裂、抗弯、抗冲击等性能较差。在普通混凝土中加入纤维制成纤维混凝土可有效降低混凝土的脆性，提高混凝土的抗拉、抗裂、抗弯、抗冲击等性能。

目前纤维混凝土已用于屋面板、墙板、路面、桥梁、飞机跑道等方面，并取得了很好的效果，预计在今后的建筑工程中将得到更广泛的应用。

四、混凝土的耐久性

建筑工程中不仅要求混凝土具有足够的强度来安全地承受荷载，还要求混凝土具有与环境相适应的耐久性来延长建筑物的使用寿命。

混凝土的耐久性是指混凝土在实际使用条件下抵抗各种破坏因素的作用，长期保持强度和外观完整性的能力。混凝土的耐久性是指结构在规定的使用年限内，在各种环境条件作用下，不需要额外的费用加固处理而保持其安全性、正常使用和外观完整性的能力。

混凝土的耐久性是一项综合技术指标，包括抗渗性、抗冻性、抗侵蚀性及抗碳化性等。

任务 5 建筑砂浆

建筑砂浆是建筑工程中用量大、用途广的建筑材料。它一方面用于砌体的承重结构，例如基础、墙体等；另一方面也用于建筑物内外表面的抹灰，例如墙面、地面和顶棚等的装饰。建筑砂浆由胶凝材料、细骨料和水等材料按适当比例配制而成。细骨料多采用天然砂，胶凝材料一般为水泥、石灰等。

建筑砂浆按用途可分为砌筑砂浆、抹灰砂浆、装饰砂浆等，也可按胶凝材料的不同分为水泥砂浆、石灰砂浆、混合砂浆等。建筑砂浆与混凝土相比，除骨料大小不同外，强度也比混凝土低很多，一般只有 2.5～10 MPa。

一、砌筑砂浆

砌筑砂浆的组成材料如下。

1. 胶凝材料

砌筑砂浆常用的胶凝材料有水泥、石灰等。砌筑砂浆应根据所使用的环境和部位来合理选择胶凝材料，如处于潮湿环境中的砌筑砂浆只能选用水泥作为胶凝材料，而处于干燥环境中胶凝材料可选用水泥或石灰。砌筑砂浆所用水泥的强度等级一般为砂浆的强度等级的4～5倍，水泥砂浆采用的水泥的强度等级不宜超过42.5。

2. 细骨料(砂子)

砌筑砂浆所用的砂子应符合混凝土用砂的质量要求，但由于砂浆层较薄，对砂子的最大粒径应有所限制。用于砌筑石材的砂浆，砂子的最大粒径不应大于砂浆层厚度的1/4～1/5；砌砖所用的砂浆宜采用中砂或细砂，且砂子的粒径不应大于2.5 mm；用于各种构件表面的抹面砂浆及勾缝砂浆，宜采用细砂，且砂子的粒径不应大于1.2 mm。

此外，为了保证砌筑砂浆的质量，对砂的含泥量也有要求。对强度等级≥M5的砌筑砂浆，砂的含泥量应不大于5%；对强度等级＜M5的砂浆，砂的含泥量应不大于10%。

3. 水

砂浆拌和用水与混凝土拌合用水的质量要求相同。

4. 掺合料

在砌筑砂浆中掺入掺合料可改善砌筑砂浆的和易性，节约水泥，降低成本。常用的掺合料有石灰、粉煤灰、黏土等。为了保证砌筑砂浆的质量，生石灰应充分熟化成石灰膏后，再掺入砌筑砂浆中。

5. 外加剂

为了改善砌筑砂浆的某些性能，可在砌筑砂浆中掺入外加剂，如引气剂、缓凝剂、早强剂等。

二、砌筑砂浆的主要技术性能

新拌砂浆应具有以下性质：

① 满足和易性要求；

② 满足设计种类和强度等级的要求；

③ 具有足够的黏结力。

1. 和易性

新拌砂浆应具有良好的和易性。和易性良好的砌筑砂浆容易在粗糙的砖石底面上铺成均匀的薄层，而且能够和底面紧密黏结，既能提高劳动效率，又能保证工程质量。砂浆的和易性包括流动性、稳定性和保水性。

1）流动性

流动性也叫稠度，是指砌筑砂浆在自重或外力作用下流动的性能，用沉入度表示。

2）稳定性

稳定性是指砂浆拌和物在运输及停放时内部各组分保持均匀、不离析的性质，用分层度表示。

3）保水性

保水性是指砌筑砂浆能够保持水分的能力。新拌砂浆在运输、储存和使用过程中，必须保证其中的水分不会很快流失，才能形成均匀密实的砂浆缝，保证砌体的质量。砌筑砂浆的保水性用保水率表示，可用保水性试验测定其保水率。

2. 强度

工程上以立方体抗压强度试验来确定砌筑砂浆的强度等级。方法是用一组三个边长为70.7 mm的立方体试件，在标准养护条件下，即温度为(20±2) ℃，相对湿度为 90%以上，用标准试验方法测得 28 d 龄期的抗压强度。

3. 黏结力

砌筑砂浆与砌筑材料黏结力的大小，直接影响砌体的强度、耐久性和抗震性能。一般情况下，砌筑砂浆的抗压强度越高，与砌筑材料的黏结力也越大。此外，砌筑砂浆与砌筑材料的黏结状况和砌筑材料的表面状态、洁净程度、湿润状况、砌筑操作水平、养护条件等因素也有着直接关系。因此，施工中不允许干砖上墙，砌筑前砖要浇水润湿，以提高砌筑砂浆与砖之间的黏结力，保证砌筑质量。

三、其他常用砂浆

1. 抹灰砂浆

抹灰砂浆又称抹面砂浆，是指涂抹在建筑物或构件表面的砂浆。抹灰砂浆有保护结构基层免遭侵蚀、增加美观的作用，有的还有保温、隔热等功能。

抹灰砂浆按其功能的不同可分为普通抹灰砂浆、装饰抹灰砂浆和具有特殊功能的抹灰砂浆。

与砌筑砂浆相比，抹灰砂浆对强度要求不高，但要求砂浆具有良好的和易性、容易抹成均匀平整的薄层、与基层有足够的黏结力，以保证其在施工、长期自重或环境因素作用下不脱落、不开裂，且不丧失其主要功能。

2. 防水砂浆

用作防水层的砂浆，称为防水砂浆。用防水砂浆做成的防水层也叫刚性防水层，适用于不受振动和具有一定刚度的混凝土或砖石砌体表面，广泛应用于地下建筑和蓄水池等的防水。其施工方法有两种：一种是喷浆法，即利用高压枪将砂浆以 100 m/s 的高速喷向建筑物表面，砂浆被高压空气压实后，密实度增大，抗渗性好；另一种是人工多层抹压法，即将砂浆分几层抹压，以减少内部毛细连通孔隙，增大密实度，达到防水效果。

四、新型砂浆

1. 绝热砂浆

绝热砂浆是以水泥等胶凝材料与膨胀珍珠岩、膨胀蛭石、陶粒砂等轻质多孔骨料按一定比例配制成的砂浆。常用的绝热砂浆有水泥膨胀珍珠岩砂浆、水泥膨胀蛭石砂浆、水泥石灰膨胀蛭石砂浆等。绝热砂浆质量轻，具有良好的保温隔热性能，导热系数为0.07～0.10 W/(m·K)，可用于屋面、墙体、冷库、供热管道的保温隔热层。如在绝热砂浆中掺入或在绝热砂浆表面喷涂憎水剂，会进一步提高保温隔热效果。

2. 吸声砂浆

与绝热砂浆类似，吸声砂浆亦由轻质多孔骨料配制而成，有良好的吸声性能，可用于室内墙壁和吊顶的吸声处理。也可采用水泥、石膏、砂、锯末(体积比约为1∶1∶3∶5)配制吸声砂浆，还可在石灰、石膏砂浆中掺入玻璃纤维、矿物棉等松软纤维材料配制吸声砂浆。

3. 耐酸砂浆

耐酸砂浆通常用于耐酸地面和耐酸容器的内壁，作防护层用。例如，在用水玻璃和氟硅酸钠配制的耐酸涂料中掺入适量石英岩、花岗岩、铸石等制成的粉及细骨料可拌制成耐酸砂浆。

4. 防辐射砂浆

防辐射砂浆是在水泥中掺入重晶石粉和重晶石砂配制成的具有防X射线辐射能力的砂浆，其配合比一般为水泥∶重晶石粉∶重晶石砂＝1∶0.25∶(4～5)。在水泥砂浆中掺加硼砂、硼酸等可配制成具有防中子辐射能力的砂浆，用于射线防护工程。

5. 聚合物砂浆

聚合物砂浆是在水泥砂浆中加入有机聚合物乳液配制而成的砂浆。常用的有机聚合物乳液有氯丁胶乳液、丁苯橡胶乳液、丙烯酸树脂乳液等。聚合物砂浆具有黏结力强、干缩小、脆性低、耐腐蚀性好等特性，主要用于修补和防护工程。

任务6 砌筑材料

砌筑材料较多是用作墙体材料。砖、砌块及石材等是砌体结构的主要砌筑材料，多用于建筑物或构筑物中承受竖向荷载作用的墙、柱、拱、桥墩、基础等受压构件和结构。

一、烧结普通砖

1. 烧结普通砖的品种

烧结普通砖按主要原料分为黏土砖(N)、页岩砖(Y)、煤矸石砖(M)和粉煤灰砖(F)。烧结普通砖的外形为直角六面体,其公称尺寸:长 240 mm、宽 115 mm、高 53 mm。根据抗压强度分为 MU30、MU25、MU20、MU15、MU10 五个强度等级。按砖坯在窑内焙烧情况及黏土中铁的氧化物的变化情况,可将砖分为红砖和青砖。强度、抗风化性能和放射性物质含量合格的砖,根据尺寸偏差、外观质量、泛霜和石灰爆裂分为优等品(A)、一等品(B)、合格品(C)三个质量等级。

砖的产品标记按产品名称、类别、强度等级、质量等级和标准编号顺序编写,例如烧结普通砖,强度等级 MU15。

2. 烧结普通砖的应用

烧结普通砖是传统的墙体材料,具有比较高的强度和耐久性,还具有保温隔热、隔声吸声等优点,被广泛用于砌筑建筑物内外墙、柱、拱、烟囱、沟道及构筑物,还可以配筋以代替混凝土构造柱和过梁。

我国一直大量生产和使用的墙体材料是烧结普通砖,这种砖具有块体小、需手工操作、劳动强度大、施工效率低、自重大、抗震性能差等缺点,严重阻碍了建筑施工机械化和装配化。尤其是黏土砖,毁坏土地、破坏生态,我国大、中城市规定禁止使用。改革墙体材料,使之朝着轻质、高强、空心、大块、多功能的方向发展是必然趋势。另外,保护土地资源,充分利用工业废料,降低生产能耗,也是今后墙体材料发展的重要方向。

二、烧结多孔砖

烧结多孔砖以黏土、页岩、煤矸石、粉煤灰等为主要原料,经焙烧而成,主要用于承重部位的多孔砖,其孔洞率大于或等于 33%。多孔砖的孔都为竖孔,特点是孔小而多。

烧结多孔砖的外形为直角六面体,其长度、宽度、高度应符合下列要求(单位为 mm):290、240、190、180、140、115、90,其他规格尺寸由供需双方协商确定。烧结多孔砖根据抗压强度分为 MU30、MU25、MU20、MU15、MU10 五个强度等级。

烧结多孔砖按主要原料分为黏土砖(N)、页岩砖(Y)、煤矸石砖(M)和粉煤灰砖(F)。

烧结多孔砖可以用于六层以下建筑物的承重墙。

三、烧结空心砖和空心砌块

烧结空心砖以黏土、页岩、煤矸石、粉煤灰为主要原料,经焙烧而成,主要用于非承重部位。

烧结空心砖和空心砌块的外形为直角六面体(见图 4-3),其长度、宽度、高度应符合规范要求。

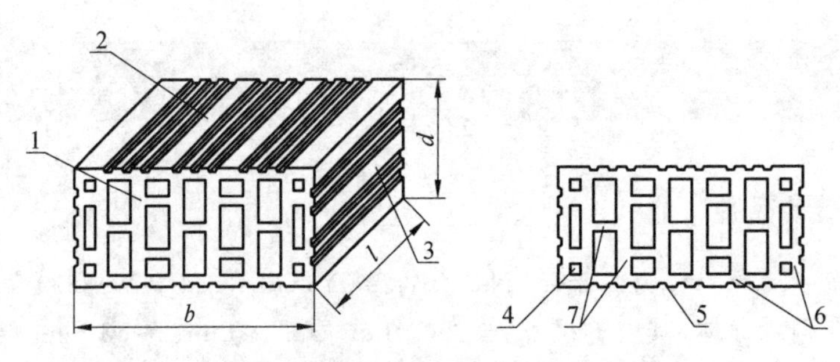

图 4-3　烧结空心砖和空心砌块示意图

l—长度；b—宽度；d—高度

1—顶面；2—大面；3—条面；4—壁孔；5—粉刷槽；6—外壁；7—肋

烧结空心砖和空心砌块的抗压强度分为 MU10.0、MU7.5、MU5.0、MU3.5 四个强度等级，其按主要原料分为黏土空心砖和空心砌块(N)、页岩空心砖和空心砌块(Y)、煤矸石空心砖和空心砌块(M)、粉煤灰空心砖和空心砌块(F)等。

烧结空心砖和空心砌块主要用于非承重的填充墙和隔墙。

四、蒸压砖

蒸压砖又称免烧砖，生产工艺不是烧结，而是利用胶凝材料的胶结作用使砖具有一定的强度，常见品种有蒸压灰砂砖、蒸压粉煤灰砖和炉渣砖三种。

1. 蒸压灰砂砖

根据《蒸压灰砂砖》(GB 11945—1999) 的规定，蒸压灰砂砖是以石灰和砂为主要原料，允许掺入颜料和外加剂，经坯料制备、压制成形、蒸压养护而成的实心砖。灰砂砖根据颜色分为彩色的(Co)和本色的(N)。砖的外形为直角六面体。蒸压灰砂砖的公称尺寸与烧结普通砖的相同，分别是长度 240 mm，宽度 115 mm，高度 53 mm，生产其他规格尺寸产品，由用户与生产厂家协商确定。

蒸压灰砂砖根据抗压强度和抗折强度分为 MU25、MU20、MU15、MU10 四个强度级别，根据尺寸偏差和外观质量、强度及抗冻性分为优等品(A)、一等品(B)、合格品(C)三个质量等级。蒸压灰砂砖产品标记采用产品名称、颜色、强度级别、产品等级、标准编号的顺序进行，如强度级别为 MU20，优等品的彩色灰砂砖。MU15、MU20、MU25 的砖可用于基础及其他建筑；MU10 的砖仅可用于防潮层以上的建筑。蒸压灰砂砖不得用于长期受热 200 ℃以上、受急冷急热和有酸性介质侵蚀的建筑部位。

2. 蒸压粉煤灰砖

根据《蒸压粉煤灰砖》(JC/T 239—2014) 的规定，蒸压粉煤灰砖是以粉煤灰、石灰为主要原料，掺以适量的石膏、外加剂、颜料和骨料等，经制备、成形、高压或常压蒸汽养护而成的实心砖。

蒸压粉煤灰砖的公称尺寸为 240 mm×115 mm×53 mm，强度等级按抗压强度和抗折强度分为 MU30、MU25、MU20、MU15、MU10 五级。

蒸压粉煤灰砖应有明显的标志，出厂时必须提供产品合格证和使用说明书。蒸压粉煤灰砖应妥善包装，符合环保要求。蒸压粉煤灰砖龄期不足10 d不得出厂。产品储存、堆放应做到场地平整、分等分级、整齐稳妥。蒸压粉煤灰砖运输、装卸时，不得抛、掷、翻斗卸货。蒸压粉煤灰砖可用于工业与民用建筑的基础、墙体，但用于基础或用于易受冻融和干湿交替作用影响的建筑部位时，必须使用MU15及以上强度等级的砖。粉煤灰砖不得用在长期受热200 ℃以上、受急冷急热和有酸性介质侵蚀的建筑部位。

3. 炉渣砖

根据《炉渣砖》(JC/T 525—2007)的规定，炉渣砖是以煤燃烧后的残渣为主要原料，配以一定数量的石灰和少量石膏，经加水拌和、压制成形、蒸养或蒸压养护而制成的实心砖。炉渣砖按抗压强度可分为MU25、MU20、MU15三个强度等级。炉渣砖的公称尺寸为240 mm×115 mm×53 mm。炉渣砖应按品种、强度等级、颜色分别包装，包装应牢固，保证运输时不会摇晃碰坏。产品运输和装卸时要轻拿轻放，避免碰撞摔打。炉渣砖应按品种、强度等级分别整齐堆放，不得混杂。炉渣砖龄期不足28 d不得出厂。

炉渣砖的应用与蒸压粉煤灰砖类似。

五、砌块

砌块是用于砌筑且形体大于砌墙砖的人造块材。利用天然材料、工业废料或以混凝土为主要原料生产的人造块材代替黏土砖，是墙体材料改革的有效途径之一。近年来，全国各地结合自己的资源和需求情况生产了混凝土小型空心砌块、粉煤灰硅酸盐混凝土砌块、加气混凝土砌块、煤矸石空心砌块、矿渣空心砌块和炉渣空心砌块等。

1. 普通混凝土小型砌块

普通混凝土小型砌块按空心率分为空心砌块（空心率应不小于25%，代号为H）和实心砌块（空心率应小于25%，代号为S）；按使用时砌筑墙体的结构和受力情况，分为承重结构用砌块（代号为L，简称承重砌块）和非承重结构用砌块（代号为N，简称非承重砌块）；按其抗压强度分为MU5.0、MU7.5、MU10.0、MU15.0、MU20.0、MU25.0、MU30.0、MU35.0、MU40.0九个强度等级。普通混凝土小型砌块按砌块种类、规格尺寸、强度等级、标准代号的顺序进行标记，比如规格尺寸为390 mm×190 mm×190 mm、强度等级为MU15、承重结构用实心砌块。

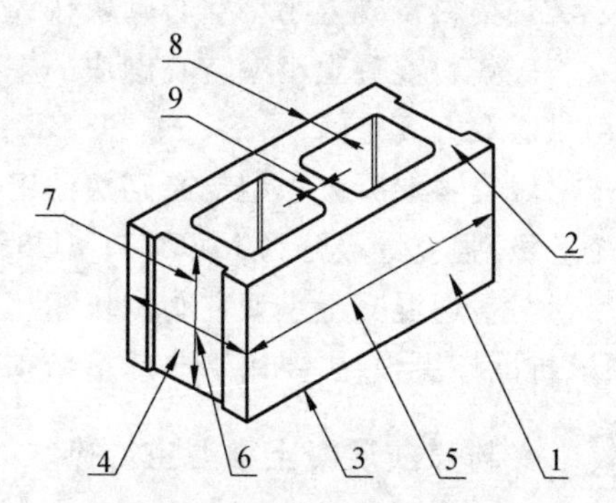

图4-4 普通混凝土小型空心砌块示意图

1—条面；2—坐浆面（肋厚较小的面）；3—铺浆面（肋厚较大的面）；4—顶面；5—长度；6—宽度；7—高度；8—壁；9—肋

普通混凝土小型空心砌块示意图如图4-4所示。

普通混凝土小型砌块的外形宜为直角六面体，常用砌块的规格尺寸如表4-2所示。

表4-2 砌块的规格尺寸单位：mm

长度	宽度	高度
390	90、120、140、190、240、290	90、140、190

注：其他规格尺寸可由供需双方协商确定。采用薄灰缝砌筑的块型，相关尺寸可作相应调整。

承重空心砌块的最小外壁厚应不小于 30 mm，最小肋厚应不小于 25 mm；非承重空心砌块的最小外壁厚和最小肋厚应不小于 20 mm。

普通混凝土小型空心砌块适用于各种建筑墙体，也可以用于围墙、挡土墙、桥梁、花坛等市政设施。使用时的注意事项：砌块必须养护 28 d 方可使用；砌块必须严格控制含水率，堆放时做好防雨措施，砌筑前不允许浇水。

2. 蒸压加气混凝土砌块

蒸压加气混凝土砌块是以水泥、石灰、砂、粉煤灰、矿渣等为原料，经过磨细，并以铝粉为发气剂，按一定比例配合，经过料浆浇筑、发气成形、坯体切割、蒸压养护等工艺制成的一种轻质、多孔的建筑墙体材料。

蒸压加气混凝土砌块的强度级别有 A1.0、A2.0、A2.5、A3.5、A5.0、A7.5、A10 七个级别，干密度级别有 B03、B04、B05、B06、B07、B08 六个级别。砌块按尺寸偏差与外观质量、干密度、抗压强度和抗冻性分为优等品(A)、合格品(B)两个等级。

蒸压加气混凝土砌块可用于一般建筑物墙体的砌筑，也可以用来砌筑框架、框-剪结构的填充墙，还可以用作屋面保温材料。要注意的是，蒸压加气混凝土砌块不能用于建筑物的基础，不能用于高温(承重表面温度高于 80 ℃)、高湿或受化学侵蚀的建筑部位。

3. 轻集料混凝土小型空心砌块

轻集料混凝土小型空心砌块是以陶粒、膨胀珍珠岩、浮石、火山渣、煤渣、炉渣等各种轻质粗、细骨料和水泥按一定比例混合，经搅拌成形、养护而成的空心率大于 25%、体积密度不大于 1400 kg/m^3 的轻质混凝土小砌块。

轻集料混凝土小型空心砌块按砌块孔的排数分为单排孔、双排孔、三排孔、四排孔等。

轻集料混凝土小型空心砌块的主规格尺寸为 390 mm×190 mm×190 mm，其他规格尺寸可由供需双方商定。

轻集料混凝土小型空心砌块的密度等级分为 700、800、900、1000、1100、1200、1300、1400 八个等级，强度等级分为 MU2.5、MU3.5、MU5.0、MU7.5、MU10.0 五个等级。

与普通混凝土小型空心砌块相比，轻集料混凝土小型空心砌块质量更轻、保温隔热性能更佳、抗冻性更强，主要用于非承重结构的围护结构和框架结构的填充墙，也可以用于保温墙体。

4. 粉煤灰混凝土小型空心砌块

粉煤灰混凝土小型空心砌块是以粉煤灰、水泥、骨料、水为主要组分(也可加入外加剂等)制成的混凝土小型空心砌块，代号为 FHB。它的主规格尺寸为 390 mm×190 mm×190 mm，其他规格尺寸可由供需双方商定。

粉煤灰混凝土小型空心砌块按砌块孔的排数分为单排孔(1)、双排孔(2)和多排孔(D)三类。粉煤灰混凝土小型空心砌块的密度等级分为 600、700、800、900、1000、1200 和 1400 七个等级，强度等级按砌块抗压强度分为 MU3.5、MU5、MU7.5、MU10、MU15 和 MU20 六个等级。

粉煤灰混凝土小型空心砌块与实心黏土砖相比，墙体自重可降低约 1/3，抗震性提高，基础工程造价降低约 10%，施工效率提高 3～4 倍，砌筑砂浆的用量可节约 60%以上。另外，它还具有隔声、抗渗、节能、方便加工、环保等优点，有明显的经济效益、环境效益和社会效益。

任务 7 建筑钢材

建筑工程中用的钢材包括各类钢结构用的型钢（如圆钢、角钢、槽钢和工字钢等）、钢板和钢筋混凝土用的钢筋、钢丝等。钢材强度高、品质均匀，具有一定的弹性和塑性变形能力，能够承受冲击、振动等荷载作用；钢材的加工性能良好，可以进行各种机械加工，可以通过切割、铆接或焊接等方式进行现场装配。因此，钢材是最重要的建筑材料之一，特别是在高层和超高层建筑物中钢材作为主要的结构材料，可以制作大跨度、高承载力的承重构件。钢材也有易锈蚀和防火性差等缺点，在工程中的使用受到一定的限制。

一、建筑钢材的主要技术性能

1. 力学性能

钢材的力学性能又叫机械性能，它是钢材最重要的使用性能。建筑钢材主要承受拉、压、弯曲、冲击等外力的作用，在这些力的作用下，既要求钢材有一定的强度和硬度，也要求钢材有一定的塑性和韧性。

（1）强度

测定钢材强度的主要方法是拉伸试验。在钢材受拉产生应力的同时，相应产生应变，应力和应变的关系反映钢材的主要力学特征。建筑钢材的强度指标主要有弹性极限、屈服强度、抗拉强度（极限强度）和钢材承受交变荷载作用下的疲劳强度，其中最重要的强度指标是屈服强度和抗拉强度。在结构设计中，要求构件在弹性范围内工作，即使少量的塑性变形也应避免，所以规定以钢材的屈服强度作为设计应力的依据。抗拉强度在结构设计中不能直接使用，但抗拉强度是钢材抵抗断裂破坏能力的一个主要指标。另外，屈服强度和抗拉强度的比值（简称屈强比）具有重要意义。屈强比越小，则结构构件的可靠性越大，越安全，越不易因结构局部突然超载而发生破坏。但屈强比过小则用钢量多，不经济，不能充分发挥钢材的强度水平。一般屈强比为0.60～0.75。

（2）弹性模量

钢材在受拉力之初，应力和应变的变化关系成正比，其比值为常数，这个常数叫作弹性模量。弹性模量反映了钢材抵抗弹性变形的能力，即材料的刚度，它是钢材在静力荷载作用下计算结构变形的一个主要指标。弹性模量越大，抵抗弹性变形的能力越强。在一定荷载作用下，弹性模量越大，材料的弹性变形越小。土木工程中常用的碳素结构钢 Q235 的弹性模量为$(2.0\sim2.1)\times10^5$ MPa。

（3）塑性

塑性表示钢材在外力作用下产生塑性变形而不破坏的能力。衡量钢材塑性的指标为伸长

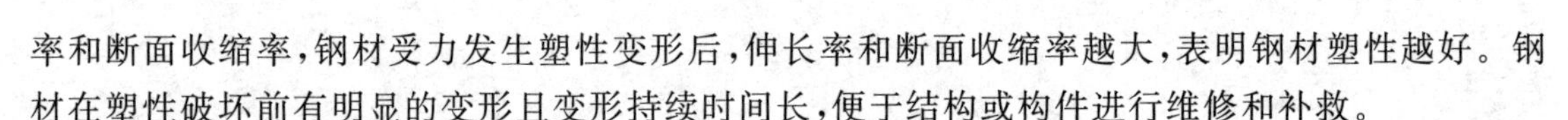

率和断面收缩率，钢材受力发生塑性变形后，伸长率和断面收缩率越大，表明钢材塑性越好。钢材在塑性破坏前有明显的变形且变形持续时间长，便于结构或构件进行维修和补救。

(4) 冲击韧性

冲击韧性是指钢材抵抗冲击荷载的能力。冲击韧性用冲击韧性值的大小衡量。冲击韧性值越大，表明钢材在断裂时所吸收的能量越多，则冲击韧性越好。此外，钢材的冲击韧性受温度的影响较大，冲击韧性随温度的下降而减小，当降到一定温度时其值急剧下降，从而使钢材出现脆性断裂，这种性质称为钢材的冷脆性。所以，在低温下使用的钢材，特别是承受动荷载的重要结构，必须要检验其低温下的冲击韧性。

此外，硬度是衡量钢材软硬程度的一个指标，它指钢材表面局部体积内抵抗变形或破裂的能力，也指抵抗其他更硬的物体压入钢材表面的能力。测定钢材硬度的方法有布氏法(HB)和洛氏法(HRQ)，较常用的是布氏法。

2. 工艺性能

钢材的工艺性能是指钢材在各种加工过程中所表现的性能。

(1) 冷弯性能

钢材的冷弯性能是指钢材在常温下承受弯曲变形的能力，是建筑钢材的重要工艺性能。通过冷弯试验可以检验钢材处于不利的弯曲变形下的塑性，并能揭示钢材是否存在内部组织不均匀、内应力和夹杂物等缺陷。

(2) 焊接性能

焊接是通过局部加热使钢材达到塑性或熔融状态，从而将钢材连接成钢构件的过程。钢材在焊接过程中，由于局部高温的作用，会在焊缝及其附近形成过热区，使内部晶体结构发生变化，容易在焊缝周围产生硬脆倾向，降低焊件质量。焊接性能良好的钢材，焊接后的焊头牢固，硬脆倾向小，仍能保持与原有钢材相近的性质。

(3) 钢材的冷加工和热加工

① 钢材的冷加工是将钢材于常温下进行冷拉、冷拔、冷轧，使其产生塑性变形，从而提高强度、节约钢材，称为钢材的冷加工强化。钢材经冷加工后，屈服强度提高，塑性、韧性和弹性模量则降低。

② 钢材的热处理是将钢材按一定规则加热、保温和冷却，以改变其内部组织，从而获得需要的性能的一种工艺过程。热处理的方法有正火、退火、淬火和回火。

二、建筑钢材的标准

1. 碳素结构钢

1) 碳素结构钢的牌号

根据现行国家标准《碳素结构钢》(GB/T 700—2006) 的规定，碳素结构钢牌号由字母和数字组合而成，顺序为屈服点符号、屈服强度值、质量等级符号及脱氧方法符号。碳素结构钢按屈服强度分为 Q195、Q215、Q235、Q275；按质量等级分为 A,B,C,D 四级；按脱氧程度分为沸腾钢

(F)、镇静钢(Z)、特殊镇静钢(TZ)三类,Z 和 TZ 在钢号中可省略。例如 Q235A 表示屈服强度为 235 MPa、质量等级为 A 的镇静钢。

2) 选用

碳素结构钢各牌号中,Q195、Q215 的强度较低,塑性、韧性较好,易于冷加工和焊接,常用于铆钉、螺丝、铁丝等;Q235 的强度较高,塑性、韧性也较好,可焊性较好,为建筑工程中主要钢材;Q275 的强度高,塑性、韧性较差,可焊性较差,且不易冷弯,多用于机械零件,极少用于混凝土配筋、钢结构或螺栓。同时,应根据工程结构的荷载情况、焊接情况及环境温度等因素来选择钢的质量等级和脱氧方法。如受振动荷载作用的重要焊接结构,处于计算温度低于－20 ℃的环境下,宜选用质量等级为 D 的特殊镇静钢。

2. 低合金高强度结构钢

工程上使用的钢材要求强度高、塑性好、易于加工,碳素结构钢的性能不能完全满足工程的需要。在碳素结构钢的基础上掺入少量(掺量小于 5%)的合金元素(如锰、钒、钛、铌、镍等)即成为低合金高强度结构钢。

低合金高强度结构钢与碳素结构钢相比,具有较高的强度,综合性能好,所以在相同使用条件下,可比碳素钢节省用钢 20%～30%,这对减轻结构自重十分有利。

低合金高强度结构钢具有良好的塑性、韧性、可焊性、耐低温性及耐腐蚀等性能,有利于延长结构的使用寿命。

低合金高强度结构钢特别适用于高层建筑、大柱网结构和大跨度结构。

1) 低合金高强度结构钢的牌号

《低合金高强度结构钢》(GB/T 1591—2018) 规定:低合金高强度结构钢按力学性能和化学成分分为 Q345、Q390、Q420、Q460、Q500、Q550、Q620、Q690,按硫、磷含量分 A、B、C、D,E 五个质量等级,其中 E 级质量最好。钢号按屈服点符号、屈服强度值和质量等级的顺序排列。

例如 Q420B 的含义为屈服强度为 420 MPa、质量等级为 B 的低合金高强度结构钢。

2) 选用

Q345、Q390 的综合力学性能好,焊接性能、冷热加工性能和耐腐蚀性能良好。C、D、E 级钢具有良好的低温韧性,主要用于工程中承受较高荷载的焊接结构。Q420、Q460 的强度高,特别是在热处理后有较高的综合力学性能,主要用于大型工程结构及要求强度高、荷载大的轻型结构。

三、常用建筑钢材

建筑工程结构使用的钢材主要是碳素结构钢、低合金高强度结构钢和优质碳素结构钢三类。

1. 热轧钢筋

1) 热轧光圆钢筋

热轧光圆钢筋(hot rolled plain bars)是经热轧成形并自然冷却,横截面通常为圆形,表面光滑的成品光圆钢筋。热轧光圆钢筋的牌号为 HPB300，其公称直径范围为 6～22 mm，推荐的公称直径(单位为 mm)为 6、8、10、12、16、20。HPB300 质量稳定、塑性好、易成形。

2）热轧带肋钢筋

热轧带肋钢筋(hot rolled ribbed bars)是横截面为圆形，且表面通常有两条纵肋和沿长度方向均匀分布的横肋的钢筋，按横肋的纵截面形状分为月牙肋钢筋和等高肋钢筋，其外形如图 4-5 所示。热轧带肋钢筋分为 HRB335、HRB400、HRB500、HRBF335、HRBF400、HRBF500 六种。HRBF 表示细晶粒热轧钢筋，是指在热轧过程中通过控轧和控冷工艺形成的细晶粒钢筋，其金相组织主要是铁素体加珠光体，不得有影响使用性能的其他组织存在，晶粒度不粗于 9 级。HRB335 钢筋因强度较低，目前正在被建筑工程淘汰；HRB400 强度较高，塑性、可焊性好，在钢筋混凝土结构中作受力筋及构造筋的主要用筋；HRB500 强度高，塑性、韧性有保证，但可焊性较差，常用作预应力钢筋。细化晶粒的钢筋通常钢材牌号中带 E，主要用于有抗震要求的钢筋混凝土结构工程。

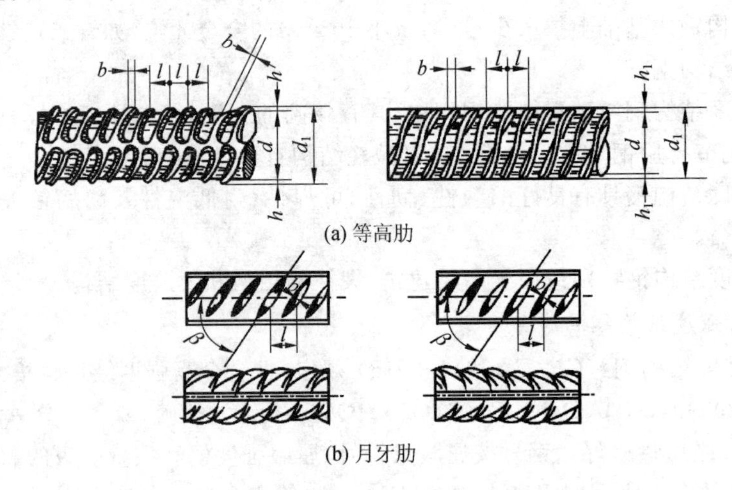

图 4-5 热轧带肋钢筋的外形

2. 冷轧带肋钢筋

冷轧带肋钢筋是热轧圆盘条经冷轧后，在其表面带有沿长度方向均匀分布的三面或二面横肋的钢筋。

冷轧带肋钢筋的牌号由 CRB 和钢筋的抗拉强度最小值构成。C、R、B 分别为冷轧(cold rolled)、带肋(ribbed)、钢筋(bars)三个词的英文首位字母。冷轧带肋钢筋分为 CRB550、CRB650、CRB800、CRB970 四个牌号。其中，CRB550 为普通钢筋混凝土用钢筋，其他牌号为预应力混凝土用钢筋。CRB550 钢筋的公称直径范围为 4～12 mm。CRB650 及以上牌号钢筋的公称直径为 4 mm、5 mm、6 mm。

3. 预应力钢丝、钢绞线

预应力钢丝为高强度钢丝，使用优质碳素结构钢经冷拔或再经回火等工艺处理制成，其强度高、柔性好，适用于大跨度屋架及吊车梁等大型构件和“V”形折板等，使用钢丝可节省钢材，施工方便，安全可靠，但成本较高。预应力钢丝按加工状态分为冷拉钢丝和消除应力钢丝两类。

钢绞线是放2根、3根或7根钢丝在绞线机上，经绞捻后，再经低温回火处理而成的。钢绞线具有强度高、柔性好、与混凝土黏结力好、易锚固等特点，主要用于大跨度、重荷载的预应力混凝土结构。

预应力钢丝、钢绞线具有强度高、柔性好、无接头等优点，且质量稳定，安全可靠，施工时不需冷拉及焊接，主要用于大跨度桥梁、屋架、吊车梁、薄腹梁、电杆、轨枕等。

4. 钢结构用钢材

我国钢结构采用的钢材品种主要为热轧型钢、冷弯薄壁型钢、热轧或冷轧钢板和钢管等，其钢材按化学成分的不同分为碳素结构钢和低合金高强度结构钢两类。其中热轧型钢有角钢、L型钢、工字钢、槽钢和H型钢等。冷轧型钢是厚度1.5～6 mm的薄钢板或钢带经冷轧(弯)或模压而成的。钢管有热轧无缝钢管和焊接钢管两种。建筑结构使用的钢板按照轧制方式分为热轧钢板和冷轧钢板两类。另外，钢板表面轧有防滑凸纹的叫作花纹钢板。

5. 钢筋混凝土用钢材

钢筋混凝土用钢材按照化学成分的不同分为碳素结构钢和低合金结构钢两类，按照生产加工工艺的不同分为热轧钢筋、冷轧钢筋、热处理钢筋、钢丝和钢绞线等。另外，钢筋按其轧制外形的不同分为光圆钢筋和带肋钢筋两种。

热轧钢筋的性能应符合《钢筋混凝土用钢第1部分：热轧光圆钢筋》(GB/T 1499.1—2017)和《钢筋混凝土用钢第2部分：热轧带肋钢筋》(GB/T 1499.2—2018)的规定，热轧光圆钢筋的牌号用HPB300表示，可用作中、小型钢筋混凝土结构的主要受力钢筋；热轧带肋钢筋中，HRB335和HRB400用低合金镇静钢和半镇静钢轧制，广泛应用于大、中型钢筋混凝土结构的主筋；HRB500用中碳低合金镇静钢轧制而成，主要用于工程中的预应力钢筋。

根据国家标准《冷轧带肋钢筋》(GB/T 13788—2017)的规定，冷轧带肋钢筋分为CRB550、CRB650、CRB800、CRB970四个牌号。CRB550为普通钢筋混凝土用钢筋，其他牌号为预应力混凝土用钢筋。

热处理钢筋具有较高的综合力学性能，除具有很高的强度外，还具有高韧性、高黏结力及塑性降低幅度小等优点，特别适用于预应力混凝土构件。

钢丝主要用作桥梁、吊车梁、电杆、大口径管道等预应力混凝土构件中的预应力筋。

钢绞线是数根优质碳素钢钢丝经绞捻后消除内应力制成的，适用于大型建筑、公路或铁路桥梁、吊车梁等大跨度预应力混凝土构件中的预应力筋，广泛地应用于大跨度、重荷载的结构工程。

低合金高强度结构钢主要有Q345和Q390，用于大跨度、承受动荷载的钢结构。

四、钢材的腐蚀和防护

钢材在使用过程中，经常与环境中的介质接触，由于环境的作用，其中的铁与介质产生化学反应，逐步被破坏，导致钢材腐蚀，俗称钢材锈蚀。钢材的腐蚀使钢材性能下降，结构或构件的使用寿命缩短，甚至导致工程事故。

钢材的腐蚀根据其与环境介质的作用分为化学腐蚀和电化学腐蚀两类。化学腐蚀是钢材在常温和高温时发生的氧化或硫化作用，而电化学腐蚀是在钢材表面产生原电池反应的腐蚀。

对于钢材的这两类腐蚀，可以在钢材中加入合金元素（如铬、镍、锡、钛、铜等）使钢材合金化，提高其抗腐蚀的能力；也可以用耐腐蚀性强的金属以电镀或喷镀的方法覆盖在钢材表面，提高钢材的耐腐蚀性，例如镀铬、镀镍、镀锌等；还可以在钢材表面用非金属材料覆盖作为保护膜，使其与环境隔离，避免或减缓腐蚀，例如喷涂涂料、搪瓷和塑料等。最常用的方法是在钢材表面刷防腐、防锈油漆，例如钢材表面经除锈后，先刷底漆，然后刷面漆进行保护。

五、钢材的耐热性和防火性

钢材属于不燃性材料，但这并不表明钢材能够抵抗火灾。在高温时，钢材的性能会发生很大的变化。温度在 200 ℃以内，可以认为钢材的性能基本不变；超过 300 ℃以后，屈服强度和抗拉强度开始急剧下降，应变急剧增大；达到 600 ℃时钢材开始失去承载能力。耐火试验和火灾案例表明：以失去支持能力为标准，无保护层时钢屋架和钢柱的耐火极限只有 0.25 h，而裸露钢梁的耐火极限仅为 0.15 h。所以，没有防火保护层的钢结构是不耐火的。对于钢结构，尤其是可能经历高温环境的钢结构，应做必要的防火处理。

钢结构防火的基本原理是采用绝热或吸热材料，阻隔火焰和热量，降低钢结构的升温速度。常用的防火方法以包覆法为主，即以防火涂料、不燃性板材或混凝土和砂浆将钢构件包裹起来。

任务 8 木材

木材应用于建筑的历史非常悠久。我国在木材建筑技术和木材装饰艺术上都有很高的水平和独特的风格。木材作为建筑和装饰材料具有许多特点，例如轻质高强，弹性、韧性好，能承受冲击和振动作用；具有较好的隔热、保温性能；纹理美观、色调温和、风格典雅，极具装饰性；便于加工，可制成各种形状的产品；绝缘性好。此外，受木材生长的自然条件限制，木材存在不少的缺陷，例如构造不均匀，呈现各向异性；湿胀干缩性大，处理不当易产生翘曲和开裂；因天然缺陷大，利用率较低；耐火性差，易引起火灾，并且容易腐朽、被虫蛀。木材在建筑工程中可用于承重构件（如屋架、梁和柱等），也可用于建筑配件的门窗、墙裙、暖气罩和施工时用的脚手架、模板等。

一、构造

1. 宏观构造

工程中所用的木材主要取自树干，树干可分为树皮、形成层、木质部和髓心四个部分。而木材主要使用木质部，木材的构造主要是指木质部的构造，一般以三个切面来观察，如图 4-6 所示。

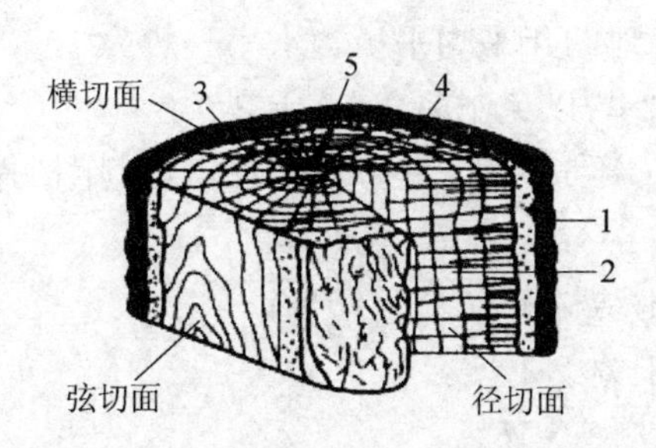

图 4-6　树干的三个切面

1—树皮；2—木质部；3—年轮；4—髓线；5—髓心

横切面：垂直于树干主轴的切面。横切面可以观察到木质部中的年轮、髓线及髓心等。

径切面：通过髓心的径向纵切面。

弦切面：不通过髓心，但与树轴平行的切面。

年轮，是树木每年生长一轮形成的环纹。在同一年轮内，春天生长的木质色较浅、质松软，称为春材(早材)；夏、秋两季生长的木质色较深，质坚硬，称为夏材(晚材)。相同树种，年轮越密，材质越好；夏材部分越多，木材强度越高。

2. 微观构造

木材的微观构造是指借助显微镜才能看到的组织。用光学显微镜观察木材切片，可以看到木材由无数管状细胞紧密结合而成，除少数细胞横向排列外，绝大多数细胞都是纵向排列的。每个细胞都是由细胞壁和细胞腔两部分组成，细胞壁由细纤维组成，其纵向连接较横向牢固，导致细胞壁纵向强度高、横向强度低。细纤维间具有极小的空隙，能吸附和渗透水分。木材细胞壁越厚，细胞腔越小，木材越密实，体积密度和强度也越大，但胀缩也大。春材的细胞壁薄、细胞腔大，夏材则细胞壁厚、细胞腔小。

二、主要性质

木材的性质包括物理性质和力学性质。

1. 木材的物理性质

(1) 木材的密度

木材的密度为 1.48～1.56 g/cm³，由于木材都是同一物质(纤维素)组成的，各树种相差不大，常取 1.54 g/cm³。

(2) 木材的含水率

木材中所含的水可分为自由水和吸附水两类。自由水为存在于细胞腔与细胞间隙中的水；吸附水是被吸附在细胞壁内细纤维中的水。当木材中细胞壁内被吸附水充满，而细胞腔与细胞间隙中没有自由水时，该木材的含水率被称为纤维饱和点，它一般为 25%～35%，平均为 30%。纤维饱和点是木材物理力学性质发生改变的转折点，它是木材含水率是否影响其强度和湿胀干缩的临界值。

木材具有较强的吸湿性。当木材的含水率与周围空气的温度和相对湿度达到平衡时，此含水率称为平衡含水率。我国各地的年平均平衡含水率一般为10%～18%。木材使用前，须干燥至使用环境长年平均平衡含水率，以免制品变形、干裂。

按照《木结构设计标准》(GB 50005—2017)的规定，制作构件时，木材含水率应符合下列要求：

① 现场制作的原木或方木结构不应大于25%；

② 板材和规格材不应大于20%；

③ 受拉构件的连接板不应大于18%；

④ 连接件不应大于15%；

⑤ 层板胶合木构件不应大于15%，且同一构件各层木板间的含水率差别不应大于5%。

(3) 木材的湿胀干缩

木材的湿胀干缩是由细胞壁中吸附水量的变化引起的。当木材由潮湿状态干燥至纤维饱和点时，其尺寸不变，而继续干燥到细胞壁中的吸附水开始蒸发时，则木材开始收缩(干缩)。在逆过程中，即干燥木材吸湿时，随着吸附水的增加，木材将发生体积膨胀(湿胀)，直到含水率达到纤维饱和点为止，此后，尽管木材含水量会继续增加，即自由水增加，但体积不再膨胀。木材的胀缩性随树种而有差异，一般体积密度大的，夏材含量多的，胀缩较大。另外，各方向的胀缩值也不一样，顺纹方向最小，径向较大，弦向最大。

2. 木材的力学性质

(1) 木材的强度

工程上常利用木材抗压、抗拉、抗弯和抗剪强度作为设计依据。木材构造的不均匀性决定了它的许多性质为各向异性，在强度方面尤为突出。

同一木材，顺纹和横纹的强度有很大的差别，顺纹的抗拉强度最大，抗弯、抗压、抗剪强度依次递减，横纹的抗拉、抗压强度比顺纹小得多。木材的强度比较如表4-3所示。

表4-3　木材的强度比较

抗压		抗拉		抗剪		抗弯
顺纹	横纹	顺纹	横纹	顺纹	横纹切断	
1	1/10～1/3	2～3	1/20～1/3	1/7～1/3	1/2～1	3/2～2

(2) 影响木材强度的主要因素

影响木材强度的因素有含水率、温度、负荷时间和木材缺陷等。

① 含水率。当木材的含水率在纤维饱和点以下时，木材的强度随含水率增加而降低，这是由于吸附水的增加使细胞壁逐渐软化。当木材含水率在纤维饱和点以上时，木材的强度等性能基本稳定，不随含水率的变化而变化。含水率对木材的顺纹的抗压及抗弯强度影响较大，而对顺纹的抗拉强度几乎无影响。

② 温度、负荷时间和木材缺陷。一般来说，木材的强度会随环境温度的升高而降低。如果使用环境温度长期超过50 ℃，其强度会因木材缓慢炭化而明显下降，故这种环境下不应采用木结构。木材的负荷时间长，强度下降。长期负荷下的强度，一般仅为极限强度的50%～60%。木材缺陷有木节、斜纹、裂纹、翘曲、腐朽及病虫害等。一般来讲，缺陷越多，木材强度越低。木

节主要使顺纹的抗拉强度显著降低，而对顺纹的抗压强度影响较小。

任务 9 建筑防水材料

建筑防水材料是指应用于建筑物与构筑物中，起防水、防潮、防渗、防漏、保护建筑物和构筑物及其构件不受水侵蚀破坏作用的一类功能性建筑材料。近年来，建筑防水材料发展迅速。本任务将着重介绍石油沥青、改性石油沥青及煤焦油与煤沥青的应用，常用防水材料的基本知识，常用建筑防水材料的选用与验收等方面的相关知识。

一、石油沥青

沥青是一种憎水性的有机胶凝材料，不仅自身构造致密，而且与砂、石、混凝土、金属等材料能牢固地黏结在一起，具有良好的防潮、防水、抗渗、耐腐蚀、绝缘等性能。

1. 沥青的概念

沥青是指由高分子碳氢化合物及其衍生物组成，黑色或深褐色，不溶于水而溶于二硫化碳，且符合规定标准的非晶体有机材料。

① 天然沥青。天然沥青是由地表或岩石中直接采集、提炼加工后得到的沥青。

② 石油沥青。石油沥青是石油经蒸馏提炼后得到的渣油再经加工而得到的一种物质，在常温下是黑色或黑褐色的黏稠状液体、半固体或固体，主要含可溶于二氯乙烯的烃类及非烃类衍生物，其性质和组成随原油来源和生产方法的不同而变化。

2. 石油沥青的分类

① 按生产方法分为直馏沥青、溶剂脱油沥青、氧化沥青、调和沥青、乳化沥青、改性沥青等。

② 按外观形态分为液体沥青、同体沥青、稀释液、乳化液、改性体等。

③ 按用途分为道路石油沥青、建筑石油沥青、防水防潮石油沥青、普通石油沥青、以用途或功能命名的各种专用石油沥青等。

3. 主要用途

沥青作为基础建设材料、原料和燃料，广泛应用在交通运输（道路、铁路、航空等）、建筑业、农业、水利工程、工业（采掘业、制造业）、民用等各部门。在建筑业主要应用于地下室防潮、防水和屋面防水等方面。

二、改性石油沥青

通常，普通石油沥青的性能不一定能全面满足使用要求，如容易出现热脆、冷脆、老化、开裂等问题，为此，常需采取措施对沥青进行改性。

1. 改性沥青

对沥青进行氧化、乳化、催化或掺入橡胶、树脂、矿物纤维材料等物质，使沥青的性能得以改善，这种经过改性的沥青称为改性沥青。

2. 改性沥青的种类

改性沥青可分为橡胶改性沥青、树脂改性沥青、橡胶-树脂改性沥青、矿物填充剂改性沥青、矿物填料改性沥青等。

三、煤焦油与煤沥青

煤焦油是生产焦炭和煤气的副产物，是烟煤在干馏过程中的挥发物质，经冷凝而成的黑色黏性液体。

煤焦油继续蒸馏出轻油、中油、重油后所得的残渣，即为煤沥青，也称柏油或煤焦油沥青。煤沥青的主要化学成分是不饱和的芳香族碳氢化合物及非金属衍生物。其组分有油分、固态树脂、液态树脂及游离碳等。

煤沥青在技术性能上存在较多缺点，而且成分不稳定，且有毒性，对人体和环境不利，已很少用于建筑、道路和防水工程之中，一般用于地下防水工程和防腐工程，也可配制道路沥青混凝土，但是它不能与石油沥青混合使用。

四、常用防水材料

防水材料主要适用于工业和民用建筑的内墙、外墙、地下室、水池、水塔、异形屋面、厕浴间等部位防水、防腐、防渗、防潮及渗漏修复工程；人防工程防水、地下隧道工程及水利工程的防水、防腐、黏结补强和加固处理及防水防腐衬砌；大坝的防渗面板、渠道、渡槽、桥面、地面游泳池、交货池、化工耐蚀耐碱仓储等的防水处理。

防水材料是建筑工程中不可缺少的建筑材料之一，其主要目的是防止雨水、雪水、地下水等水分的渗透，并担负建筑物的防潮、防渗和防漏的任务，是建筑的一道非常重要的防线，被称为建筑物的“盾牌”。同时防水材料也广泛应用于道路与桥梁、水利、港口等工程中。防水材料质量的优劣，直接影响建筑物的耐久性。

由于建筑防水材料事关国计民生，其发展和进步从一个侧面反映了一个国家和地区的建筑科技水平，我国政府已决心加大建筑防水材料生产与应用的宏观管理力度，整顿市场，全方位治理建筑渗漏。防水材料要重点发展高聚物改性沥青卷材、合成高分子防水卷材以及防水涂料，努力开发密封材料和堵漏材料。

常用防水材料依据其外观形态分为防水卷材、防水涂料、密封材料，也可分为刚性防水材料和柔性防水材料。

1. 防水卷材

防水卷材是可卷曲成卷状的柔性防水材料。目前，防水卷材是我国建筑工程中主要防水品种之一，也是我国使用量较大的防水材料，主要包括沥青防水卷材、高聚物改性沥青防水卷材和合成高分子防水卷材三大类。

沥青防水卷材是传统的防水材料，但因其性能远不及改性沥青，因此逐渐被改性沥青防水卷材代替。

高聚物改性沥青防水卷材和合成高分子防水卷材均应有良好的耐水性、温度稳定性和大气稳定性(抗老化性)，并应具备必要的机械强度、延伸性、柔韧性和抗断裂的能力。这两大类防水卷材目前得到了广泛的应用。

2. 防水涂料

防水涂料是以高分子材料为主体，在常温下呈无定形液态，经涂布能在结构物表面固化形成具有相当厚度并有一定弹性的防水膜的物料的总称。常用的种类有以下几种。

(1) 沥青基防水涂料

沥青基防水涂料是以沥青为基料配制而成的水乳型或溶剂型防水涂料。

(2) 改性沥青类防水涂料

改性沥青类防水涂料是指，以沥青为基料，用合成高分子聚合物进行改性而制成的水乳型或溶剂型防水涂料。

(3) 合成高分子类防水涂料

合成高分子类防水涂料是指，以合成橡胶或合成树脂为主要成膜物质制成的单组分多组分防水涂料。这类涂料具有高弹性、高耐久性及优良的耐高、低温性能。

3. 密封材料

密封材料是能承受位移以达到气密、水密目的而嵌入建筑接缝中的定形和不定形的材料。

(1) 建筑防水沥青嵌缝油膏

建筑防水沥青嵌缝油膏是以石油沥青为基料，加入改性材料、稀释剂及填充料混合制成的冷用膏状密封材料，主要用于各种混凝土屋面板、墙板等建筑构件节点的防水密封。

(2) 聚氨酯建筑密封膏

聚氨酯建筑密封膏是以异氰酸基(—NCO)为基料，与含活性氢化物的固化剂组成的一种常温固化弹性密封材料。

(3) 聚硫建筑密封膏

聚硫建筑密封膏是由液态硫橡胶为主剂与金属过氧化物等硫化剂反应，在常温下形成的弹性体密封膏，国内多为双组分产品。

(4) 硅酮密封胶

硅酮密封胶是以有机硅氧烷为主剂，加入适量硫化剂、硫化促进剂、增强填充料和颜料等所组成的密封材料。

4. 刚性防水材料和柔性防水材料

防水材料按照其特性还可分为刚性防水材料和柔性防水材料。

(1) 刚性防水材料

刚性防水材料是指较高强度、无延伸能力的防水材料。刚性防水材料是指以水泥、砂、石为原料或其中掺入少量外加剂、高分子聚合物等配制成的具有一定抗渗透能力的水泥砂浆、混凝土类防水材料,它们组成刚性防水层。

刚性防水材料包括以下两种:

① 以硅酸盐类水泥为基料,加入无机或有机外加剂配制而成的防水砂浆、防水混凝土,如外加剂抗渗混凝土、聚合物防水砂浆等。

② 以膨胀水泥等特种水泥为基材配制的防水砂浆、抗渗混凝土。

(2) 柔性防水材料

柔性防水材料指具有一定柔韧性和较大延伸率的防水材料,如防水卷材、防水涂料等,它们构成柔性防水层。

五、建筑防水材料的选用

建筑物和构筑物的防水是依靠具有防水性能的材料来实现的,防水材料质量的优劣直接关系到防水层的耐久年限,防水工程的质量在很大程度上取决于防水材料的性能和质量,防水材料是防水工程的基础。当进行防水工程施工时,所采用的防水材料必须符合国家或行业的材料质量标准,并应满足设计要求。选用时应根据建筑物类型、防水层合理使用年限、设防要求等,合理选用防水材料。

1. 建筑材料的分类方法有哪些?
2. 石灰的用途有哪些?
3. 石膏的用途有哪些?
4. 水泥的分类方法有哪些?
5. 试述混凝土中的四种基本组成材料在混凝土中所起的作用。
6. 混凝土有哪些优缺点?
7. 建筑砂浆的种类有哪些?
8. 建筑钢材的力学性能有哪些?
9. 砌筑材料的种类有哪些? 各适用于哪些场合?
10. 影响木材强度的主要因素有哪些?
11. 建筑防水材料依据其外观形态如何分类?

学习情境5

建筑设计

学习目标

1. 了解建筑设计的基本知识。
2. 熟悉建筑设计的程序。
3. 掌握建筑设计的内容和要求。
4. 了解房屋层数的确定和剖面组合方式。
5. 了解建筑体型组合的一般规律及立面设计的一些手法。

任务 1 建筑设计概述

建筑设计分为民用建筑设计和工业建筑设计。民用建筑设计是指根据用户对功能的要求，确定建筑标准、结构形式、建筑物的空间和平面布置以及建筑群体的合理安排的设计。工业建筑设计是指按照工艺流程和设备布置的要求，完善地表达建筑物和构筑物的外形、空间布置、结构类型及建筑群体的合理组成的设计。

一、基本概念

根据建筑工程的规模不同，建筑设计的过程与阶段可按图 5-1 进行划分。

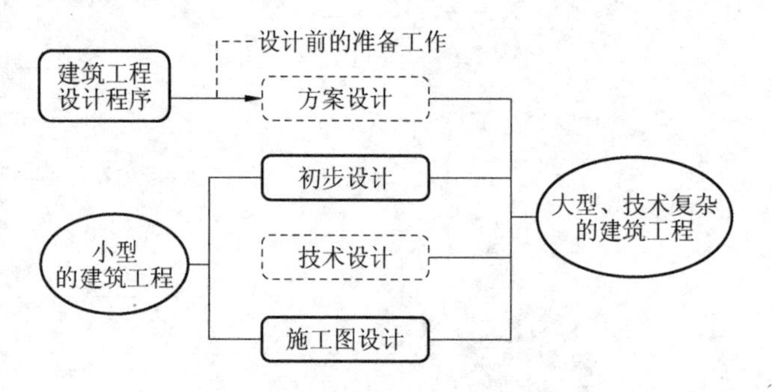

图 5-1　建筑设计的过程与阶段

人们习惯上将设计单项建筑物或建筑群的全部工作统称为建筑设计，其实确切地应称为建筑工程设计，它包括建筑设计、结构设计、设备设计三个方面的内容。

1. 建筑设计

建筑设计主要是根据建设单位提供的任务书，在满足总体规划的前提下，对基地环境、建筑功能、材料设备、结构布置、建筑施工、建筑经济和建筑形象等方面做综合分析，提出建筑设计方案，并将此方案绘制成建筑设计施工图。建筑设计的目的在于确定使用空间的存在形式。

2. 结构设计

结构设计是在建筑设计的基础上选择结构方案，确定结构类型，进行结构计算与结构设计，最后完成结构施工图。结构设计的目的在于确定使用空间存在的可能。

3. 设备设计

设备设计包括给水排水、采暖通风、电气照明、通信、燃气、动力等专业的设计，确定其方案类型、设备选型并完成相应的施工图设计。设备设计的目的在于改善建筑空间的使用条件。

以上几个方面的工作既有分工，又密切配合，形成一个整体。各专业设计的图纸、计算书、说明书及预算书汇总，就形成一个建筑工程的完整文件，以作为建筑施工的依据。

二、设计程序

建筑设计工作具体可以通过以下几个步骤完成。

1. 建设项目决策

建设项目决策是设计单位根据主管部门或建设单位的委托而参加的项目决策工作，内容包括以下三方面。

(1) 可行性研究咨询

可行性研究咨询的主要任务是研究建设项目在技术上是否先进、适用、可靠，在经济上是否合理、是否盈利，以便减少项目决策的盲目性，使建设项目的确定具有科学依据，它是编制设计任务书的基础。

(2) 设计任务书的编制

设计任务书是工程项目确定建设方案的决策文件，是编制设计文件的主要依据。

(3) 建设地点的论证选择

建设地点的论证选择是在拟建地区范围内具体确定建设项目的位置和方向。

2. 建筑设计前的准备工作

(1) 接受任务，核实必要文件

① 主管部门的正式批文。上级主管部门的正式批文应明确建设任务的使用要求、建筑面积、单方造价、投资总额等问题。

② 城建部门同意设计的正式批文。城建部门同意设计的正式批文应明确同意设计的用地范围(常用红线划定)，标明该地段周围道路等规划意图，提出城镇建设对该建筑的设计要求以及其他有关问题等。

(2) 熟悉设计任务书

设计任务书一般由建设单位或开发商提供，它包括以下几个方面的内容。

① 建设项目总要求和建造目的。

② 建筑物的具体使用要求、建筑面积、装修标准以及各类用途房间之间的面积分配。

③ 建设项目的总投资和单方造价、土建费用、房屋设备费用以及道路等室外的设施费用。

④ 建设基地范围、大小、周围原有建筑、道路、地段环境的描述，并附地形测量图。

⑤ 供电、供水、采暖、空调等设备方面的要求，并附水源、电源接用许可文件。

⑥ 设计期限和项目的建设进度要求。

(3) 收集必要的原始数据

① 气象资料。气象资料包括建设项目所在地区的温度、湿度、日照、雨雪、风向、风速以及冻土深度等。

② 基地地形及地质水文资料。基地地形及地质水文资料包括基地地形、标高、土壤种类及承载力、地下水位以及地震烈度等。

③ 水、电等设备管线资料。水、电等设备管线资料包括基地地下的给水、排水、电缆等管线布置以及基地地上架空线等供电线路情况。

④ 设计项目的有关定额指标，如面积定额指标、用地定额指标、用材定额指标等。

(4) 设计前的调查研究

① 建筑物的使用要求。在了解建设单位对建筑物使用要求的基础上，走访、参观、查阅同类建筑物的实际使用情况，通过分析和研究，借鉴并吸收好的经验，使设计更加合理与完善。

② 建筑材料供应和结构施工等技术条件，如了解当地建筑材料的特性、价格、品种、规格和起重运输条件等。

③ 基地踏勘。根据城建部门划定预设计项目所在地的位置，进行现场踏勘，深入了解基地和周围环境的现状及历史沿革，核对已有资料与基地现状是否符合。通过建设基地的形状、方位、面积以及周围建筑、道路、绿化等多方面的因素，考虑建筑的位置、形状和总平面布局。

④ 当地传统的风俗习惯。了解当地传统的建筑形式、文化传统、生活习惯、风土人情以及建筑上的习惯做法，作为建筑设计的参考和借鉴，创造出当地群众喜闻乐见的建筑形式。

3. 编制设计文件

设计文件工作是根据国家规定的政策、标准、规范和程序以及设计任务书的要求，通过招标、投标择优选择设计单位，进行设计，编制设计文件。设计文件是现场施工的主要依据，内容必须完整，深度符合要求，文字与图纸准确、清晰，保证设计质量。

根据建设项目的不同情况，设计过程一般划分为两个阶段，即初步设计(或扩大初步设计)和施工图设计。重大项目和技术复杂项目，可根据其特点和需要按三阶段设计，即初步设计、技术设计和施工图设计。

(1) 初步设计

设计者在对建筑物主要内容的安排有大概的布局以后，首先要考虑和处理建筑物与城市规划的关系，包括建筑物和周围环境的关系、建筑物和城市交通或城市其他功能的关系等。这个工作阶段，通常叫作初步方案阶段。

通过这一阶段的工作，建筑师可以同使用者和规划部门充分交换意见，使自己所设计的建筑物取得规划部门的同意，成为城市有机整体的组成部分。对于不太复杂的工程，这一阶段可以省略，把有关的工作并入初步设计阶段。

初步设计是对批准的设计任务书提出的内容进行概略的计划，做出初步的规划，它的任务是在指定的地点、控制的投资额和规定的限期内，保证拟建工程在技术上的可靠性和经济上的合理性，对建设项目做出基本的技术方案，同时编制出项目的设计总概算。

(2) 技术设计

技术设计阶段是设计过程中的一个关键性阶段，也是整个设计构思基本成形的阶段。技术设计的内容包括整个建筑物和各个局部的具体做法，各部分确切的尺寸关系，内外装修的设计，结构方案的计算和具体内容，各种构造和用料的确定，各种设备系统的设计和计算，各技术工种之间矛盾的合理解决，设计预算的编制等。

这些工作都是在有关技术工种共同商议之下进行的，并应相互认可。技术设计的着眼点，除体现初步设计的整体意图外，还要考虑施工的方便易行，以比较省事、省时、省钱的办法取得最好的使用效果和艺术效果。对于不太复杂的工程，技术设计阶段可以省略，把这个阶段的一部分工作纳入初步设计阶段，另一部分工作则留待施工图设计阶段进行。

技术设计是初步设计的深化，也是初步设计的具体化，它是根据初步设计和更详细的调查资料来编制的，任务是进一步决定初步设计所采取的重大技术方案，协调各专业工种之间的矛盾，妥善解决各种技术问题，并编制修正总概算。技术设计的图纸和文件除与初步设计大致相同外，还应包括更详细的内容，如局部尺寸关系，具体做法，各技术工种之间的矛盾解决方法以及结构、设备设计图，说明书，计算书等。

(3) 施工图设计

施工图设计是在批准的初步设计或技术设计的基础上，设计和绘制出更加具体、详细的可据以施工的图纸和文件。

施工图设计是设计工作和施工工作的桥梁。施工图和详图不仅要解决各个细部的构造方式和具体做法，还要从艺术上处理细部与整体的相互关系，包括思路上、逻辑上的统一性，造型上、风格上、比例和尺度上的协调等。细部设计的水平常在很大程度上影响整个建筑的艺术水平。

对每一个具体建筑物来说，上述各种因素的组合和构成，又是各不相同的。如果设计者能够虚心体察客观实际，综合各种条件，善于利用其有利方面，避免其不利方面，那么所设计的建筑物不仅能取得最好的效果，而且会显示出各自的特色，每个地方也会形成各自的建筑风格，避免千篇一律。

4. 配合施工和参与验收

参与施工中设计变更及工程竣工验收工作。

5. 工程总结

参与工程竣工后的总结工作。

【例 5-1】 初步设计文件根据(　　)进行编制。

A. 工程设计基本条件　　B. 审定的设计方案

C. 设计基础资料　　D. 批准的设计任务书

解:初步设计是对批准的设计任务书提出的内容进行概略的计划，做出初步的规划，它的任务是在指定的地点、控制的投资额和规定的限期内，保证拟建工程在技术上的可靠性和经济上的合理性，对建设项目做出基本的技术方案，同时编制出项目的设计总概算。选 D。

三、建筑设计的基本要求与依据

1. 建筑设计的基本要求

(1) 民用建筑设计的基本要求

民用建筑房屋的主要目的是满足人们居住、教育、办公、文化和娱乐等使用要求，满足物质和精神的需求。建筑物要保障人身安全、保障人体健康的卫生条件、不影响公众利益、不破坏周围环境,同时还要符合节约能源等基本国策。民用建筑设计要符合下列基本要求。

① 当地城市规划部门制定的城市规划实施条例。

② 根据建筑物的用途和目的,综合考虑建筑的经济效益、社会效益、环境效益。

③ 合理利用城市土地和空间,提倡社会化综合开发和建造综合性建筑。

④ 适应我国经济发展水平,在满足当前需要的同时适当考虑将来改造的可能。

⑤ 节约建筑能耗,保证围护结构的热工性能。

⑥ 建筑设计的标准化应与多样化结合。

⑦ 体现对残疾人、老年人的关怀,为他们的生活、工作和社会活动提供无障碍的室内外环境。

⑧ 建筑和环境应综合考虑防火、抗震、防空和防洪等安全措施。

(2) 工业建筑设计的基本要求

工业建筑是为工业生产需要而建造的各种不同用途的建筑物和构筑物的总称。工业建筑设计的主要任务是按生产工艺的要求,合理确定厂房的平、立、剖面形式,选择承重结构和围护结构方案、材料及构造形式,解决采光、通风、生产环境、卫生条件等问题,创造出坚固适用、技术先进、明朗、简洁、大方的工业建筑。工业建筑设计要符合下列基本要求。

① 满足生产工艺流程的要求。厂房设计必须符合生产工艺的要求,满足生产设备和运输设备的布置要求,以及生产工艺对厂房技术的要求。

② 满足卫生方面的要求。厂房内应具有良好的采光、通风,有可靠的排除余热、湿气和烟尘的措施,具有隔离、净化、消声措施,满足工人卫生和生活上的需要。

③ 满足统一化与工业化要求。

④ 满足生产发展及灵活性要求。

⑤ 具有良好的建筑外形及内部空间。

2. 建筑设计的依据

(1) 使用功能

① 人体尺度及人体活动所需的空间尺度。人体尺度和人体活动所需的空间尺度,是确定建筑空间的基本依据之一,我国中等人体尺度地区成年男子和女子的平均身高分别为 167 cm 和 156 cm。随着近年生活水平的提高,我国人口平均身高正逐步增加,设计时应予以考虑。

② 家具、设备尺寸和使用它们所需的空间尺度。家具、设备尺寸以及人们在使用家具和设备时必要的活动空间,是确定房间内部使用面积的重要依据。

(2) 自然条件

① 气象条件。气象条件包括建设地区的温度、湿度、日照、雨雪、风向、风速等,是解决建筑的保温、隔热、通风、防水等问题的重要依据,对建筑设计有较大的影响。例如寒冷地区的建筑应当考虑保温、防风沙等问题;炎热地区的建筑则应当考虑隔热、通风等问题;日照和风向是影响建筑物间距和朝向的主要因素。

② 地形、地质及地震烈度。基地的地形、地质构造、土壤特性和地耐力的大小,对建筑物的平面组合、结构布置、建筑构造处理和建筑体型都有明显的影响。

水文条件是指地下水位的高低及地下水的性质，直接影响建筑物基础及地下室。一般应根据地下水位的高低及地下水性质确定是否对建筑采用相应的防水和防腐蚀措施。

地震烈度表示当地震发生时，地面及建筑物遭受破坏的程度，分1～12度。烈度在6度以下时，地震对建筑影响较小；9度以上地区，地震破坏力很大，一般应避免在此类地区建造房屋。因此，按《建筑抗震设计规范》(GB 50011—2010)(2016年版)及《中国地震烈度区规划图》的规定，地震烈度为6、7、8、9度的地区均需进行抗震设计。

(3) 技术要求

① 国家及地方的技术文件。国家及地方的技术文件包括各种规范、规定、定额和标准。

② 材料供应及施工技术条件。这是确定建筑技术方案、决定建筑设计方法的依据。

③ 建设批文及工程设计任务书。建设项目的规模、造价、用地范围、规划与环境要求等，必须有主管部门及城市规划部门的批文。工程设计任务书中，对建筑的功能、房间类型及面积的分配等都有明确的要求。

【例5-2】 举例说明在设计中哪些考虑是地域性的体现。

解：从狭义上讲，主要受建筑地段的具体地形、地貌条件和周围的建筑环境共同影响。任何一个建筑建在一个固定的场所，始终与周围的环境联系在一起。不同地域有不同的环境，就建筑特点来讲，地域主义的建筑仍然立足于当地技术发展水平，在建筑空间组织及其形式上都与当地气候环境、地理状况和资源利用等有密切联系。建筑的形态特征、空间组合和构造方法也普遍反映当地建造技术水平。传统建筑中的大多建筑材料都是就地取材，来源于自然材料，如石、木、竹等。无论是原始地域建筑还是当代地域建筑，均能在地域性上因地制宜，充分利用地域资源、地域材料，巧妙地利用本地传统技术建造，其建筑形式几乎完全由当地气候特点、地理状况、地域风俗等决定。

任务 2 建筑设计的主要内容

建筑设计要根据建筑的功能要求确定各房间合理的面积、形状，门窗的大小、位置及各部位的尺寸；满足日照、采光、通风、保温、隔热、隔声、防潮、防水、防火、节能等方面的要求；确保平面组合合理，功能分区明确；兼顾结构及施工的可行性。

图5-2所示为某办公楼的建筑平面。

民用建筑设计，按使用性质的不同，分为使用房间和交通联系部分。

使用房间又可分为主要使用房间和辅助使用房间。主要使用房间是建筑物的主体部分，如住宅中的起居室、卧室，学校中的教室、实验室等。辅助使用房间是为了保证主要使用房间的使用要求而设置的，如住宅中的卫生间、厨房，学校中的厕所、储藏室等。

交通联系部分是指建筑中的门厅、过厅、走廊、楼梯、电梯等。

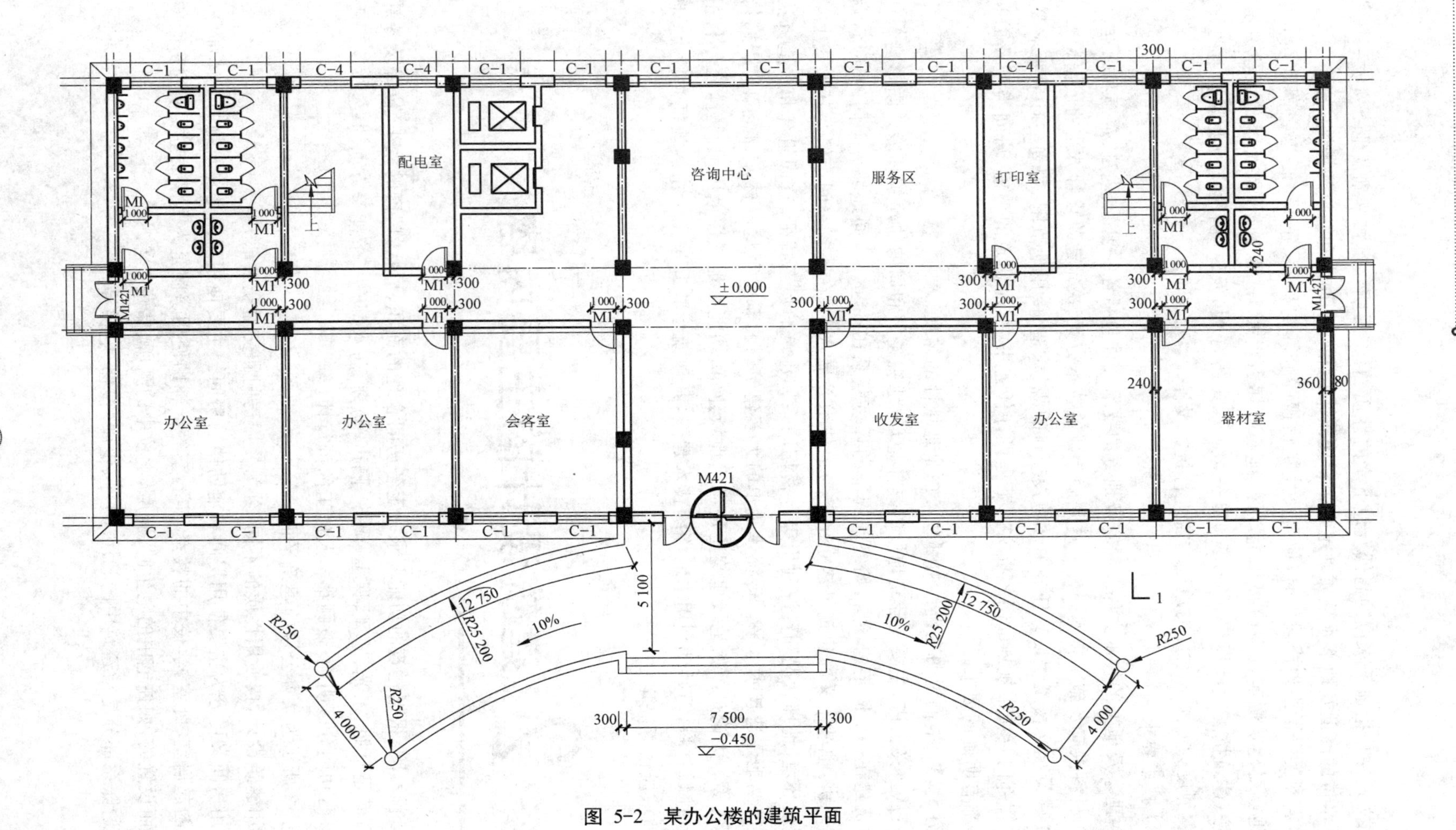

图 5-2 某办公楼的建筑平面

一、平面设计

各类建筑的平面组成，从使用性质分析，可分为使用部分、交通联系部分和结构部分。建筑物的总建筑面积是指外墙包围(含外墙)的各楼层的使用面积、交通面积和结构面积的总和。

平面系数是衡量设计方案经济合理性的主要经济技术指标之一。该系数越大，使用面积在总建筑面积中的利用率越高。在满足使用功能的前提下，同样的投资、同样的建筑面积，应采用最优的平面布置方案，才能提高建筑面积利用率，使设计方案最经济合理。

1. 主要使用房间的平面设计

(1) 使用房间的面积、形状和尺寸

使用人数的多少及活动特点、室内家具的数量及布置方式，是确定房间大小的主要依据。根据房间的使用特点，国家对不同类别建筑制定了相应的质量标准和建筑面积定额，要求在建筑设计中执行。如中学普通教室，使用面积定额为 1.2 m^2/人；一般办公室，使用面积定额为 3.0 m^2/人；住宅中，双人卧室的使用面积不应小于 10 m^2，单人卧室的使用面积不应小于 7 m^2，起居室(厅)的使用面积不应小于 12 m^2。应当指出，每人所需的面积除定额指标外，还需通过调查研究，并结合建筑物的标准综合考虑，满足设计任务书的要求。

建筑面积由使用部分、交通联系部分、房屋构件所占面积三部分组成。建筑的平面利用系数在数值上等于使用面积与建筑面积的百分比，即

$$K = \frac{使用面积}{建筑面积} \times 100\% \tag{5-1}$$

【例 5-3】 已知某住宅使用面积为 115.2 m^2，交通面积为 14.3 m^2，结构面积为 17.1 m^2。试求该住宅的平面利用系数。

解：住宅的建筑面积为使用面积、交通面积和结构面积的和，因此平面利用系数

$$K = 115.2/(115.2 + 14.3 + 17.1) \times 100\% = 78.58\% \tag{5-2}$$

房间形状的确定有多种因素，如家具、设备的类型及布置方式，采光、通风、音响等使用要求，结构、构造、施工等技术经济合理性等，都是决定房间形状与尺寸的重要因素。以中学普通教室为例，图 5-3 所示为某中学普通教室的布置图。

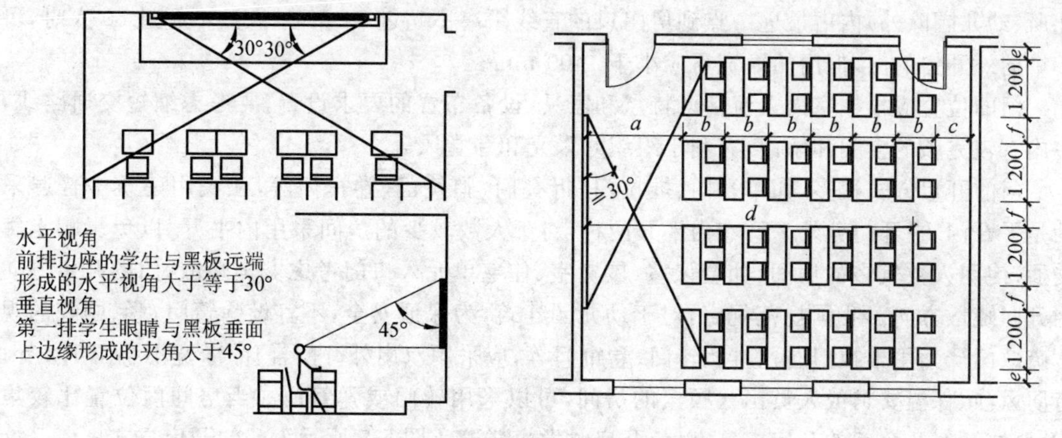

图 5-3 某中学普通教室的布置图(单位：mm)

教室的平面形状在满足视听要求的条件下还可以选用六边形、正方形等几种形状，如图 5-4 所示。有的公共建筑由于结构、功能、视线、音质、建筑艺术等要求，把房间设计成各种形状，如体育馆、歌剧院、展览中心等。

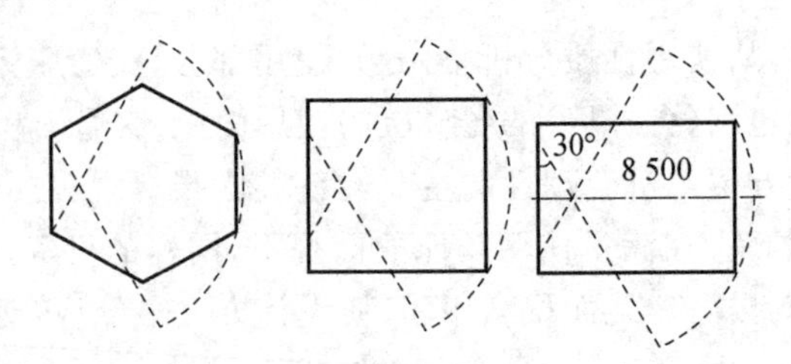

图 5-4　满足视听要求的教室形状和尺寸(单位：mm)

一般民用建筑中，矩形平面房间最多，这是因为矩形平面墙面平立，便于家具布置，能提高房间面积利用率，平面组合也容易，能充分利用天然采光，比较经济，而且结构简单，施工方便，有利于建筑构件标准化。

房间的尺寸，对矩形平面房间来说，常用开间和进深等房间的轴线尺寸来表示。确定房间的进深和开间不仅要考虑家具布置要求、采光要求、视听要求、长宽比例要求，还要考虑结构布置的合理性以及建筑模数协调统一标准的要求(开间和进深一般应为 300 mm 的倍数)等。卧室的开间尺寸常为 2.7～3.6 m，进深尺寸常为 3.90～4.50 m。中学教室的平面尺寸常为 6 m×9 m、6.6 m×9 m、6.9 m×9 m 等。

(2) 门的宽度、数量、位置和开启方式

门的设置主要是确定门的宽度、数量、位置与开启方式。门的主要作用是供人们出入和联系不同使用空间，同时兼有采光和通风的功能。

门的宽度一般是由人流多少和搬运家具、设备时所需要的宽度来确定的。单股人流通行的宽度尺寸为 550 mm，所以门的最小宽度为 600～700 mm，如住宅中的卫生间门等。大多数房间的门的宽度考虑到一人携带物品通行，所以门的宽度为 900～1000 mm。《中小学建筑设计规范》规定：中小学建筑中的教室的门洞宽度不应小于 1000 mm，合班教室的门洞宽度不应小于 1500 mm。

门的数量是由房间人数的多少、面积的大小及安全疏散等要求决定的。防火规范中规定：当一个房间的面积超过 60 m^2，且人数超过 50 人时，至少要设两个门；位于走廊尽头的房间(托儿所、幼儿园除外)内由最远一点到房门口的直线距离不超过 14 m，且人数不超过 80 人时，可设一个向外开启的门，但门的净宽不应小于 1400 mm。

门的位置应根据室内人流活动特点和家具、设备布置的要求设置，要考虑缩短交通路线，使室内有较完整的空间和墙面，有利于组织好采光和穿堂风等。

门的开启方式很多，如单开门、推拉门、折叠门、弹簧门、卷帘门等，在民用建筑中普遍采用的是平开门，平开门分外平开和内平开两种，对于人数较少的房间采用内平开，以免影响走廊的交通；使用人数较多的房间，如会议室、展览室、住宅单元入口门考虑安全疏散，门的开启方向应为开向疏散方向。我国规范规定，对于幼儿园建筑，为保证安全，不宜设弹簧门；影、剧院的观众厅疏散门严禁用推拉门、折叠门、转门、卷帘门等，应采用双扇外开门，门的净宽不小于 1.4 m；对有防风沙、保温要求或人员出入频繁的房间，可以采用转门或弹簧门。当房间门位置比较集中时，要协调好几个门的开启方向，以免开启时发生碰撞。图 5-5 所示为门的开启方式。

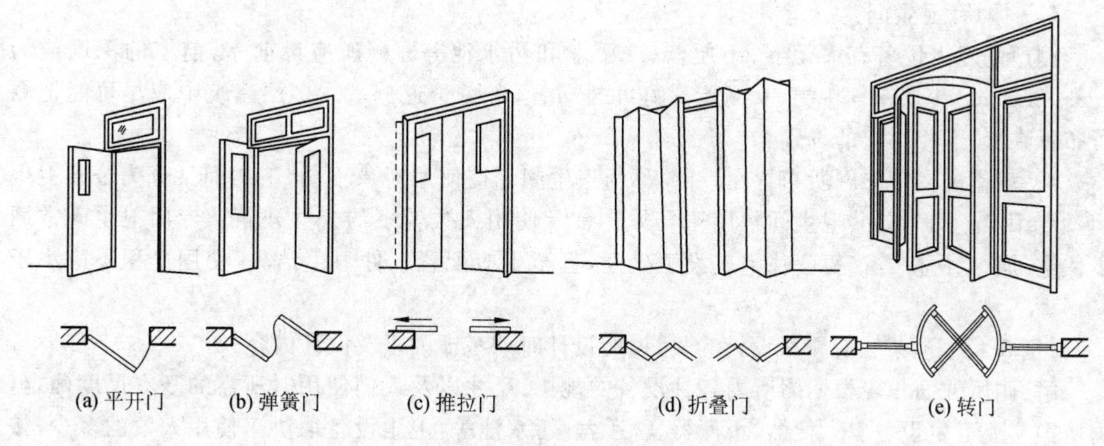

图 5-5　门的开启方式

(3) 窗的位置和尺寸

窗的位置和尺寸的确定主要是考虑房间的采光和通风。窗采光面积的大小是按采光面积比来确定的。采光面积比是指窗的透光面积与房间地板面积之比。不同使用性质的房间采光面积比不同。

窗的位置要使房间进入的光线均匀和内部家具、设备布置方便。图 5-6 所示为教室侧窗的布置。窗的位置还要考虑通风的作用,要组织好室内通风,利用空气压力差通风换气,设计中应将门窗统一布置。

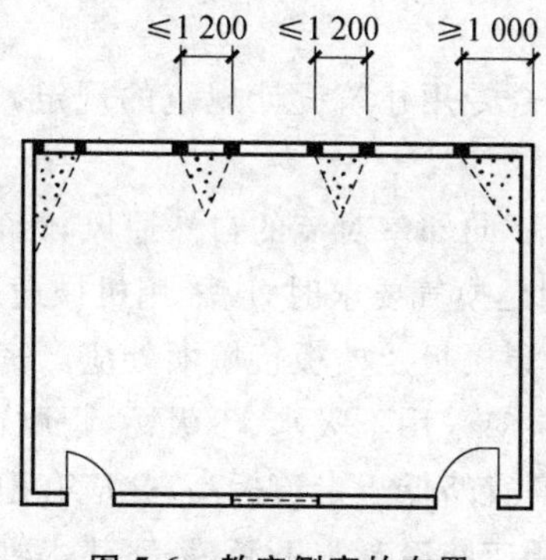

图 5-6　教室侧窗的布置

确定窗的位置和尺寸还要考虑结构和构造的可能性,而且建筑物造型、建筑风格往往也要通过窗的位置和形式加以体现。

2. 辅助使用房间的平面设计

辅助使用房间的平面设计的原理和方法与主要使用房间基本相同,但因它的使用性质特殊,还应考虑辅助使用房间与主要使用房间的联系是否方便。辅助使用房间在使用过程中易产生噪声、不良气味,会对附近的主要使用房间造成影响。辅助使用房间的朝向在保证正常使用的情况下,尽量设在建筑物中较差的位置,并合理控制建筑面积、高度、室内装修等标准。

辅助使用房间一般是指为主要房间提供服务的房间,如厕所,卫生间,盥洗室,水、暖、电设备用房,厨房,储藏室等。这些用房中的设备类型、数量取决于房间的使用对象和使用人数。房间的尺寸取决于设备的布置情况。厨房、厕所、卫生间的地面应比一般房间地面低 20～30 mm。

(1) 厕所、卫生间

厕所的卫生设备有大便器、小便器、洗手盆和污水池等。厕所应设前室，前室的深度应为1.5～2.0 m。中层平面中男、女厕所最好并排布置，避免管道分散。多层建筑中应尽可能把厕所布置在上、下相对应的位置。

浴室、盥洗室常与厕所布置在一起，称为卫生间。按使用对象不同，卫生间又分为公共卫生间及专用卫生间。公共卫生间常用于集体宿舍及使用人数较多的公共建筑。专用卫生间常用于住宅、旅馆、医院等。每套住宅应设卫生间，且至少应配置三件卫生洁具，使用面积不应小于3 m^2。

【例 5-4】 以某医院厕所设计为例，说明设计时的考虑因素及设计内容。

解：厕所的面积应根据厕所内各种设备的规格、尺寸以及人们使用时所需的基本尺度确定，厕所内主要卫生设备有大便器、小便器、洗手盆、污水池等，卫生设备取决于使用人数的多少，按照人体活动所需空间尺度，单独设置一个大便器的厕所外开门时所需的最小净尺寸为900 mm×1200 mm，内开门时为 900 mm×1400 mm。

根据《民用建筑设计统一标准》(GB 50352—2019)、《综合医院建筑设计规范》(GB 51039—2014)、《城市道路和建筑物无障碍设计规范》(JGJ 50—2013)等设计规范，医院内卫生间设计考虑因素及内容如下。

厕所、盥洗室、浴室应满足如下规定：

① 建筑物的厕所、盥洗室、浴室不应直接布置在餐厅、食品加工、食品储存、医药、医疗、变配电等有严格卫生要求或防水、防潮要求用房的上层；除本套住宅外，住宅卫生间不应直接布置在下层的卧室、起居室、厨房和餐厅的上层；

② 卫生设备配置的数量应符合专用建筑设计规范的规定，在公共厕所男女厕位的比例中，应适当加大女厕位比例；

③ 卫生用房宜有天然采光和不向邻室对流的自然通风，无直接自然通风和严寒地区用房宜设自然通风道，当自然通风不能满足换气要求时，应采用机械通风；

④ 楼地面、楼地面沟槽、管道穿楼板及楼板接墙面处应严密防水、防渗漏；

⑤ 楼地面、墙面或墙裙的面层应采用不吸水、不吸污、耐腐蚀、易清洗的材料；

⑥ 楼地面应防滑，楼地面标高宜略低于走道标高，并应有地漏或水沟；

⑦ 室内上、下水管和浴室顶棚应防冷凝水下滴，浴室热水管应防止烫人；

⑧ 公用男女厕所宜分设前室，或有遮挡措施；

⑨ 公用厕所宜设置独立的清洁间。

卫生设备间距应符合下列规定：

① 洗脸盆或盥洗槽水嘴中心与侧墙面净距不宜小于 0.55 m；

② 并列洗脸盆或盥洗槽水嘴中心间距不应小于 0.70 m；

③ 单侧并列洗脸盆或盥洗槽外沿至对面墙的净距不应小于 1.25 m；

④ 双侧并列洗脸盆或盥洗槽外沿之间的净距不应小于 1.80 m；

⑤ 浴盆长边至对面墙面的净距不应小于 0.65 m；无障碍盆浴间的短边净宽度不应小于2 m；

⑥ 并列小便器的中心间距不应小于 0.65 m；

⑦ 单侧厕所隔间至对面墙面的净距，当采用内开门时，不应小于 1.10 m，当采用外开门时

不应小于1.30 m；双侧厕所隔间之间的净距，当采用内开门时，不应小于1.10 m，当采用外开门时，不应小于1.30 m；

⑧ 单侧厕所隔间至对面小便器或小便槽外沿的净距，当采用内开门时，不应小于1.10 m；当采用外开门时，不应小于1.30 m。

针对本例为医疗建筑，具有特殊性，则厕所设计时还应注意：

① 病人使用的厕所隔间的平面尺寸，不应小于1.10 m×1.40 m，门朝外开，门闩应能里外开启。

② 病人使用的坐式大便器的坐圈应采用“马蹄式”，蹲式大便器宜采用“下卧式”，大便器旁应装置助力拉手。

③ 厕所应设前室，并应设非手动开关的洗手盆。

④ 如采用室外厕所，宜用连廊与门诊、病房相接。

⑤ 门诊厕所按日门诊量计算，男女病人比例一般为6∶4。男厕所每120人设大便器1个，小便器2个；女厕所每75人设大便器1个。

⑥ 应设无障碍专用厕所。

⑦ 男女公共厕所各设一个无障碍隔间侧位。

⑧ 无障碍专用厕所和公共厕所的无障碍设施的设计要求应符合有关的无障碍设计规范。

⑨ 卫生间应设输液吊钩。

⑩ 轮椅通行门的净宽，自动门大于等于1.0 m，其余门大于等于0.8 m；乘轮椅者开启的推拉门和平开门，门把手一侧的墙面，应留有不小于0.5 m的墙面宽度；门槛高度及门内外地面高差不应大于15 mm，并应以斜面过渡。

(2) 厨房

厨房有住宅、公寓内每户的专用厨房和食堂、旅馆餐厅、饭店、饭馆等的公用厨房，公用厨房情况比较复杂，但其基本原理和设计方法与专用厨房的设计基本相同。

设计要求：

① 炊事设备的布置及尺寸要方便操作。

② 应有良好的采光和通风。

③ 有利于室内上、下水，采暖，煤气等管道的合理布置。

④ 布局位置合理，平面形状满足使用要求。

家用厨房内的主要设备有炉灶、橱柜、案桌、洗涤池等，设计厨房还要考虑贮藏问题，应尽量利用空间而少占面积，可设计吊柜、嵌墙碗柜、搁板等贮藏设施。单排布置设备的厨房净宽不应小于1.5 m，双排布置设备的厨房其两排设备净距不应小于1 m。厨房室内布置应符合操作流程，并保证必要的操作空间。厨房的布置形式有单排、双排、L形、U形、半岛形、岛形几种。

3. 交通联系部分的平面设计

一个建筑物的使用质量，不仅取决于符合功能要求的使用空间，而且在很大程度上还取决于交通联系部分的设计是否恰当，房屋建筑内部交通联系方式有三种：一是用作水平交通联系的，如走道、走廊等；二是用作垂直交通联系的，如楼梯、坡道、电梯等；三是作为交通枢纽的，如门厅、过厅、出入口等。

各种交通联系部分设计的主要要求如下。

(1) 走道

走道也称为走廊，用来联系同层房间、楼梯和门(过)厅，其净宽度不应小于 1.1 m。当走道两侧布置房间时，学校的走道宽度一般为 2.10～3.00 m，办公楼的走道宽度一般为 2.10～2.40 m。兼有其他用途的走道，其宽度可适当加大。当走道一侧布置房间时宽度可相应减少。

(2) 楼梯、电梯、自动扶梯

楼梯的形式通常采用平行双跑式。楼梯梯段的宽度，通常为 1100～1200 mm。楼梯平台的宽度，通常不应小于梯段的宽度。楼梯的数量主要根据楼层人数的多少和建筑防火要求来确定。通常情况下，每一幢公共建筑至少设两部楼梯。主楼梯应布置在主要出入口附近，做到明显易找；次楼梯常布置在次要出入口附近或朝向较差位置，但应注意楼梯间要有自然采光。

包含楼梯的空间称为楼梯间。楼梯间的形式，有开敞式、封闭式和防烟式三种。住宅一般采用封闭式楼梯间；公共建筑及宿舍一般采用敞开式楼梯间；高层建筑一般采用防烟式楼梯间。

随着城市多层及高层建筑的发展，电梯已成为不可缺少的垂直交通设施。高层建筑的垂直交通以电梯为主，其他有特殊功能要求的多层建筑，如大型宾馆、百货公司、医院等，除设置楼梯外，还需设置电梯，以解决垂直交通的需要。除此之外，层数为 7 层及 7 层以上住宅，6 层及 6 层以上办公建筑应设电梯。电梯按其使用性质可分为乘客电梯、载货电梯、客货两用电梯及杂物电梯等。

自动扶梯是一种连续运输人流的活动楼梯，一般用于有连续不断人流的大型公共建筑，如车站、百货公司等，借以组织人流疏散。其宽度通常为 600～1000 mm，坡度常用 30°。当运行的垂直方向升高速度为 28～38 m/min 时，每小时运送人数为 5000～6000 人。

(3) 门厅、过厅

门厅、过厅是建筑物主要出入口处的内外过渡、人流集散的交通枢纽。

此外，在一些建筑中，门厅兼有服务、等候、展览、陈列等功能。门厅面积大小，取决于建筑物的使用性质和规模大小，如中小学门厅面积为每人 0.06～0.08 m^2。门厅设计应做到导向性明确，避免人流交叉和干扰。此外，门厅还有空间组合和建筑造型方面的要求。过厅通常设置在走道之间或走道与楼梯间的连接处，它起交通路线的转折和过渡作用。有时为了改善走道的采光、通风条件，也可以在走道的中部设置过厅。

4. 建筑平面组合设计

(1) 平面组合的要求

① 合理的使用功能。按不同建筑物性质作功能分析图，明确主次、内外关系，分析人或物的流线与顺序，组成合理平面。

② 合理的结构体系。平面组合过程中，应尽量把开间、进深和高度相同或相近的房间组合在一起，加以协调统一，减少轴线参数，简化构件类型，方便施工。目前民间建筑常采用的结构形式有砖混结构、框架结构、空间结构等。

③ 合理的设备管线布置。最好将各种管线集中布置，设管道间，使用方便，室内环境不受管线影响。

④ 美观的建筑形象。平面设计时要为建筑体型与立面设计创造有利条件。

⑤ 与环境的有机结合。任何一栋建筑物都不是孤立存在的，要与周围环境很好地结合。

（2）平面组合的形式

平面组合是根据使用功能特点及交通路线的组织，将不同房间组合起来。平面组合一般有如下几种形式。

① 走道式组合。这种平面组合方式是在走道的一侧或两侧布置房间，它常用于单个房间面积不大、同类房间多次重复的平面组合，如办公楼、学校、宾馆、宿舍等建筑。

② 套间式组合。套间式组合是房间与房间之间相互穿套，按一定的序列组合空间，特点是减少走道，节约交通面积，平面布置紧凑，适合于展览馆、火车站等建筑。

③ 大厅式组合。大厅式组合是以公共活动的大厅为主，穿插依附布置辅助使用房间。这种组合方式适用于火车站、体育馆、剧院等建筑。

④ 单元式组合。将关系密切的房间组合在一起，成为一个相对独立的整体，称为单元。单元可沿水平或竖直重复组合成一幢建筑，如住宅、学校、幼儿园等建筑。

⑤ 混合式组合。混合式组合是在一幢建筑中采用两种或两种以上的平面组合方式，如门厅、展厅采用套间式，各活动室采用走道式，阶梯教室又采用大厅式。这种组合方式多用于有多种功能要求的建筑，如青少年活动中心等。

二、剖面设计

建筑剖面设计的具体内容包括确定建筑物的层数，决定建筑各部分在高度方向上的尺寸，进行建筑空间组合，处理室内空间并加以利用，分析建筑剖面中的结构、构造关系等。由于设计中有些问题需要平、立、剖面结合在一起才能解决，在剖面设计中还应同时考虑平面和立面设计，这样才能使设计更加完善、合理。

1. 房间的剖面形状与各部分高度

影响建筑剖面形状的主要因素有房间的使用要求，结构、材料和施工因素以及采光通风等因素。房间的剖面形状可分为矩形和非矩形两类。在普通民用建筑中，房间的剖面形状一般为矩形。

建筑各部分高度主要指房间净高与层高、窗台高度和室内外地面高差等，如图5-7所示。

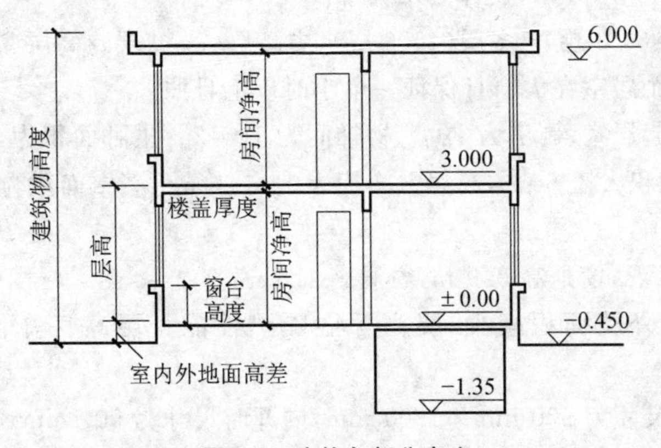

图5-7　建筑各部分高度

房间净高指房间的楼地面到结构层（梁、板）底面或顶棚下表面之间的距离；层高指该层的楼地面到上一层的楼地面之间的垂直距离。通常情况下，房间的高度是根据房间的使用性质、家具、设备、采光通风、楼层构造、建筑经济条件及室内空间比例等要求综合确定的。层高一般应是 100 mm 的倍数。普通住宅的层高宜为 2.8 m，教学楼的层高宜为 3.6～4.2 m。

窗台高度主要根据房间的使用要求，人体尺度和家具、设备的高度来确定。窗台高度一般为 900～1000 mm；幼儿园活动室的窗台高度常为 700 mm 左右；展览建筑中的展室，为沿墙布置展板，避免眩光，常设高窗。

为了防止室外雨水流入室内及室内防潮要求，底层室内地面应高于室外地面。室内外地面高差不低于 150 mm，常为 450～600 mm。

2. 建筑的层数

影响建筑的层数的因素主要有建筑的使用要求，基地环境与城市规划的要求，结构、材料与施工的要求，防火要求和经济条件要求等。

3. 建筑剖面的空间组合

一栋建筑物包括许多空间，它们的用途、面积和高度各有不同，在垂直方向上应当考虑各种不同高度房间合理的空间组合，以取得协调统一的效果。

建筑剖面的空间组合，主要是由建筑物中各类房间的高度和剖面形状、房屋的使用要求、结构布置特点等因素决定的。

三、建筑室内空间处理及空间利用

建筑室内空间处理涉及的内容主要有空间的形状与比例、空间的体量与尺度、空间的分隔与联系、空间的过渡等。

充分利用室内空间不仅可以增加使用面积、节约投资，而且可以改善室内空间比例、丰富室内空间的效果，一般处理手法有利用夹层空间、房间的上部空间、结构空间、楼梯和走道空间等。

房间设计一般考虑的因素包括使用要求、基本家具及设备尺度和活动尺度、人流路线和交通疏散要求、集数要求、艺术要求，具体要求如下。

① 住宅分类：低层（＜3 层）、多层（4～6 层）、中高层（7～9 层）、高层（＞10 层）。

② 每户至少有一个居室在大寒日保证一个小时以上日照。

③ 窗地比：卧室、起居室、厨房为 1∶7，楼梯间为 1∶12。主卧面积为 10～15 m^2，次卧面积为 6～12 m^2，单人卧面积大于 6 m^2，起居室面积为 12～25 m^2，餐室面积为 5 m^2。

④ 房间长宽比：1∶1.5。

⑤ 阳台门宽＞0.7 m，窗地高 0.9 m，窗洞高 1.5 m。

⑥ 降低层高可使外墙面积减少，提高保温隔热性能。层高每降低 0.1 m，造价降低 1％～3％。

⑦ 厕所门外开时尺寸为 900 mm×1200 mm，内开时尺寸为 900 mm×1400 mm。

⑧ 阳台栏杆高度：低层、多层＞1.05m，中高层＞1.1m。

⑨ 高级住宅和 19 层以上的普通住宅为一类住宅，10～18 层的普通住宅为二类住宅。

⑩ 防火分区：一类住宅＜1000 m^2，二类住宅＜1500 m^2，18 层以上的塔式住宅设两个安全出口。

⑪ 18 层及以下的建筑每层不超过 8 户，建筑面积不超过 650 m^2，且有一座防烟楼梯间和消防电梯的塔式住宅，可设一个安全出口。

⑫ 所有一类住宅和除单元式通廊式住宅，建筑高度超过 32 m 的二类建筑，以及塔式住宅均应设防烟楼梯间。

⑬ 防烟楼梯间入口、前室面积＞4.5 m^2，设乙级防火门，向疏散方向开启。

⑭ 单元式住宅楼梯通向楼顶，11 层及以下可不设封闭楼梯间，12～18 层设封闭楼梯间，19 层及以上设防烟楼梯间。

⑮ 通廊式住宅，11 层及以下设封闭楼梯间，11 层以上设防烟楼梯间。

⑯ 塔式住宅，12 层及以上的单元式、通廊式住宅应设消防电梯，消防电梯前室面积＞4.5 m^2，与防烟楼梯合用时面积＞6 m^2。10～11 层塔式住宅可只设一部消防电梯和一座防烟楼梯，12～18 层塔式住宅设两部电梯（其中一部为消防电梯）和一座防烟楼梯，超过 18 层设两部以上电梯和两座防烟楼梯。

⑰ 安全间距：40 m。长内廊高层设计方案：一字形、L 形、门形、Y 形和十字形。

四、建筑体型和立面设计

建筑体型和立面代表着一栋建筑物的外观形象。建筑体型和立面设计是整个建筑设计的重要组成部分，应和平、剖面设计同时进行，并贯穿于整个设计的始终。

建筑体型设计主要是确定建筑外观总的体量、形状、比例和尺度等，并针对不同类型建筑采用相应的体型组合方式；立面设计主要是对建筑体型的各个立面进行深入刻画和处理，使整个建筑形象趋于完善。

建筑体型和立面设计应遵循以下基本原则：反映建筑物功能要求和建筑个性特征；反映结构、材料与施工技术特点；适应一定社会经济条件；适应基地环境和城市规划的要求；符合建筑美学法则。

建筑体型和立面设计中遵循的美学法则，指建筑构图中的一些基本规律，如统一、稳定、对比、韵律、比例、尺度等，是人们在长期的建筑创作历史发展中的总结。

1）建筑体型设计

建筑体型基本上可归纳为两大类：单一体型和组合体型。单一体型是指整幢房屋基本上是一个比较完整的、简单的几何形体；组合体型是指由若干单一体型组合在一起的体型，常有对称的和不对称的两种组合方式，如图 5-8 所示。

建筑体型的转折与转角处理常用的手法有单一性体型等高处理、主附体相结合处理、以塔楼为重点的处理。

组合体型中各组成体间的连接方式主要有直接连接、咬接、以走廊或连接体连接，如图 5-9 所示。

2）建筑立面设计

建筑立面是由许多部件组成的，这些部件包括门窗、墙柱、阳台、遮阳板、雨篷、檐口、勒脚、

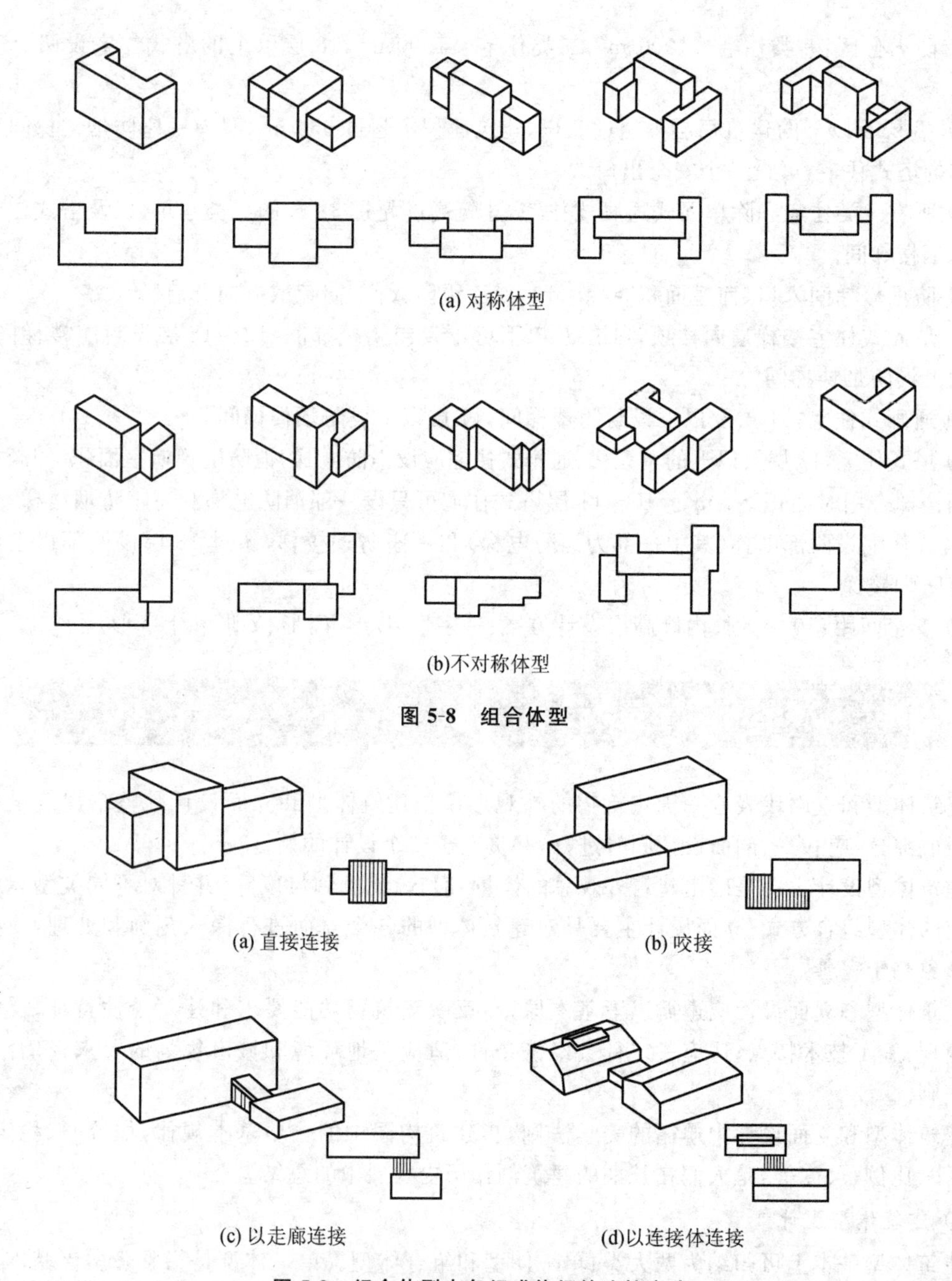

(a) 对称体型

(b)不对称体型

图 5-8 组合体型

(a) 直接连接

(b) 咬接

(c) 以走廊连接

(d)以连接体连接

图 5-9 组合体型中各组成体间的连接方式

花饰等。建筑立面设计就是恰当地确定这些部件的尺寸大小、比例关系、材料以及色彩等，并且通过形的变换、面的虚实对比、线的方向变化等，求得外形的统一与变化以及内部空间与外形的协调统一。

建筑立面设计中要注意以下几方面的处理。

(1) 立面的尺度和比例

建筑立面设计中合适的比例关系是立面设计成功的先决条件。恰当的尺度能反映出建筑的真实情况。

(2) 节奏感和虚实对比

节奏感和虚实对比是建筑立面设计的重要表现手法，通过构件或门窗有规律地排列和变化，可以体现出不同的韵律和节奏，使立面外观既不琐碎零乱，又不过于单调呆板。通常，可以结合房屋内部多个相同的使用空间，对窗户进行分组排列，在立面上反映室内使用空间的内容和分布情况。

(3) 立面线条的组织

任何线条都具有一种特殊的表现力和多种造型的功能。如竖向划分使建筑立面具有挺拔、严肃的特点，横向划分则会给人亲切、舒展、宁静的感觉，斜线具有动态的感觉，网格线有丰富的图案效果，给人生动、活泼而有秩序的感觉。

(4) 材料的质感和色彩搭配

色彩和质感都是材料的某种属性，合理地选择和搭配材料的质感和色彩，可使建筑立面更加丰富多彩。浅色使人感到清晰、宁静，暖色使人感到热烈、兴奋。光滑的表面使人感到轻巧，粗糙的表面使人感到厚重。

(5) 立面重点部位的细部处理

在立面处理中，对重点部位进行细部处理，可以突出主体、打破单调感，对建筑立面形象起到画龙点睛的作用。建筑物的重点部位包括主要出入口、台阶、檐口、窗洞、阳台、勒脚、雨篷等。

建筑设计是建筑平面、剖面、立面、体型、环境各方面有机结合、相互协调的结果。在建筑设计中应以开阔的思路、严谨的科学态度创造出功能适用、形象完美的建筑物。

一、名词解释

层高

净高

二、选择题

1. 一般房间主要的门宽度为(　　)。

A. 800 mm　　B. 900 mm　　C. 1200 mm　　D. 1500 mm

2. 民用建筑中，窗的位置和大小主要取决于(　　)的要求。

A. 采光通风　　B. 保温隔热　　C. 室内美观　　D. 环境和谐

3. 体育馆建筑平面较适宜采用(　　)的平面组合方式。

A. 走道式　　B. 大厅式　　C. 套间式　　D. 大空间灵活隔断

4. 单元式组合不适用于(　　)。

A. 宾馆　　B. 公寓　　C. 幼儿园　　D. 疗养院

5. 建筑各部分高度主要指房间净高与层高、窗台高度和(　　)。

A. 室内外地面高差　　B. 各房间高差　　C. 屋顶高差　　D. 墙面高差

6. 影响窗洞口面积的主要因素是(　　)。

A. 房间的使用面积　　B. 房间的高度　　C. 房间的进深　　D. 房间的形状

7.(　　)是建筑物主要出入口处的内外过渡、人流集散的交通枢纽。

A. 走廊、过道　　B. 楼梯　　C. 电梯　　D. 门厅、过厅

8. 建筑立面的虚实对比，经常利用(　　)及实墙与洞口的比例来实现。

A. 建筑色彩的深浅变化　　B. 门窗的排列组合

C. 装饰材料的粗糙与细腻　　D. 墙面的凸凹起伏

9. 下列建筑物的交通联系部分被称为建筑的交通枢纽空间的是(　　)。

A. 走廊、过道　　B. 楼梯　　C. 电梯　　D. 门厅、过厅

10. 自动扶梯属于(　　)交通系统。

A. 水平　　B. 垂直　　C. 混合　　D. 斜向

三、问答题

1. 建筑设计的依据有哪些？

2. 建筑剖面设计的内容有哪些？

3. 如何确定房间的门窗数量、大小、开启方向及具体位置？

4. 确定建筑物的层数时，应考虑哪些因素？

5. 辅助使用房间设计应考虑哪些问题？

6. 建筑中交通联系部分的作用是什么？包括哪些空间？

学习情境6

高层建筑

学习目标

通过本项目的学习，学生能够基本熟悉高层建筑的发展、高层建筑的特点、高层建筑的结构体系的特点以及高层建筑的垂直交通设计与防火构造，从而能对高层建筑在我国的发展趋势和发展特点有一个比较全面的了解，重点掌握高层建筑的结构体系的特点。

任务 1 高层建筑概述

高层建筑是经济发展到一定阶段，城市人口逐渐密集的条件下的产物。高层建筑不是一个很精密的概念，各国根据不同的国情有不同的规定，但多数国家和地区对高层建筑的界定多在10层以上。我国不同标准也有不同的定义，在我国的《民用建筑设计统一标准》(GB 50352—2019) 里将住宅建筑依层数进行划分：1～3 层为低层建筑，4～6 层为多层建筑，7～9 层为中高层建筑，10 层及以上为高层建筑；除住宅建筑外的高度不大于 24 m 的民用建筑为单层和多层建筑，大于 24 m 的为高层建筑(不包括建筑高度大于 24 m 的单层公共建筑)；超过 100 m 的民用建筑为超高层建筑。《高层建筑混凝土结构技术规程》(JGJ 3—2010) 规定：10 层及 10 层以上或高度超过 28 m 的钢筋混凝土结构称为高层建筑结构。

一、高层建筑的发展概况

在国外，高层建筑的发展已经有一百多年的历史了。1885 年，美国第一座根据现代钢框架结构原理建造起来的 11 层的芝加哥家庭保险公司大厦(home insurance building)，是近代高层建筑的开端。1931 年，纽约建造了著名的帝国大厦(empire state building)，地上建筑高 381 m，共 102 层。帝国大厦是一栋超高层的现代化办公大楼，它和自由女神像一起被称为纽约的标志，雄踞“世界最高建筑”的宝座达 40 年之久。

20 世纪 50 年代后，轻质高强材料的应用、新的抗风抗震结构体系的发展、电子计算机的推广以及新的施工方法的出现，使高层建筑得到了大规模的发展。1972 年，纽约建造了 110 层、高 402 m 的世界贸易中心大楼(world trade center twin tower)，该大楼由两座塔式摩天楼组成，可惜的是该大楼在“9・11”恐怖袭击中被毁。1973 年，在芝加哥又建造了当时世界上最高的希尔斯大厦(sears tower)，高 443 m，地上 110 层，地下 3 层，包括两个线塔则高达 527 m。

图 6-1 上海陆家嘴环球金融中心

我国现代高层建筑起源于 20 世纪初的上海，1934 年建成的上海国际饭店为地下 2 层、地上 22 层、高 83.8 m 的钢结构。20 世纪 50 年代，北京、广州等地建成一批 8～13 层的饭店、办公楼和大型公共建筑。1959 年建成的首都十大建筑中，包括 12 层的民族饭店(采用预制装配钢筋混凝土框架结构)和 13 层的民族文化宫(现浇框架结构)。随着改革开放，我国高层建筑如雨后春笋般在全国各地兴建起来，到 2008 年，我国共有高层建筑近 10 万幢，其中 100 m 以上的超高层建筑 1154 幢。2008 年

8月30日,492 m高的101层的上海陆家嘴环球金融中心(见图6-1)建成使用,这是当时国内已建成的高度最高的建筑物。当年11月29日,总高度达632 m的上海中心大厦正式破土动工,建成后将成为中国的第一高楼。

二、高层建筑的特点

高层建筑是建筑综合技术的产物,其发展不但需要能满足高层建筑需要的结构材料和结构体系的支持,而且也需要其他相适应的配套技术的发展。

高层建筑具有节约用地的优点,可以部分解决城市用地紧张和地价高涨的问题。在建筑容积率相同的情况下,建造高层建筑能够比多层建筑提供更多的空闲地面,这些空闲地面用作绿化和休息场地,有利于美化环境,并带来更充足的日照、采光、通风效果。但同时也要严格控制容积率,在城市建高层建筑时,应有足够的距离来保证周围的低层建筑的采光。

高层建筑的结构受力特点有别于中低层建筑,中低层建筑几乎不受水平荷载的影响,而高层建筑必须把水平荷载的影响作为重点设计课题。

高层建筑的供水和供暖系统与低层建筑很不相同。高层建筑层数多,为避免位于低楼层的管道中静水压力过大,高层建筑必须在垂直方向分成几个区,采用分区供水的系统,并在底层或地下室设置水泵房,用水泵将水送到建筑上部的水箱。当使用自动水压控制水泵时,每个区都按不同的压力供水,在各楼层的用户端,出水的压力基本和低层建筑相同。当采用热水供暖时,不能直接由常压锅炉供暖,必须设置热交换器。由热交换器输出的热水,也要按压力分区,对每一分区采用不同输出压力的循环水泵送热水,使用户端的管路和散热器都承受能安全使用的水压力。

为解决垂直交通问题,高层建筑必须安装运行可靠的电梯,电梯的输送能力要同使用人数相适应。另外,高层建筑的防火也有严格的要求,不但要配备必需的灭火器材,还需要有可靠的人员疏散通道,并有在电路中断后仍能正常使用的人流导向设施。

高层建筑虽然体现了繁荣、活力与发展,但也有许多弊病。许多高楼都是集宾馆、办公、购物中心、餐饮和娱乐于一体的综合建筑,在城市道路、水电、排污等基础设施尚不完善的情况下,会给市政带来巨大的压力。因此,必须科学合理地发展高层建筑。

任务2 高层建筑的结构选型

一、高层建筑的结构类型

高层建筑的结构类型繁多,以建筑材料分,可以分为砖石结构、钢筋混凝土结构、钢结构以及钢-钢筋混凝土组合结构等。

砖石结构在高层建筑中采用较少，因为砖石结构强度较低，尤其是抗拉性能和抗剪性能较差，难以抵抗高层建筑中因水平力作用引起的弯矩和剪力，在地震区一般不采用。我国最高的砖石结构为 9 层。

钢筋混凝土结构在高层建筑中发展迅速且应用广泛。与砖石结构相比较，钢筋混凝土结构强度高，抗震性能好，并具有良好的可塑性，而且建筑平面布置灵活。目前随着轻质、高强混凝土材料的问世，以及施工技术、施工设备的更新完善，钢筋混凝土结构已成为高层建筑的主导类型。

钢结构高层建筑在我国应用较晚，1985 年以后，在北京、上海、深圳等地才开始兴建，如上海锦江饭店，44 层，高 153 m，为八角形钢框架结构。钢结构自重轻、强度高、抗震性能好、安装方便、施工速度较快，并能适应大空间、多用途的各种建筑。采用钢结构建造的高层建筑在层数和高度上均大于钢筋混凝土结构。但钢结构也同时存在用钢量大、造价高等缺点，所以这种结构常用于钢材产量较丰富地区，且用于建造超高层建筑。在我国目前条件下，一般 30 层以上的高层建筑才采用钢结构。

钢-钢筋混凝土组合结构高层建筑吸取了以上结构的优点，把钢框架与钢筋混凝土筒体结合起来。施工时先安装一定层数的钢框架，利用钢框架承受施工荷载，然后，用钢筋混凝土把外围的钢框架浇灌成外框筒体来抵抗水平荷载。这种结构的施工速度与钢结构相近，但用钢量比钢结构少，耐火性较好。这种体系目前在国外应用较多，如美国休斯敦商业中心大厦，79 层，高 305 m。

二、高层建筑的结构体系

一般房屋在进行结构设计时，主要是根据竖向荷载来设计，而水平荷载是次要荷载，甚至有些低层建筑可以忽略不计。但高层建筑是要着重考虑水平荷载和竖向荷载组合影响的建筑物，因为竖向荷载主要引起结构中的竖向压力，而水平荷载引起的内力主要是弯矩和剪力。建筑物层数越高，承受的地震作用和风力越大。因此，水平荷载是必须要考虑的因素，要选用合理的结构体系来抵抗。

高层建筑的结构体系包括框架结构、剪力墙结构、框架-剪力墙结构、筒体结构等。

1. 框架结构

框架结构(见图 6-2) 由梁、柱构件通过节点连接构成，框架梁和框架柱既承受竖向荷载，又承受水平荷载。这种结构体系的优点是建筑平面布置灵活，可以布置较大的使用空间，因此在宾馆、写字楼等高层建筑中得到较多应用。框架结构的竖向和水平荷载都通过楼板传递给梁，由梁传递到柱，由柱传递到基础。框架结构的柱由于板所承受的荷载并不均匀，再加上水平荷载的作用，所以同时要承担弯矩，且弯矩的方向也是可变动的。由于框架结构中梁、柱构件的截面较小，而框架中的墙体全部为填充墙，只起分隔和围护作用，因此结构的整体刚度较小，抗震性能较差，这就限制了它的使用高度，所以框架结构一般不适宜超过 20 层或建筑高度超过 60 m 的高层建筑。

框架结构柱网的布置形式很多，可以供不同的建筑类型选用，如图 6-3 所示为几种典型建筑的柱网布置形式。

2. 剪力墙结构

在高层建筑中为了提高房屋结构的抗侧刚度，在其中设置的钢筋混凝土墙体称为剪力墙

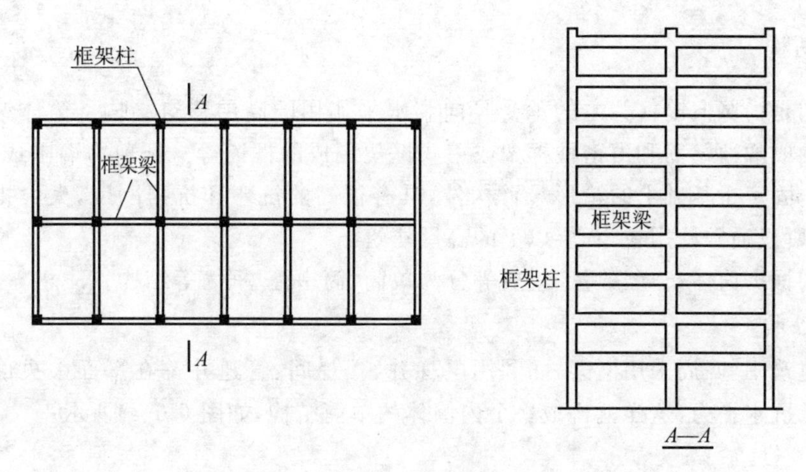

图 6-2　框架结构

（见图 6-4）。

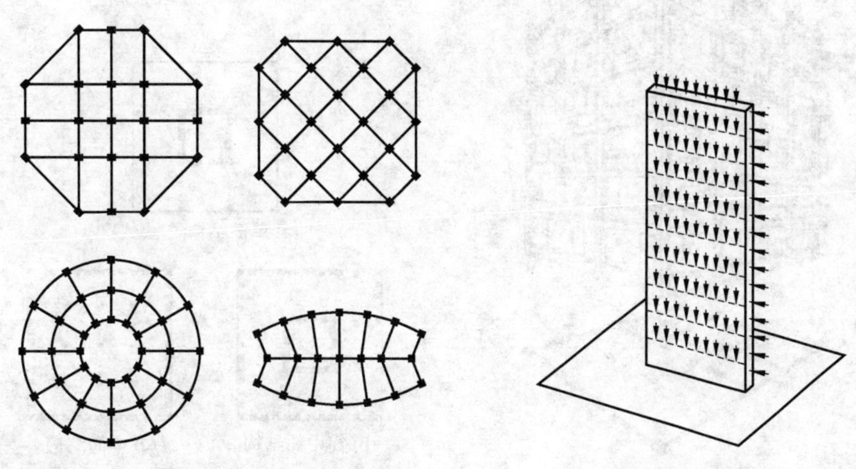

图 6-3　几种典型建筑的柱网布置形式　　　　图 6-4　剪力墙的受力示意图

房屋的竖向荷载由框架和剪力墙共同承担，而水平荷载主要由抗侧刚度较大的剪力墙承担。这种结构既具有框架结构布置灵活、使用方便的特点，又有较大的刚度和较强的抗震能力，因而广泛应用于高层办公建筑和旅馆建筑中。

3. 框架-剪力墙结构

框架-剪力墙结构是在框架结构中布置一定数量剪力墙的结构，简称框剪结构。框剪结构是由框架和剪力墙结构两种不同的抗侧力结构组成的新的受力形式，由于两种结构在水平荷载下的变形具有互补性，所以这种体系的受力性能较好。在剪力墙和框架协同工作的条件下，框剪结构的上部由框架来承担大部分水平力，下部则由剪力墙承担大部分水平力。在水平荷载作用下，底层的内力都是最大的，顶层的内力是最小的，所以说剪力墙承受了建筑物大部分的水平力。

框架结构能获得大空间的房屋，房间布置灵活，而剪力墙结构侧向刚度大，可减小侧移，因此框架-剪力墙结构既能灵活布置各种空间的房屋，又具有较大的侧向刚度。在我国，框剪结构广泛用于 15～30 层的高层建筑，如图 6-5 所示。

4. 筒体结构

筒体结构是由竖向筒体为主的承受竖向和水平作用的高层建筑结构。筒体结构的筒体是指由剪力墙围成的薄壁筒和由密柱框架或壁式框架围成的框筒等。把剪力墙围成筒形后，结构整体成为一个固定于基础上的箱形悬臂构件，具有很高的抗弯和抗扭刚度，大大提高了抗水平荷载的能力，所以通常使用在30层以上的高层建筑。

筒体结构根据筒体布置、数量、组成等分为单筒、筒中筒、框筒等结构。

1）单筒结构

在高层建筑中，四周采用框架，而利用电梯井、楼梯间、管道井等在平面中央部位形成一个筒体核心以抵抗水平力，这样就构成一个内筒体的单筒结构，如图6-6(a)所示。

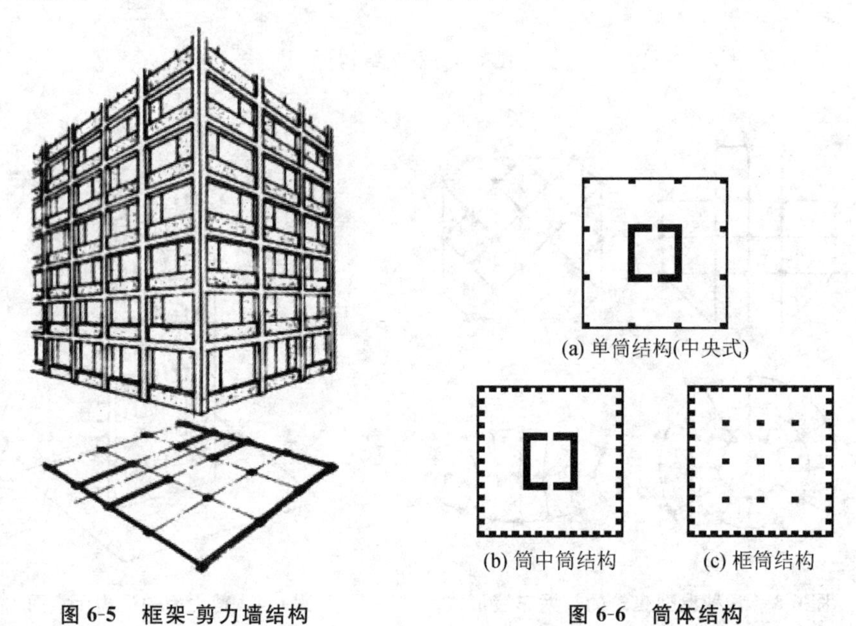

图6-5　框架-剪力墙结构

图6-6　筒体结构

2）筒中筒结构

筒中筒结构，如图6-6(b)所示，由外框筒和剪力墙围成的薄壁内筒组成。外框筒和内部薄壁筒在抵抗竖向荷载和水平荷载时共同发挥作用，因而，筒中筒结构的抗侧刚度大，抵抗倾覆弯矩和扭转力矩的能力强，抗震性能好。

3）框筒结构

框筒结构，如图6-6(c)所示，是采用刚性框架，沿建筑周边布置，围成的筒体。外框筒由密柱和深梁组成，主要承担水平荷载，内柱主要承受楼面竖向荷载。

5. 结构体系的混合应用

为合理利用基地，建筑商常常采用上部为住宅楼或办公楼，而下部开设商场的建筑形式。上部住宅楼和办公楼需要小开间，适合采用剪力墙结构，而下部的商场则需要大空间，适合采用框架结构，因此将这两种结构组合在一起，就形成了框支剪力墙结构，或者使用底层框剪结构。为完成这两种体系的转换，需在其交界位置设置巨型的转换大梁，将上部剪力墙的力传至下部柱子上。转换大梁一般高度较大,常接近于一个层高,因此就形成了结构转换层,也常作为设备层。这就是结构体系的混合,这种情况要特别注意结构转换层的应用。

在不同情况下,结构转换层可有以下三种形式。

① 上层和下层结构类型转换:多用于剪力墙结构和框架-剪力墙结构,它将上部剪力墙转换为下部的框架,以创造一个较大的内部自由空间。

② 上、下层的柱网、轴线改变:转换层上、下的结构形式没有改变,但是通过转换层使下层柱的柱距扩大,形成大柱网。这种形式常用于框筒结构,使其下层形成较大的入口。

③ 同时转换结构形式和结构轴线布置:把上部楼层剪力墙结构通过转换层改变为下部楼层框架的同时,柱网轴线也与上部楼层的轴线错开,形成上、下结构不对齐的布置。

当内部要形成大空间,包括结构类型转变和轴线转变时,转换层可采用梁式、桁架式、空腹桁架式、箱形和板式结构。目前,国内用得最多的是梁式转换层,它的设计和施工简单,受力明确,常用于底部大空间剪力墙结构。

任务 3 高层建筑的垂直交通设计与防火构造

一、高层建筑的垂直交通设计

随着城市发展的需要,城市用地越来越紧张,高层建筑已经成为近代城市发展的必然趋势。在高层建筑的设计中,如何解决好垂直交通问题,已成为建筑布局的关键。高层建筑的主要垂直交通工具是电梯,同时楼梯也是不可缺少的,一般由几部电梯组成一个电梯层,并与疏散楼梯结合在一起,形成一个交通中心。所以,电梯的正确选用及其在建筑物中的合理分布,将决定高层建筑的合理使用、提高效率和降低造价。

1. 电梯的类型和构成

电梯一般分为乘客电梯、卸货电梯和专用电梯等。不论何种电梯,通常是由轿厢(电梯厢)、平衡锤和起重设备三部分组成。轿厢供载人和卸货用,是工厂生产的定型产品。轿厢外设轿架,上面有四个导靴,是轿厢与导轨接触的部分,轿架上端用吊索与平衡锤相连。平衡锤由一些金属块叠合而成,起重设备包括动力、传动与控制三部分,如图 6-7 所示。

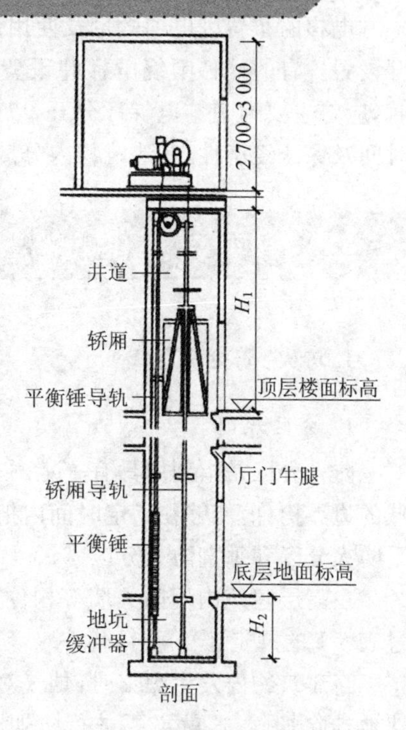

图 6-7 电梯组成示意

2. 电梯的设置

电梯是高层住宅中极为重要的机电设备之一，它是高层住宅的主要垂直交通工具。电梯设备不但费用昂贵(占建筑基建总投资的9%左右)，而且电梯交通系统的设计是否合理还将直接影响建筑的使用安全、经营服务质量以及经济效益，因此，对电梯必须给予足够的重视。

在电梯设计时应该从建筑物和交通设施的关系、建筑物内人员分布、楼内相互间的客流情况和客流高峰期间的电梯使用状况等角度来考虑，并反复进行电梯运输系统的交通计算，根据建筑物的功能及等级来评价，从而得出最佳的结果，确定所需电梯的台数、配置方式、服务方式以及电梯的额定荷载、额定速度和控制方式等。

根据实际调查，就运输能力来讲，高层办公楼一般一台电梯的有效服务面积为2500～4000 m^2，高层旅馆客用电梯一般一台电梯服务100～200间客房，高层住宅中的电梯按户数来考虑，即每台电梯所服务的户数。一般一台电梯每层服务8户左右，就一幢高层住宅楼来讲，一台电梯的服务面积为5000～6000 m^2，服务户数为60～80户。

3. 电梯与楼梯的布置关系

高层建筑中虽然设置了电梯，但是，楼梯并不能因此而省掉，而且其设置位置和数量要兼顾安全和方便两个方面。要注意每座楼梯的服务面积及两座楼梯间的距离，当电梯数量较少时，楼梯与电梯结合起来布置较好。当电梯数量较多时，宜分开布置，并有所隔离。当电梯厅设有多组电梯时，设计中应考虑人流的集中、等待与散开的需要。两组电梯间的净距一般为4.0～4.5 m。

电梯的布置因电梯数量及使用性质而异。当电梯数量较多时，应该将主要通道与电梯厅分开设置。有的楼梯围绕电梯井设置，有的电梯则布置在楼梯的对面或侧面。当电梯台数较多时，应将主要通道与电梯厅分开，以避免高峰运输时，乘梯人流产生拥挤现象。为缩短等电梯的时间及保证经济性，在建筑物内分散布置电梯不如在一个地方集中布置电梯有利。

二、高层建筑的防火构造

1. 防火、防烟分区

1）分区原则

防火分区是指利用具有一定耐火能力的防火分隔构件(防火墙、隔墙或楼板)，作为一个区域的边界构件，能够在一定时间内把火灾控制在限定范围内的基本空间。建筑防火分区分为水平防火分区和垂直防火分区。

在高层建筑内用防火墙等构件来划分防火分区，每个防火分区的最大允许建筑面积不应超过表6-1的规定。

当建筑物内发生火灾时，烟气对人产生的危害比火更严重。因此，在高层建筑中应有效、迅速地排除烟气，这就需要进行防烟、排烟分区。根据高层建筑防火规范的规定，应采用挡烟垂壁、隔墙或从顶棚下突出不小于0.50 m的挡烟梁等划分防烟分区，每个防烟分区的建筑面积不宜超过 500 m²，且不应跨越防火分区。高层建筑的排烟设施分为机械排烟和可开启外窗的自然排烟。比较理想的是设置烟塔，采用机械排烟的方式。

表 6-1　高层建筑每个防火分区的最大允许建筑面积

建筑类型		每个防火分区的建筑面积/m²		备注
		无自动灭火系统	有自动灭火系统	
一般建筑	一类建筑	1000	2000	一类电信楼可增加50%
	二类建筑	1500	3000	
	地下室	500	1000	
	裙房	2500	5000	裙房和主体必须有可靠的防火分隔
大型公共建筑	商业营业厅、展览厅	地上部分	4000	必须具备：① 设有自动喷水灭火系统；② 设有火灾自动报警系统；③ 采用非燃或难燃材料装修
		地下部分	2000	

2）防火分隔构件

对于高层建筑的防火分隔构件，规范中做了相应的规定：防火墙不宜设在 U 形、L 形等高层建筑的内转角处；紧靠防火墙两侧的门、窗、洞口之间最近边缘的水平距离不应小于 2 m；防火墙上不应开设门、窗、洞口；输送可燃气体和甲、乙、丙类液体的管道，严禁穿过防火墙；其他管道不宜穿过防火墙，当必须穿过时，应采用不燃烧材料将其周围的空隙填塞密实；高层建筑内的隔墙应砌至梁板底部，且不宜留有缝隙；有管道穿过隔墙、楼板时，应采用不燃烧材料将其周围的缝隙填塞密实。

2. 安全疏散

设计安全疏散设施（主要是疏散楼梯、公共走廊和门厅等）时，应根据建筑物的用途、容纳人数、面积大小和人在火灾时的心理状态等情况，合理布置安全疏散设施及确定有关尺寸。在设计时，主要考虑以下几个问题。

① 合理布置疏散路线。

② 合理布置疏散楼梯或电梯。

③ 设置避难层或避难间。

④ 走廊的宽度及采光要求应符合防火规范。

⑤ 合理设置安全出口。

3. 直升机停机坪

当高层建筑的建筑高度超过 100 m，且标准层的建筑面积超过 1000 m² 时，宜设置屋顶直升机停机坪或供直升机救助的设施，这样可以保障楼内人员安全撤离，争取外部援助。停机坪的平面形状可以是圆形、方形或矩形，其大小应该不小于直升机的尺寸。设在屋顶平台上的停机坪，距设备机房、电梯机房、水箱间、共用天线等突出物的距离，不应小于 5 m。通向停机坪的出口不应少于两个，每个出口宽度不宜小于 0.9 m。在停机坪的适当位置应设置消火栓。停机坪四周应设置航空障碍灯，并应设置应急照明。

1.我国对高层建筑结构是如何定义的?

2.高层建筑结构有何受力特点?

3.高层建筑的主要结构体系包括哪些?

4.框架结构和筒体结构的结构平面布置有什么区别?

5.试简单介绍你所了解的世界著名超高层建筑。

学习情境 7

单层厂房构造

学习目标

了解工业建筑的特点及分类；熟悉单层厂房的结构类型及主要结构构件，外墙、基础梁等构造，不同种类天窗的作用与特点；掌握单层厂房的柱网尺寸和定位轴线的标定方法，屋面的组成及特点，侧窗的作用、种类以及细部构造，大门的类型及特点，地面的要求及常用地面的构造做法。

任务 1 单层厂房的构造组成

一、工业建筑概述

工业建筑是各种不同类型的工厂为工业生产需要而建造的各种不同用途的建筑物、构筑物的总称。直接用于工业生产的建筑物称为工业厂房，是产品生产及工人操作的场所。此外，还有作为生产辅助设施的构筑物，如烟囱、水塔、冷却塔、各种管道支架等。工业建筑也和民用建筑一样，要体现适用、安全、经济、美观的建筑方针。

1. 工业建筑的特点

由于生产工艺复杂、生产环境要求多样，与民用建筑相比，工业建筑在设计配合、使用要求、室内通风与采光、屋面排水及构造等方面具有以下特点：

① 工业厂房的生产工艺布置决定了厂房建筑平面的布置和形状。

② 工业厂房内部空间大，柱网尺寸大，结构承载力大。

③ 工业厂房屋顶面积大，构造复杂。

④ 工业厂房需满足生产工艺的某些特殊要求。

2. 工业建筑的分类

现代工业企业由于生产任务、生产工艺的不同而种类繁多。工业建筑从不同的角度可以进行各种分类。

（1）按厂房用途分

工业建筑按厂房用途可分为主要生产厂房、辅助生产厂房、后勤管理用房等。

（2）按厂房内部生产环境分

工业建筑按厂房内部生产环境可分为热加工车间、冷加工车间、有侵蚀性介质作用的车间、恒温恒湿车间、洁净车间等类型。

（3）按厂房的层数分

工业建筑按厂房的层数可分为单层厂房、多层及高层厂房、组合式厂房等类型。

单层厂房主要适用于一些生产设备或振动比较大，原材料或产品比较重的机械、冶金等重工业厂房。单层厂房可以是单跨，也可以是多跨（见图 7-1）。

多层厂房主要适用于垂直方向组织生产及工艺流程的生产车间以及设备和产品均较轻的车间，如面粉加工、轻纺、电子、仪表等生产厂房。多、高层厂房占地面积少、建筑面积大、造型美观，应予以提倡。

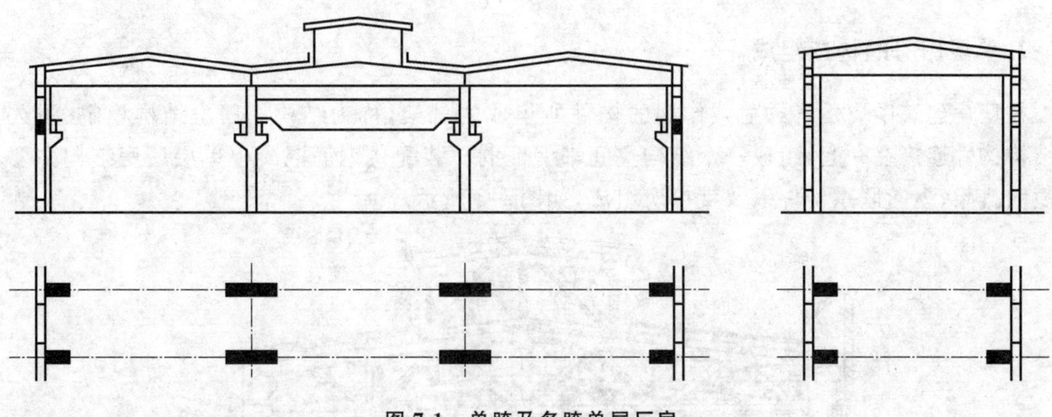

图 7-1 单跨及多跨单层厂房

(4) 按厂房承重结构的材料分

工业建筑按厂房承重结构的材料可分为砖石结构、钢筋混凝土结构、钢结构以及组合结构等类型。

二、单层厂房的结构类型与构造组成

1. 单层厂房的结构类型

(1) 按承重结构的材料分

单层厂房结构按其承重结构的材料分,有混合结构、钢筋混凝土结构和钢结构等类型。混合结构由墙或带壁柱墙承重,屋架用钢筋混凝土、钢木结构或轻钢结构,适用于吊车起重量小于10 t、跨度15 m以内的小型厂房。大、中型厂房多采用钢筋混凝土结构。

(2) 按承重结构的形式分

单层厂房结构按其主要承重结构的形式分,有排架结构和刚架结构两种。

排架结构是单层厂房中应用比较普遍的结构形式,除用于一般单层厂房外,还用于跨度和高度均大,且有较大吨位的吊车或有较大振动荷载的大型厂房,如图7-2所示。

钢筋混凝土门式刚架的基本特点是柱和屋架(横梁)合并为同一个构件,柱与基础的连接多为铰接。它用于屋盖较轻的无桥式吊车或吊车吨位较小、跨度和高度亦不大的中小型厂房。

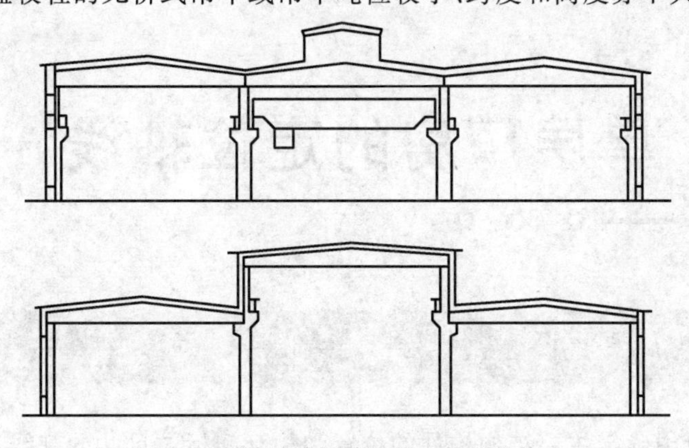

图 7-2 装配式钢筋混凝土排架结构

2. 单层厂房的构造组成

在厂房建筑中支承各种荷载作用的构件所组成的骨架，称为结构。厂房结构稳定、耐久是靠结构构件连接在一起，组成一个结构空间来保证的。装配式钢筋混凝土单层厂房结构主要是由横向排架、纵向联系构件以及支撑所组成，如图 7-3 所示。

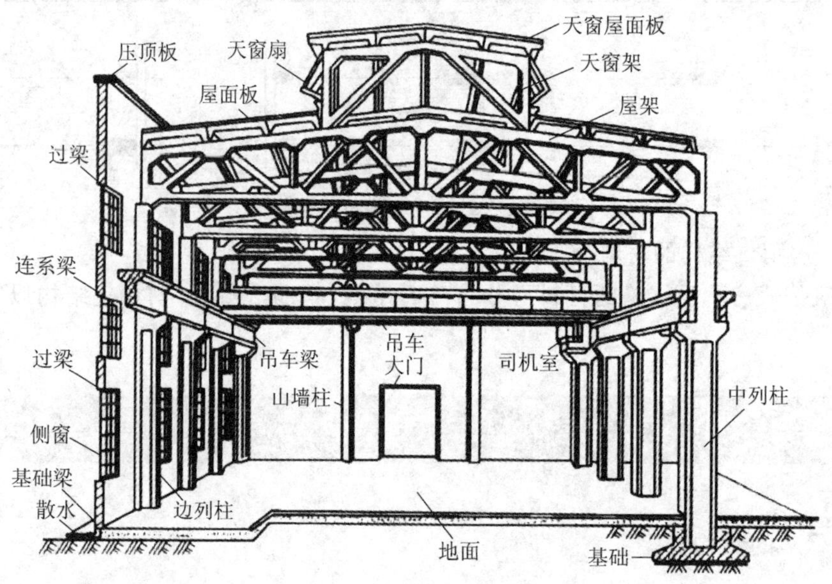

图 7-3　单层厂房的组成

横向排架包括屋架或屋面梁、柱和柱基础。横向排架的特点是把屋架或屋面梁视为刚度很大的横梁，它与柱的连接为铰接，柱与基础的连接为刚接。横向排架的作用主要是承受屋盖、天窗、外墙及吊车梁等荷载作用。

纵向联系构件包括吊车梁、基础梁、连系梁、圈梁、大型屋面板等，这些构件的作用是联系横向排架并保证横向排架的稳定性，形成厂房的整个骨架结构系统，并将作用在山墙上的风力和吊车纵向制动力传给柱子。

支撑系统包括屋盖支撑和柱间支撑两大类，它的作用是保证厂房的整体性和稳定性。

单层厂房除骨架之外，还有外围护结构，包括厂房四周的外墙、抗风柱等，主要起围护或分隔作用。

任务 2　单层厂房的定位轴线

一、柱网

定位轴线是建筑中确定主要结构构件的位置和相互间标志尺寸的基线，也是建筑施工放线和设备安装的依据。柱子纵横两个方向的定位轴线在平面上形成的网格即为柱网。工业厂房的柱网尺寸由柱距(横向定位轴线间的尺寸)和跨度(纵向定位轴线间的尺寸)组成。

影响厂房跨度的因素主要是屋架和吊车的跨度,影响柱距的因素主要是吊车梁、连系梁、屋面板及墙板等构件的尺寸。柱网尺寸的选择与生产工艺、建筑结构、材料等因素密切相关,并应符合《厂房建筑模数协调标准》(GB/T 50006—2010)中的规定(见图7-4)。柱距应符合60 M扩大模数,常为6 m,有时也为12 m;跨度在18 m以下时应采用30 M扩大模数;跨度在18 m以上时应采用60 M扩大模数,常为9 m、12 m、15 m、18 m、24 m、30 m、36 m等。厂房山墙处抗风柱柱距宜采用扩大模数15 M数列。

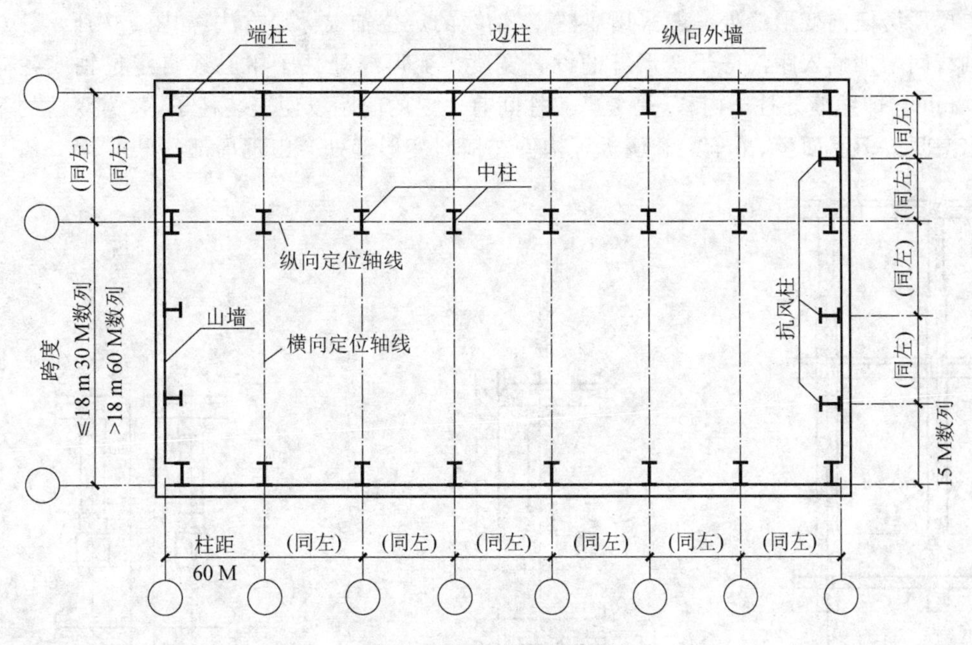

图7-4　厂房柱网示意图

单层厂房定位轴线的标定应使结构合理、构造简单,能够减少建筑构件的类型和规格,增加其通用性和互换性,扩大预制装配化程度,提高厂房建筑的工业化水平。轴线的标定位置通常由厂房的主要结构构件的布置情况确定。横向定位轴线一般通过屋面板、基础梁、吊车梁及纵向构件标志尺寸端部的位置,其间尺寸即为纵向构件的标志尺寸。纵向定位轴线一般通过屋架或屋面大梁等横向构件标志尺寸端部的位置,其间尺寸即为横向构件的标志尺寸。以下介绍钢筋混凝土排架结构单层厂房中常见情况下柱与定位轴线的关系。

二、横向定位轴线

横向定位轴线主要用来标定屋面板、吊车梁、外墙板和纵向支撑等纵向构件的标准尺寸长度。

1. 中间柱与横向定位轴线的联系

厂房中间柱的横向定位轴线一般与中柱中心线和屋架中心线重合,如图7-5所示。

2. 山墙与横向定位轴线的联系

当山墙为砌体承重墙时，横向定位轴线可设在墙体中心线或距墙体内缘为墙材块体半块长或半块长倍数的位置上。当山墙为非承重墙时，山墙处的横向定位轴线一般与墙体内缘重合，端部柱的中心线向内移 600 mm，这样可以避免抗风柱与端部屋架发生矛盾，保证山墙抗风柱能通至屋架上弦，使抗风柱与屋架正常连接，将山墙的水平风荷载传至屋面和排架柱，如图 7-6 所示。

3. 横向变形缝处柱与横向定位轴线的联系

单层厂房横向变形缝处一般采用双柱、双轴线的定位轴线标定方法，如图 7-7 所示。双横向定位轴线间增加插入距离等于变形缝的设置宽度。变形缝处柱子中心线自定位轴线各向两侧移 600 mm。伸缩缝处柱子内移，是考虑双柱间有一定的间距以便安装柱子，并为双柱的基础设置留出空间。但屋面板、吊车梁和墙板等构件在横向变形缝处会出现局部的悬挑。

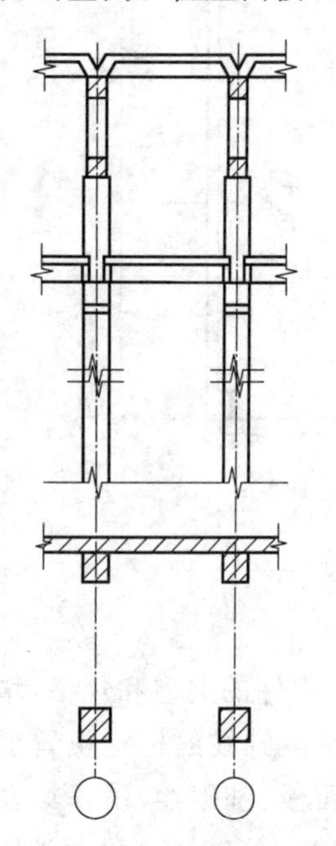

图 7-5　中间柱与横向定位轴线的联系图

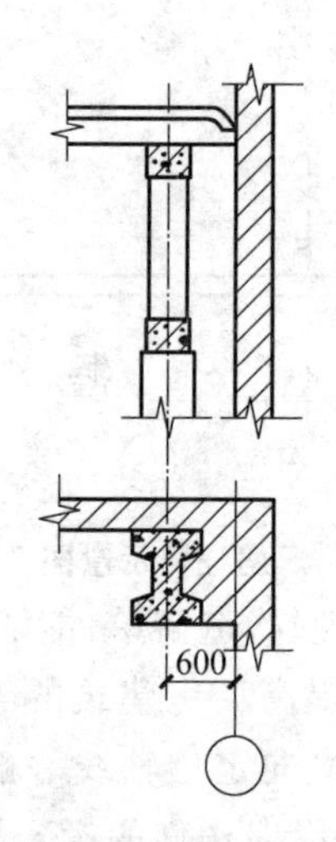

图 7-6　非承重山墙与横向定位轴线的联系图

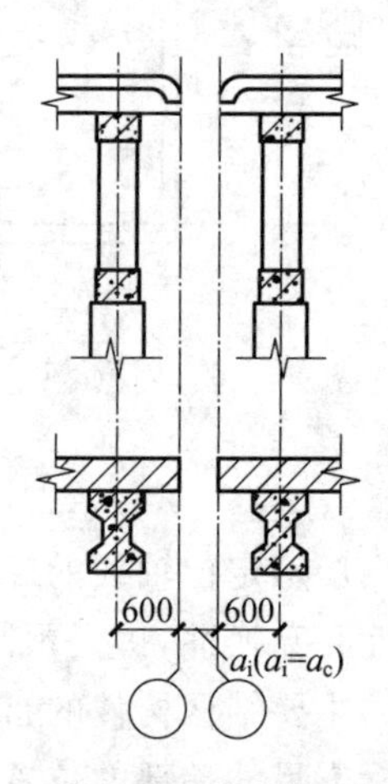

图 7-7　横向变形缝处柱与横向定位轴线的联系图

三、纵向定位轴线

厂房两纵向定位轴线间的距离代表厂房的跨度，是屋架的标志跨度。

1. 外墙、边柱与纵向定位轴线的联系

外墙、边柱与纵向定位轴线的联系受吊车型号、起重量、厂房高度等参数影响，如图 7-8 所示。在有吊车的厂房中，为使吊车与结构规格相协调，有如下关系：

$$S = L - 2e \tag{7-1}$$

式中：L——纵向定位轴线间的距离（厂房跨度），m；

S——吊车跨度（吊车轮距），m；

e——厂房纵向定位轴线至吊车轨道中心线的距离（一般取 0.75 m，当吊车起重量大于 50 t 或有构造要求时，取 1 m），m。

如图 7-9 所示，对普通起重吊车，为保证吊车的安全运行，应有

$$e-(B+h)\geqslant K \tag{7-2}$$

式中：B——吊车侧方尺寸，m；

h——厂房柱上柱截面高度，m；

K——为保证吊车安全运行的安全空隙（其大小根据吊车起重量和安全要求确定），m。

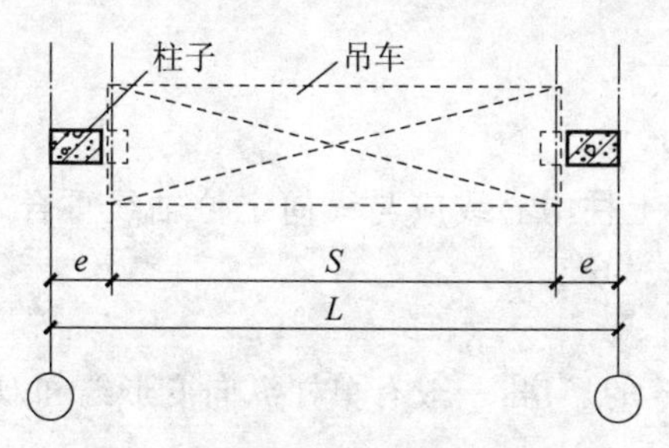

图 7-8　吊车跨度与厂房跨度的关系

L—厂房跨度；S—吊车跨度；

e—厂房纵向定位轴线至吊车轨道中心线的距离

外墙、边柱与纵向定位轴线的联系，可分为封闭式结合和非封闭式结合（见图 7-10）。

1）封闭式结合

封闭式结合的纵向定位轴线与柱外缘和墙内缘重合，屋架和屋面板紧靠外墙内缘，如图 7-10(a)所示。封闭式结合适用于无吊车或只有悬挂式吊车及吊车起重量小于 20 t、柱距为 6 m 的厂房。这种结合方式的屋面板与外墙间没有空隙，不需要设置填补空隙的补充构件，构造简单，施工方便，吊车荷载对柱的偏心距较小。

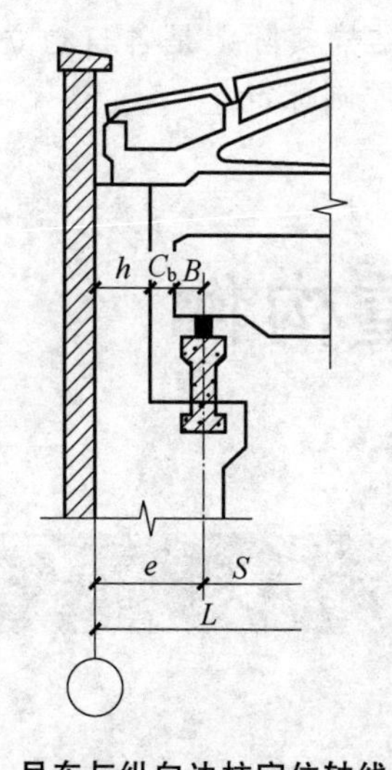

图 7-9　吊车与纵向边柱定位轴线的关系

h—厂房柱上柱截面高度；B—吊车侧方尺寸；C_b—吊车侧方间隙

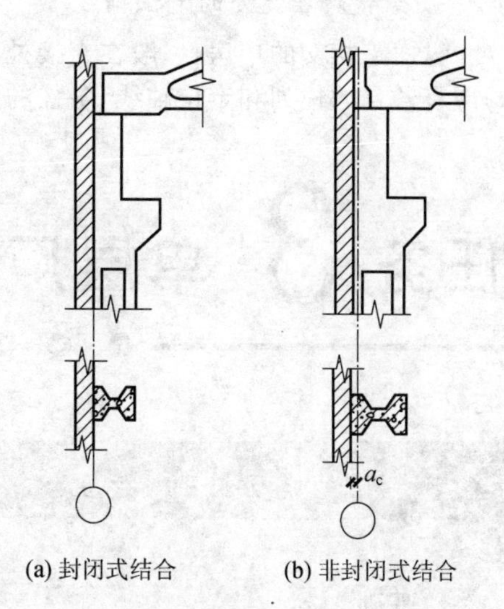

图 7-10　外墙、边柱与纵向定位轴线的联系

2）非封闭式结合

非封闭式结合的纵向定位轴线与柱子外缘有一定距离并使屋面板与墙内缘也有一定的空隙，如图 7-10(b)所示。距离 a_c 称为联系尺寸，可以用来调整吊车安全空隙，保证吊车的安全运行。联系尺寸 a_c 应符合 3 M 扩大模数。

在非封闭式结合中，须注意保证屋架等在柱上应有的支撑长度。支撑长度不能保证时，则应在柱头伸出牛腿以保证制作长度。

2. 中柱与纵向定位轴线的联系

中柱处的纵向定位轴线的标定与相邻跨厂房高度的关系、纵向变形缝的设置及吊车起重量等因素有关。

1）等高跨中柱

(1) 无变形缝等高跨中柱

无变形缝等高跨中柱，其上柱中心线应与纵向定位轴线重合，即等高跨两侧屋架或屋面梁等的标志跨度皆以上柱中心线为准。

(2) 设变形缝等高跨中柱

对有必要设置纵向变形缝的厂房，一般有单柱纵向变形缝和双柱纵向变形缝。

2）不等高跨中柱

两不等高跨中柱与纵向定位轴线的联系，一般以高跨为主，应结合吊车起重量和结构类型等选择标定方法。

(1) 无变形缝不等高跨中柱

无变形缝不等高跨中柱多为单柱。

(2) 设变形缝不等高跨中柱

一般情况下，不等高厂房在高低跨处的变形缝可用单柱处理，采用两根纵向定位轴线。若变形缝宽度为 a_e，则两纵向定位轴线间的插入距 $a_i=a_e$；若需设置联系尺寸 a_c，则有 $a_i=a_e+a_c$；当高低跨两屋架端部之间设有厚度为 t 的封墙时，纵向定位轴线的插入距 $a_i=a_e+a_c+t$。

3）纵横跨相交处的定位轴线

纵横跨相交的厂房，一般在交接处设置变形缝，两侧结构实际上是各自独立的体系。纵横跨应有各自的柱列和定位轴线，各柱的定位轴线按前述各原则标定。

任务 3 单层厂房的承重构件

一、基础与基础梁

1. 基础

单层厂房采用什么类型的基础，主要取决于上部结构荷载的大小和性质以及工程地质条件等，一般情况下采用独立的杯形基础。在基础的底部铺设混凝土垫层，厚度为100 mm。图7-11所示为现浇柱下独立基础，图7-12所示为预制柱下杯形基础。

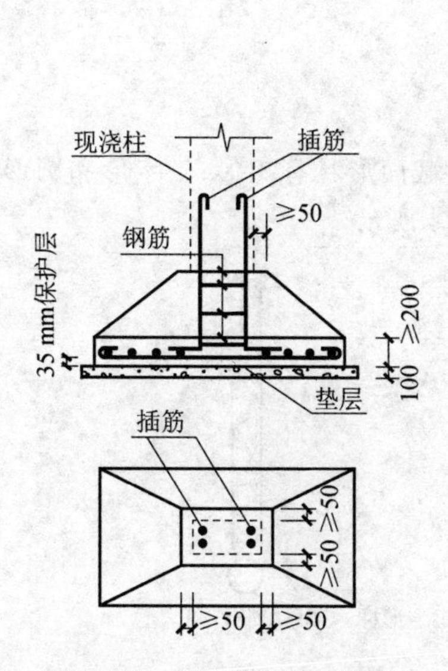

图7-11　现浇柱下独立基础

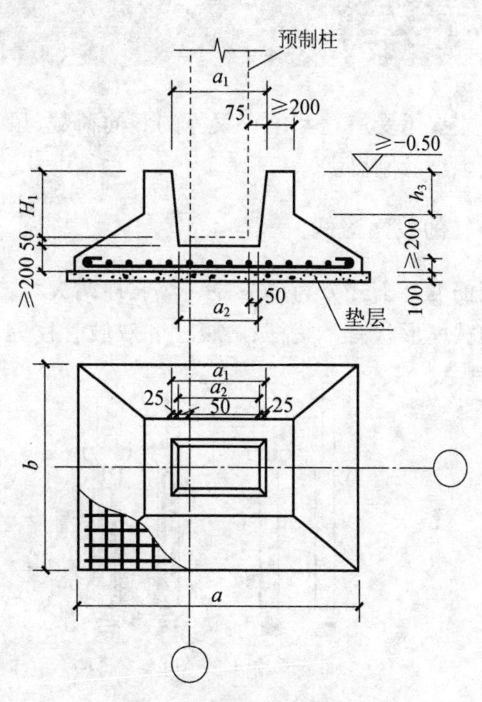

图7-12　预制柱下杯形基础

2. 基础梁

当厂房采用钢筋混凝土排架结构时，由于墙与柱所承担荷载的差异大，为防止基础产生不均匀沉降，一般将外墙或内墙砌筑在基础梁上，基础梁两端搁置在柱基础的杯口上，如图7-13所示。

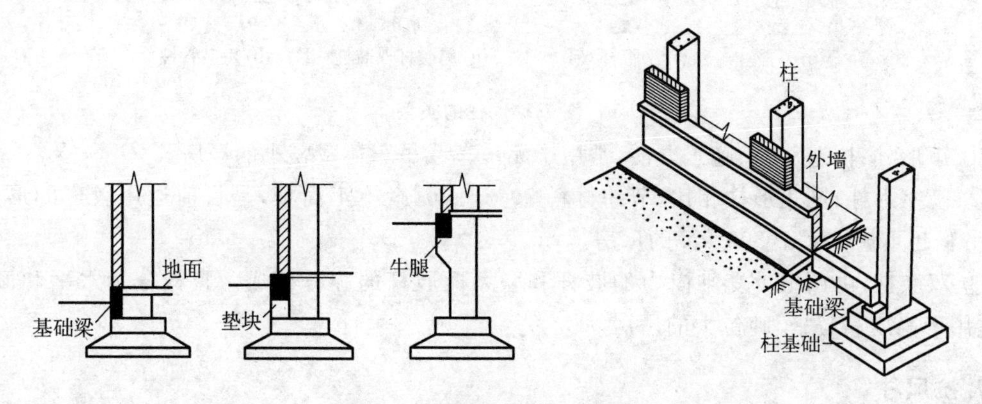

图7-13　基础梁与基础的连接

基础梁顶高比室内地面低50～100 mm，以便门洞口处的地面做面层保护基础梁；也应比室外地面高100～150 mm，以利于墙身防潮并做散水。基础梁下面的回填土一般不需夯实，应留有不小于100 mm的空隙，以利于基础梁随柱基础一起沉降，并避免在寒冷地区土壤冻胀引起基础梁反拱开裂。寒冷地区基础梁处的热桥效应会散失室内热量并影响基础梁使用，为此应在基

础梁下面及两侧铺设松散材料。

二、柱

柱主要承受屋盖和吊车梁等的竖向荷载、风及吊车梁产生的纵向和横向水平荷载，因此，柱应满足强度及刚度要求。

1. 柱的截面形式

钢筋混凝土柱分为单肢柱和双肢柱两大类，单肢柱的截面形状有矩形、工字形和圆形等，双肢柱的截面形状有平腹杆、斜腹杆和双肢管柱等，如图 7-14 所示。

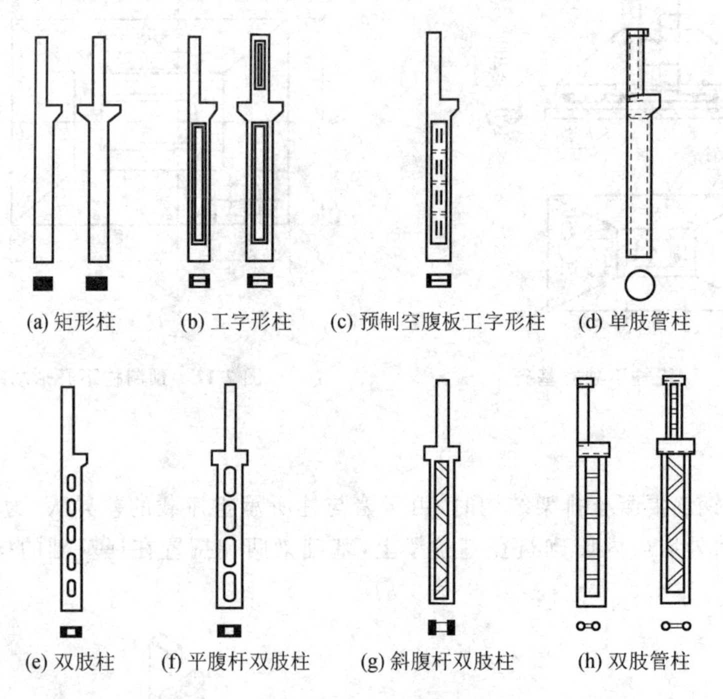

图 7-14　柱的类型

① 矩形柱：构造简单、施工方便，常用于无吊车或吊车荷载较小的厂房。

② 工字形柱：同矩形柱相比，节约材料 30%～40%，施工简单，是目前运用较广的形式，适用于吊车起重量不大于 300 kN 的厂房。

③ 双肢柱：由两根承受轴向力的肢杆和联系两肢杆的腹杆组成。腹杆分为水平和倾斜两种，适用于高度高、吊车吨位大的厂房。

2. 抗风柱

单层厂房的山墙，由于面积大，所受到的风荷载也很大，因此要在山墙处设置抗风柱来承受风荷载。抗风柱把一部分风荷载传给柱基础，另一部分传给屋架，通过屋盖系统传到厂房纵向柱列上去。抗风柱与屋架的连接一般采用弹簧板做成柔性连接，既确保能有效地传递水平方向的风荷载，又允许屋架和抗风柱因下沉不均匀而在竖向有相对位移。

三、屋盖

屋盖起围护和承重作用，它包括两部分：① 覆盖构件，如屋面板或檩条、瓦等；② 承重构件，如屋架或屋面梁。

屋盖结构形式大致可分为有檩结构和无檩结构两种，如图 7-15 所示。

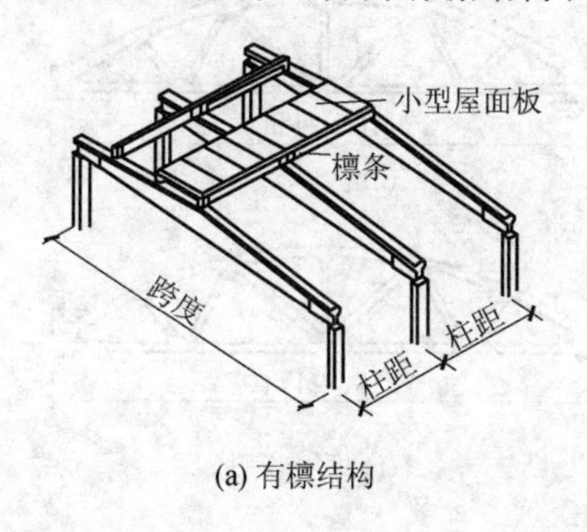

(a) 有檩结构

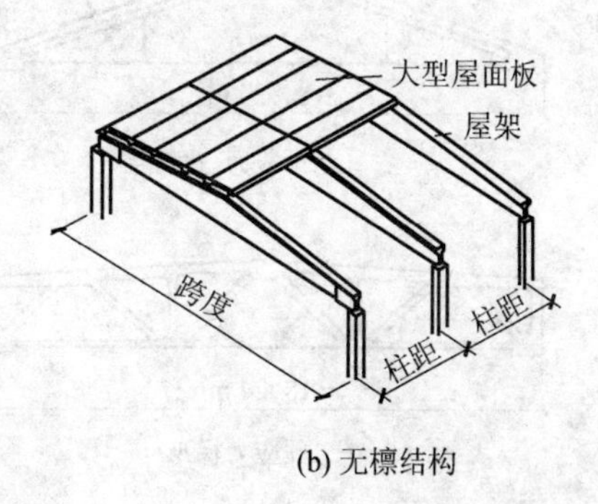

(b) 无檩结构

图 7-15　屋盖结构形式

1. 屋盖的承重结构

屋盖的承重结构包括屋面梁和屋架。屋面梁和屋架直接承受天窗、屋面、安装于其上的顶棚、悬挂式吊车和管道，以及工艺设备等的重量。屋面梁、屋架和柱、屋面构件连接起来，使厂房组成一个整体空间结构，对保证厂房空间刚度起着很大的作用。

1）钢筋混凝土屋面梁

屋面梁根据跨度大小与排水方式的不同，可做成单坡或双坡，梁的截面形式多为工形，梁的两端支座部分加厚，以加强腹板的刚度和支座的稳定性。屋面梁高度小、重心低、稳定性好，安装、施工简便，但自重大，不宜用于跨度较大的厂房。

2）钢筋混凝土屋架

当厂房跨度较大时，采用屋架较为经济。按其外形，屋架可分为三角形、梯形、拱形和折线形等多种形式，如图 7-16 所示；按制作方法，屋架可分为普通钢筋混凝土屋架和预应力钢筋混凝土屋架。其中，折线形屋架是在拱形屋架加小墩的基础上演变而成的，基本上保持了拱形屋架外形合理的特点，又改善了屋顶坡度，且用料省、施工方便，是目前广泛采用的屋架形式。

2. 屋盖的覆盖构件

1）预应力混凝土屋面板

(1) 大型屋面板

大型屋面板是工业厂房中应用最广泛的一种屋面板，常用的屋面板尺寸为 1.5 m×6 m。这种屋面板刚度较好，适用于大、中型厂房或振动较大的厂房。大型屋面板与屋架的连接是通过屋面板肋部底面的预埋铁件与屋架上的预埋铁件进行焊接完成的，板与板间的缝隙用不低于 C15 的细石混凝土填实。

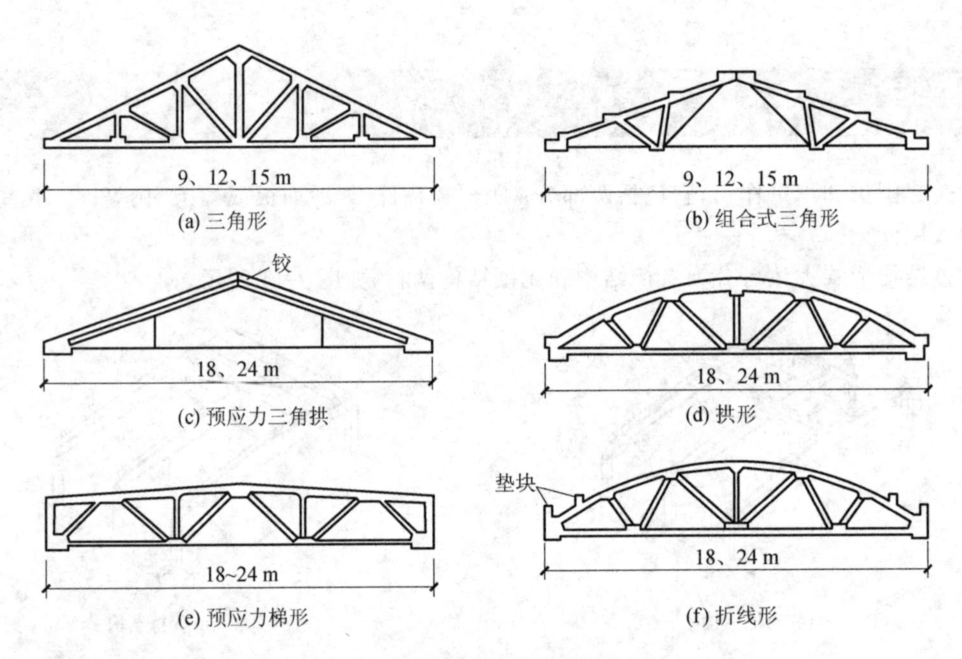

图 7-16　常见的钢筋混凝土屋架形式

(2) F 形屋面板

F 形屋面板的纵部呈 F 形，利用屋面板的挑板搭盖住前边的屋面板，这种屋面板适用于无保温的厂房或辅助厂房。这是一种自防水型屋顶覆盖结构，屋面板的三个周边设有挡水翻口，屋面板之间的纵向板缝采用挑檐搭接方法，横向板缝另用盖瓦盖缝，屋脊处用脊瓦盖缝。

另外，屋面板还有填补较窄空档的窄屋面板（嵌板）、自由落水的檐口板、有组织排水的屋面天沟部位的天沟板。

2) 檩条与小型屋面板或槽瓦

在有檩结构屋面中，檩条支撑槽瓦或小型屋面板，并将屋面荷载传递给屋架，檩条和屋架上弦焊接。钢筋混凝土檩条分为预应力和非预应力两种，其常用的断面形式有 T 形和 L 形，如图 7-17 所示。

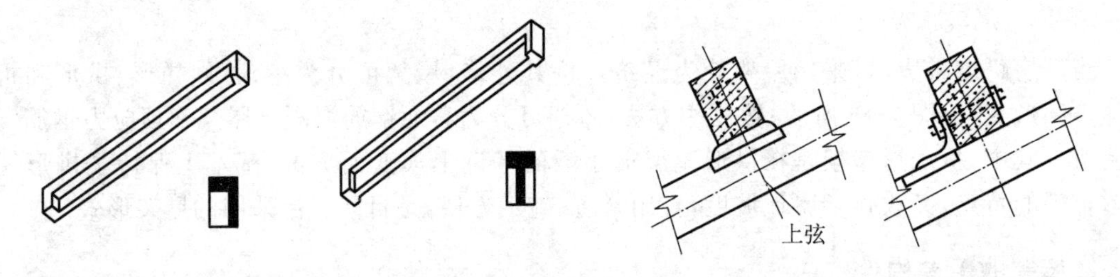

图 7-17　檩条及檩条与屋架的连接

四、吊车梁、连系梁和圈梁

1. 吊车梁

当厂房有桥式或梁式吊车时，需在柱的牛腿上设置吊车梁，吊车在吊车梁上铺设的轨道上运行。吊车梁直接承受吊车重量及运行和制动时产生的各种往复荷载，所以要求吊车梁满足强度、抗裂度、刚度、疲劳强度的要求。

1）吊车梁的类型

吊车梁按截面形式可分为等截面的T形、工字形吊车梁和变截面的鱼腹式吊车梁等，如图7-18所示。T形、工字形吊车梁顶部翼缘较宽，以增加承压面积、提高横向刚度和便于安装吊车轨道，梁的腹板较薄，在支座处应加厚，以利抗剪；鱼腹式吊车梁是将梁的腹梁制成抛物线形（鱼腹形），以符合梁的受力特点，充分发挥材料强度、节约材料和减轻自重，但制作较复杂，适用于柱距大、吊车荷载大的厂房。

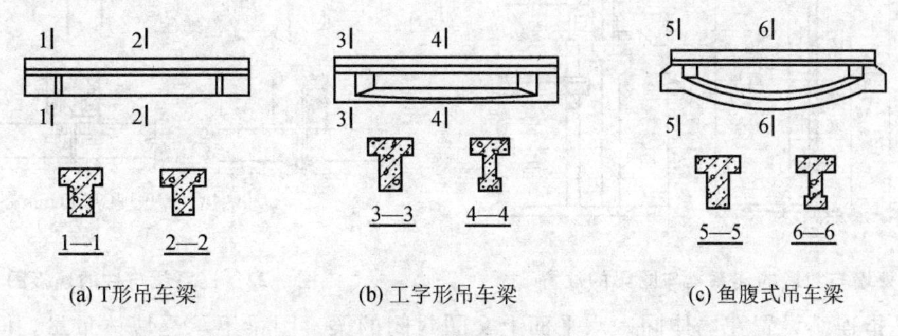

图7-18 吊车梁的类型

2）吊车梁与柱的连接

吊车梁上翼缘的预埋件和上柱预埋件间用钢板或角钢焊接，吊车梁底部预埋件和牛腿顶面预埋件用垫板焊接，吊车梁的对接头及吊车梁与上柱之间的缝隙用C20混凝土填实，如图7-19所示。

3）吊车轨道在吊车梁上的固定

吊车轨道有轻型和重型两类，重型的可使用铁路钢轨。吊车梁的翼缘上留有安装孔，安装轨道前应先用C20细石混凝土做垫层并精确找平，然后铺设钢垫板或压板，用螺栓固定。

4）车挡在吊车梁上的固定

为防止吊车在行驶中刹车失灵而冲撞墙体，应在吊车梁的尽头设置车挡，如图7-20所示。

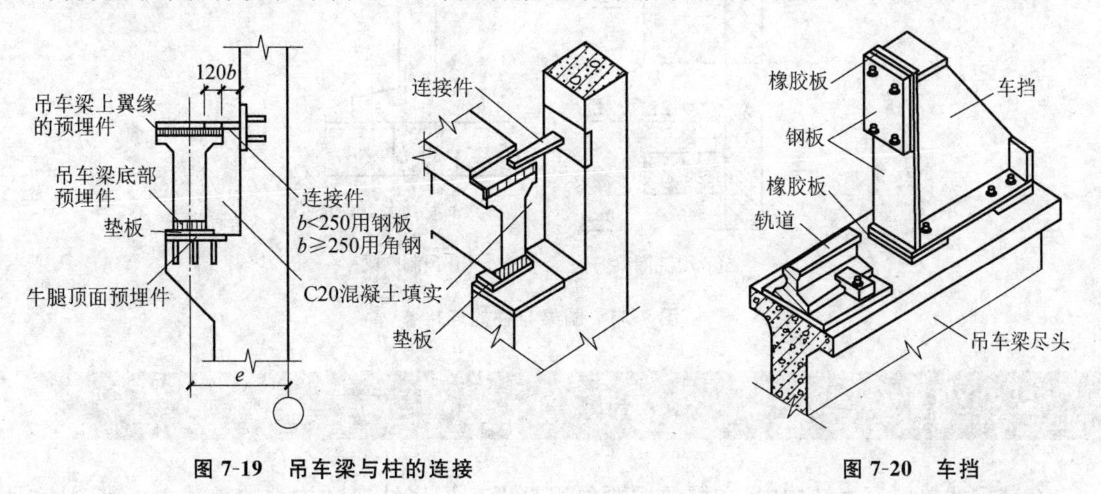

图7-19 吊车梁与柱的连接　　**图7-20 车挡**

2. 连系梁和圈梁

连系梁又称墙梁，是柱与柱之间纵向的水平联系构件，如图7-21所示，它可增强厂房的纵向刚度，传递风荷载到纵向列柱，并可承担其上部墙体荷载，其截面形式有矩形和 L 形，分别用于一砖和一砖半厚墙体，它支撑在牛腿上，一般采用螺栓连接或焊接固定，如图 7-22 所示。

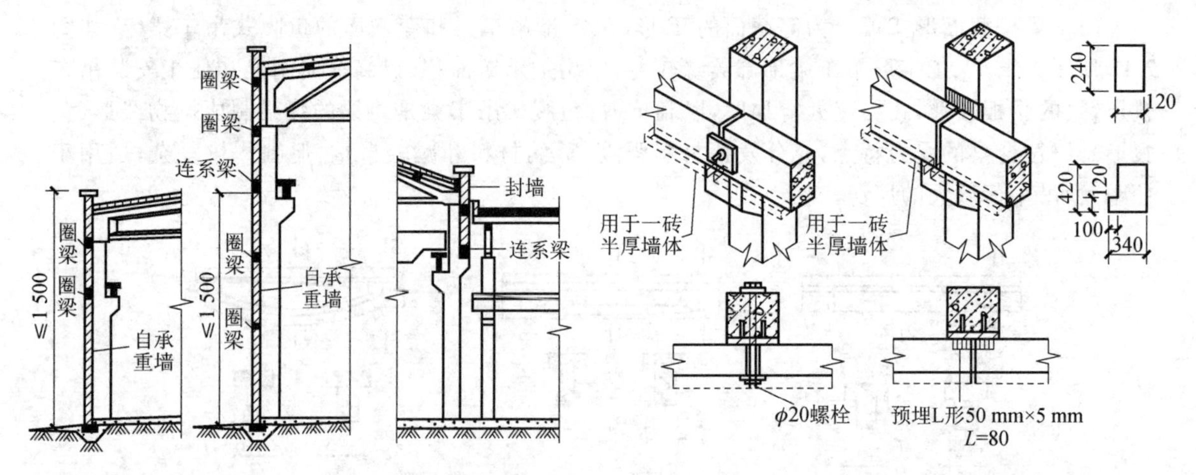

图 7-21　外墙与封墙的连系梁与圈梁的位置

图 7-22　连系梁与柱的连接图

圈梁是指连续设置在墙体同一水平面上交圈封闭的梁。圈梁不承受墙体重量，其作用是将墙体与厂房排架柱、抗风柱等箍在一起，以加强厂房的整体刚度和墙身的稳定性，圈梁埋置在墙内，同柱连接仅起拉结作用。

圈梁一般在柱顶处设置一道，有吊车的厂房应在吊车梁附近增设一道，当厂房很高时，应根据厂房刚度的需要，综合考虑墙体高度、地基、抗震等情况，按上密下疏的原则设置多道圈梁。工业建筑中的圈梁的构造与民用建筑中的圈梁相同，常采用现浇，将柱上预留筋与圈梁浇筑在一起，如图 7-23 所示。连系梁和圈梁的设置通常与窗过梁结合起来兼作过梁。

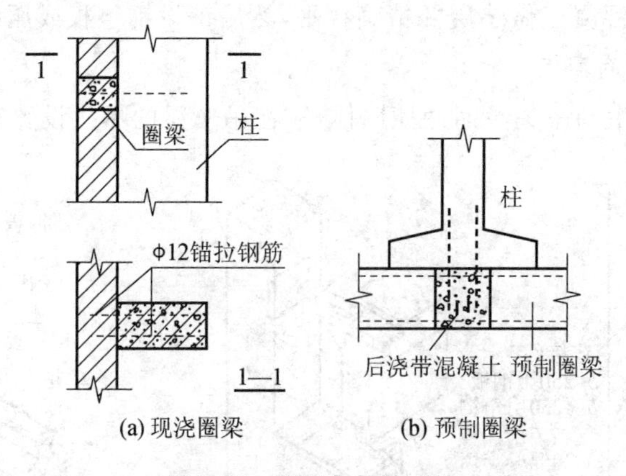

图 7-23　圈梁与柱的连接

五、支撑

在装配式单层厂房结构中，支撑的主要作用是保证厂房结构和构件的承载力、稳定性和刚度，并传递部分水平荷载。厂房的支撑必须按结构要求合理布置。

支撑有屋盖支撑和柱间支撑两种。

屋盖支撑包括横向水平支撑(上弦或下弦横向水平支撑)、纵向水平支撑(上弦或下弦纵向水平支撑)、垂直支撑和纵向水平系杆(加劲杆)等,如图 7-24 所示。

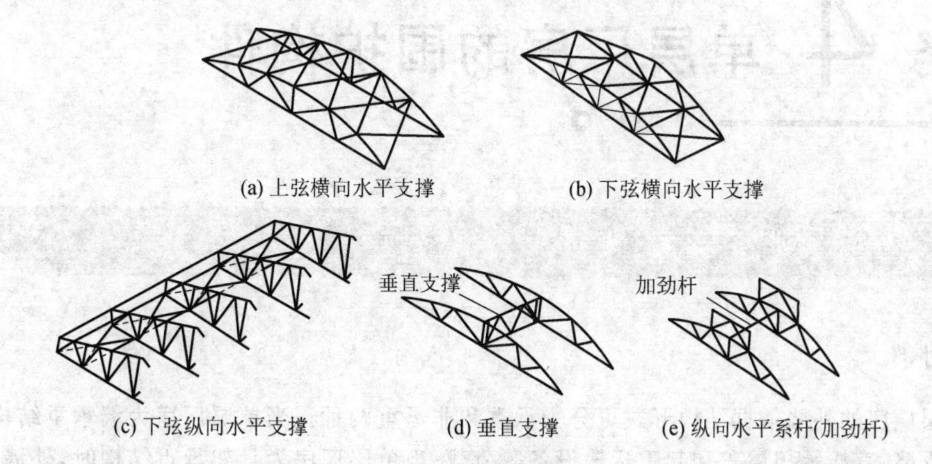

(a) 上弦横向水平支撑　(b) 下弦横向水平支撑
(c) 下弦纵向水平支撑　(d) 垂直支撑　(e) 纵向水平系杆(加劲杆)

图 7-24　屋盖支撑

柱间支撑按吊车梁位置分为上部和下部两种。柱间支撑布置在伸缩缝区段的中央柱间,一般用型钢制作,如图 7-25 所示。

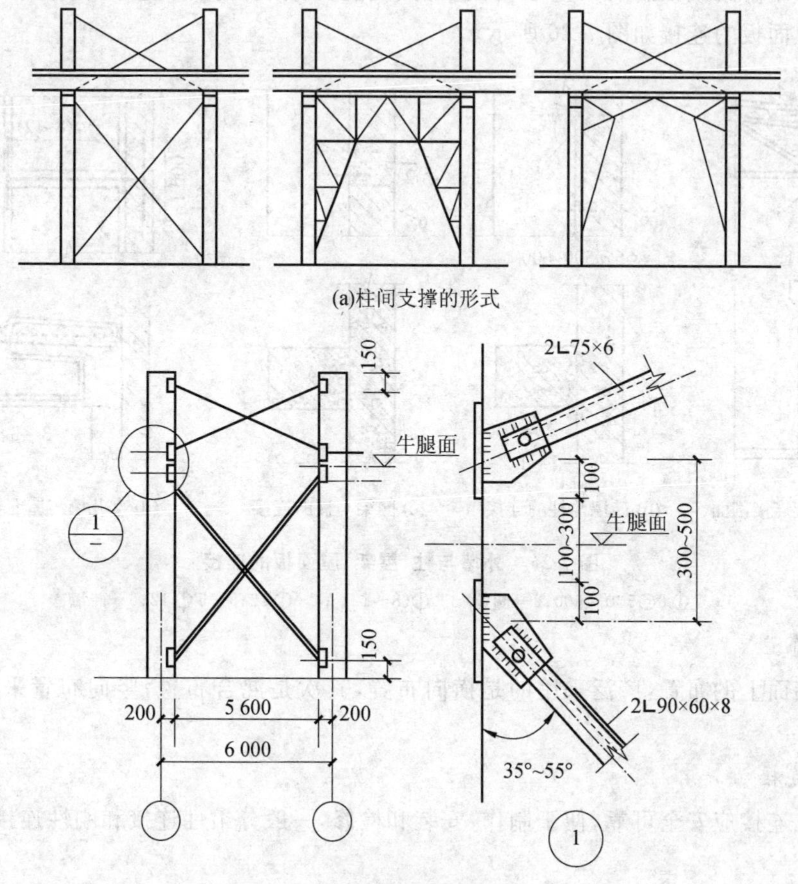

(a)柱间支撑的形式

(b)柱间支撑的连接

图 7-25　柱间支撑

任务 4 单层厂房的围护构件

一、外墙、侧窗与大门

1. 外墙

单层厂房的外墙依据结构形式可分为承重和非承重两种。当单层厂房为墙承重结构时，外墙为承重墙，直接承担屋盖和起重运输设备等荷载；当单层厂房为骨架承重结构时，外墙为非承重墙，不承受荷载，只起维护作用。单层厂房的外墙的高度与跨度都比较大，又要承受较大的风荷载，还要受到生产及运输设备振动的影响，因此要求外墙具有足够的刚度和稳定性。单层厂房的外墙常采用砖砌或预制的大型墙板，也可只设置开敞式的挡雨板，做成不封闭外墙。外墙与柱、屋架、屋面板的连接如图 7-26 所示。

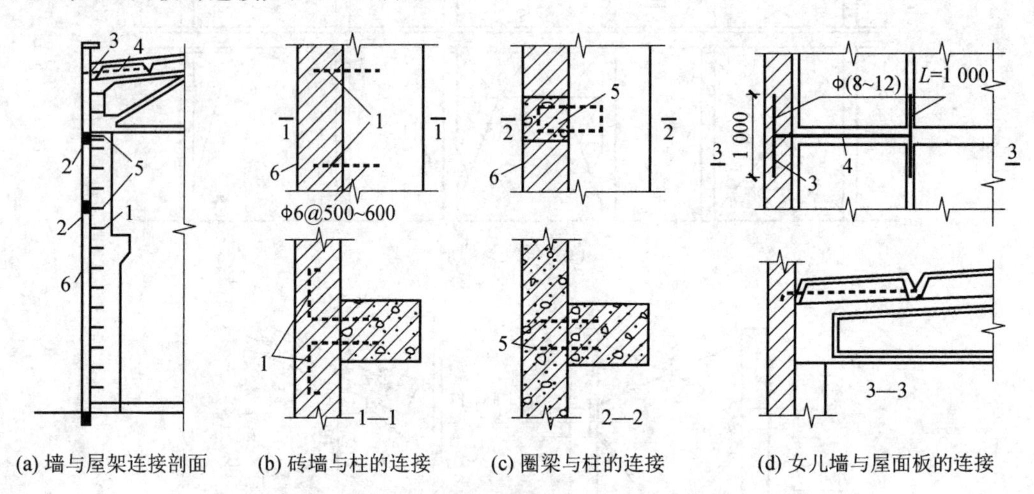

(a) 墙与屋架连接剖面　(b) 砖墙与柱的连接　(c) 圈梁与柱的连接　(d) 女儿墙与屋面板的连接

图 7-26　外墙与柱、屋架、屋面板的连接

1—2 Φ 6@500～600；2—圈梁；3—Φ(8～12)；4—Φ 12；5—5 Φ 12；6—砖墙

1）墙板布置

墙板在墙面上的布置，广泛采用的是横向布置，其次是混合布置，竖向布置采用较少，如图 7-27 所示。

2）墙板连接

墙板与柱连接应安全可靠，便于制作、安装和检修，一般分柔性连接和刚性连接两类。

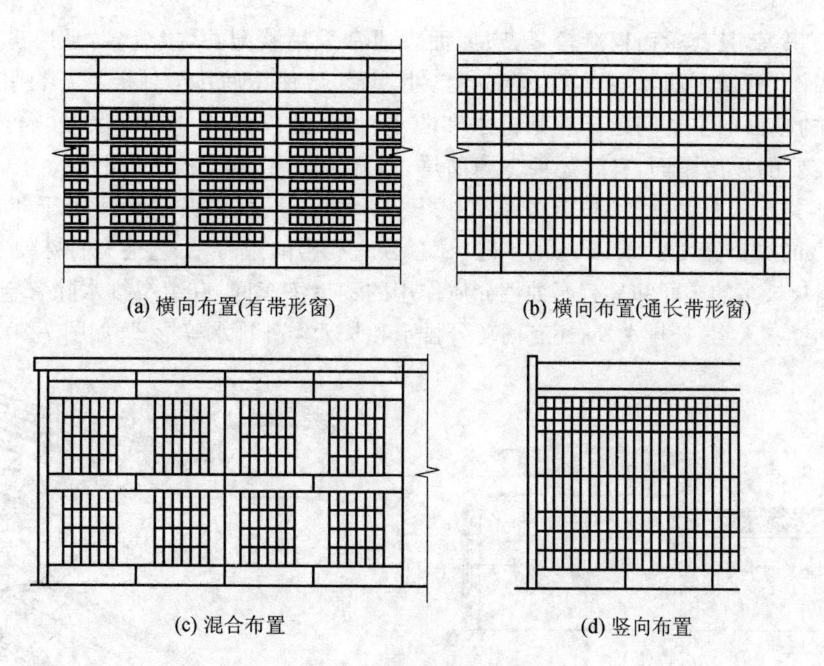
(a) 横向布置(有带形窗)　(b) 横向布置(通长带形窗)

(c) 混合布置　(d) 竖向布置

图 7-27　墙板布置方式

2. 侧窗与大门

1）侧窗

单层厂房的通风、采光应以侧窗为主，以天窗为辅，因为侧窗可获得较大面积、构造简单、施工方便、造价较低。工业建筑的侧窗与民用建筑的侧窗的开启方式及构造形式基本相同，主要区别是工业建筑的侧窗面积大，因而对其整体刚度应有可靠的构造保证。侧窗在外墙上的位置应有利于采光和兼顾墙梁的最佳标高。侧窗根据生产性质的特点应分别满足防水、防爆、恒温、防风沙和防阳光直射等要求。

2）大门

单层厂房的大门主要是供车辆和人通行，并供紧急情况疏散之用。因此，门的尺寸应根据所需运输工具类型、规格、运输货物的外形并考虑通行方便等因素来确定。一般门的宽度应比满装货物时的车辆宽 600～1000 mm，高度应高出 400～600 mm。车间大门的类型较多，这是由车间性质、运输、材料及构造等因素决定的。按开启方式，大门可分为平开门、推拉门、折叠门、升降门、上翻门和卷帘门等。

门的类型、尺寸、开启方式等的选择及其构造处理应综合考虑厂房的使用要求、门洞大小、开关占用的空间以及技术、经济条件等因素，尽量做到实用、经济、耐久和少占厂房面积。

二、屋面与天窗

1. 屋面

单层厂房的屋面与民用建筑的屋面的作用、要求和构造基本相同，但也存在许多差异：单层厂房的屋面面积大，且其屋面构造较复杂；屋面板通常采用装配式，接缝多，且厂房屋面要受到温差、吊车的冲击荷载和机械振动的影响，易产生变形，致使屋面接缝处极易开裂引起渗水。因此，单层厂房的屋面的主要问题仍然是排水和防水，另外还应具有一定的保温、隔热性能，对于一些有特殊需要的厂房屋面，有时还要考虑防爆、泄压和防腐蚀等方面的问题。

屋面的排水方式分为无组织排水和有组织排水两类。无组织排水适用于年降雨量小于900 mm的地区的檐口高度小于10 m的单跨厂房、多跨厂房的边跨、工艺上有特殊要求的厂房（如冶炼车间）、积灰较多的车间和具有腐蚀性介质作用的铜冶炼车间；有组织排水除有与民用建筑相似的内排水、檐沟（天沟）外排水外，还有内落外排水和长天沟外排水等形式，如图7-28所示。

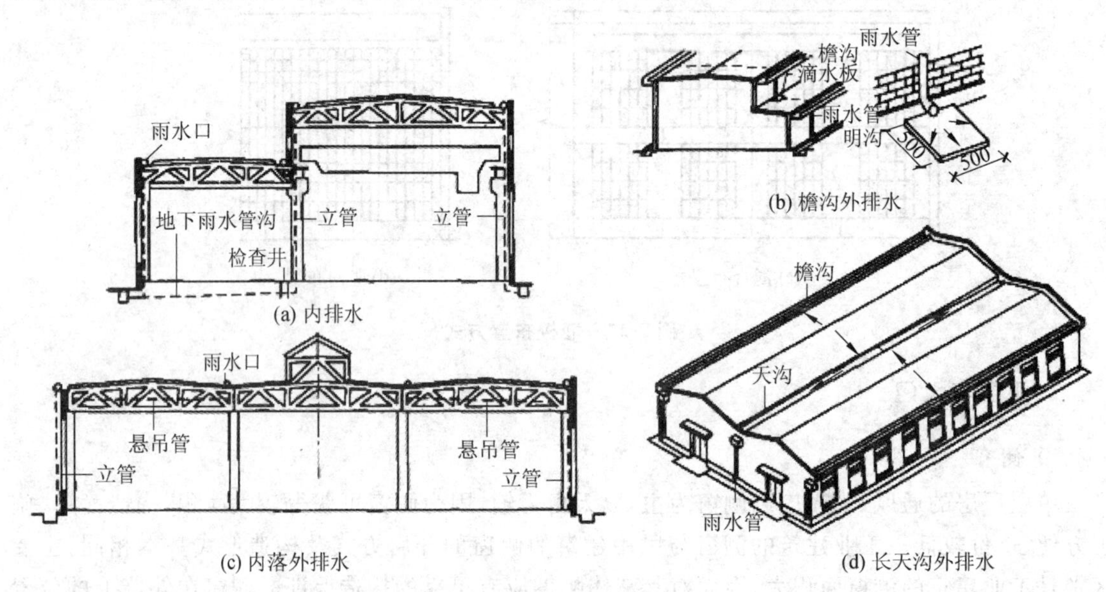

图7-28　有组织排水方式

屋面防水依据厂房屋面防水材料、屋盖形式和做法分为卷材防水和非卷材防水两种。其中非卷材防水主要有构件自防水、刚性防水和涂料防水。目前单层厂房已很少采用刚性防水和涂料防水。

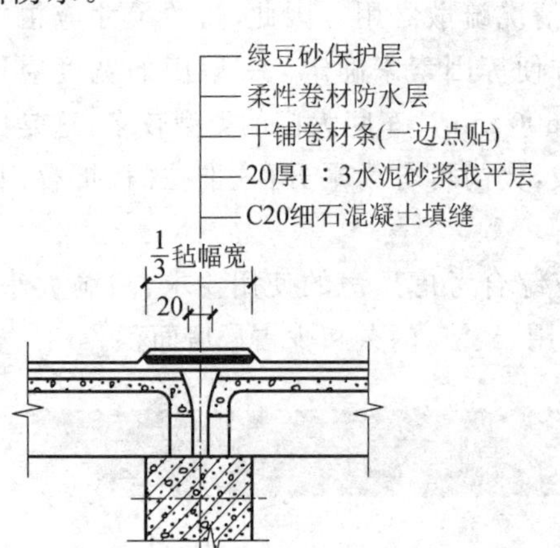

图7-29　卷材防水横缝处理（单位：mm）

① 卷材防水屋面。卷材防水屋面的构造原则和屋面的构造做法要求与民用建筑的相同，但由于厂房的屋面受到振动影响，板缝处的防水层易开裂，裂缝大多出现在横缝，即屋架上的板缝，一般采取如下措施，增强屋面基层的刚度和整体性：选择刚性好的板形；改进卷材的接缝构造做法，如在横缝处找平层上先干铺一层附加层，再在其上铺贴卷材防水层，如图7-29所示。

② 构件自防水屋面。构件自防水屋面是指利用屋面构件自身的混凝土密实性和对板缝进行局部防水处理实现防水的一种承重与防水合一的防水屋面。图7-30所示为F形屋面板自防水屋面的做法。

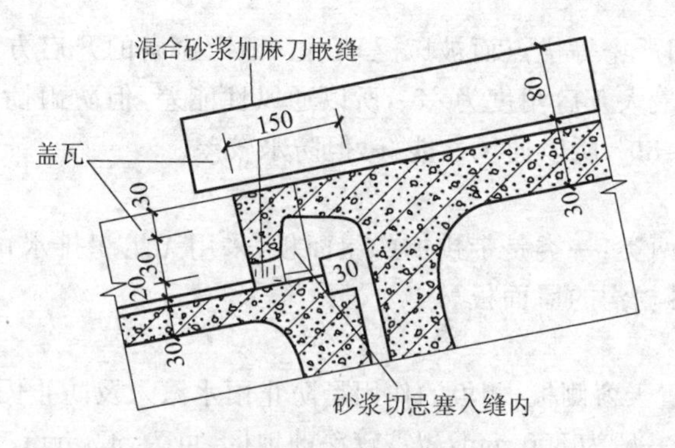

图 7-30　F形屋面板自防水屋面的做法(单位：mm)

2. 天窗

在大跨度和多跨的单层厂房中，为获得较均匀的采光，或为了通风和排出高温的余热等，常在屋顶设置天窗。天窗的类型有很多，其中矩形天窗、平天窗、下沉式天窗和锯齿形天窗是主要选用的形式，如图 7-31 所示。

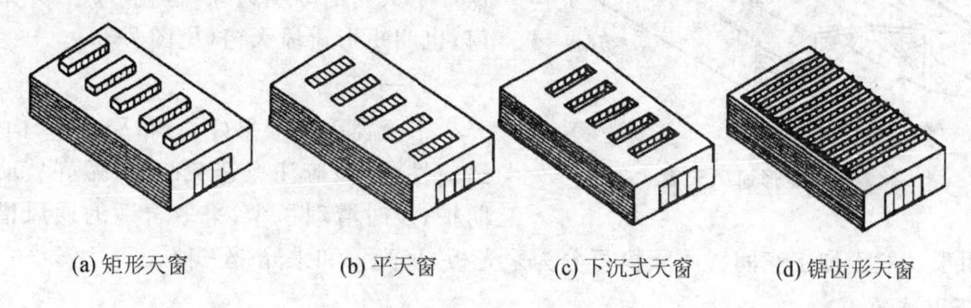

(a) 矩形天窗　(b) 平天窗　(c) 下沉式天窗　(d) 锯齿形天窗

图 7-31　天窗的类型

1）矩形天窗

矩形天窗应用较普遍，一般是沿着厂房的纵向布置，主要由天窗架、天窗端壁、天窗侧板、天窗扇、天窗檐口和屋面板等组成(见图 7-32)。矩形天窗沿厂房纵向布置，在厂房屋面两端和变形缝两侧的第一柱间常不设天窗，一方面可以简化构造，另一方面还可作为屋面检修和消防的通道。在每一段天窗的端部应设置上天窗屋面的消防检修梯。

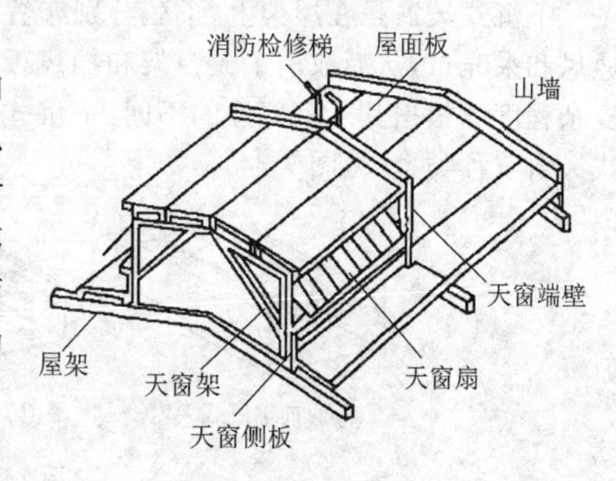

图 7-32　矩形天窗

(1) 天窗架

天窗架是天窗的承重结构，它直接支撑在屋架上，天窗架的材料一般与屋架一致，常用的有钢筋混凝土天窗架、钢天窗架。

(2) 天窗端壁

矩形天窗两端的承重围护结构构件称为天窗端壁。通常在用钢筋混凝土屋架时采用预制钢筋混凝土端壁板，在用钢屋架时采用钢天窗架石棉瓦端壁板。钢筋混凝土端壁板常做成肋形板，并可代替钢筋混凝土天窗架。

(3) 天窗扇

天窗扇由钢材、木材、塑料等材料制作。钢天窗扇因具有耐久、耐高温、质量轻、挡光少、使用过程中不易变形、关闭严密等优点而被广泛采用。钢天窗扇的开启方式有上悬式和中悬式两种。上悬式钢天窗扇的最大开启角度为45°,所以通风性能差,但防雨性能较好。中悬式钢天窗扇的开启角度可达60°～80°,所以通风性能好,但防水较差。

(4) 天窗檐口

天窗檐口的构造有两类:一类是带挑檐的屋面板,采用无组织排水;一类是采用有组织排水时设檐沟板,也可采用带檐沟的屋面板。

(5) 天窗侧板

在天窗扇下部需设置天窗侧板,侧板的作用是防止雨水溅入及防止因屋面积雪挡住天窗。从屋面到侧板上缘的距离,一般为300 mm,积雪较深的地区,可为500 mm。侧板的形式应与屋面板相适应:采用钢筋混凝土Π形天窗架和钢筋混凝土大型屋面板时,则采用长度与天窗架间距相同的钢筋混凝土槽板;当屋面为有檩结构时,侧板可采用水泥石棉瓦、压型钢板等轻质材料。

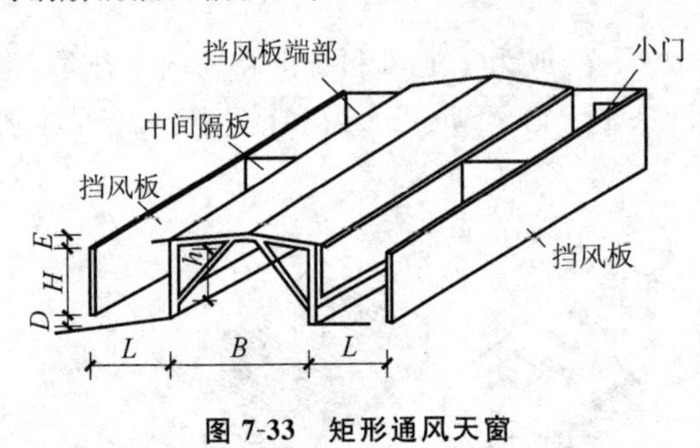

图7-33　矩形通风天窗

当室外风速较大时,矩形天窗可能产生风倒灌的现象,使热量和烟尘无法排出。在天窗两侧加设挡风板,使天窗口的气流能经常处于负压,保证了天窗的顺利通风,这就形成了矩形通风天窗,也叫矩形避风天窗(见图7-33)。

2) 平天窗

平天窗采光效果好,且布局灵活、构造简单、适应性强,但应注意避免眩光,做好玻璃的安全防护,及时清理积尘,采取合适的通风措施。平天窗适用于一般冷加工车间。平天窗可分为采光板、采光罩和采光带三种。

3) 下沉式天窗

下沉式天窗是在屋架上、下弦分别布置屋面板,利用上、下屋面板之间的高差构成天窗,做通风和采光口,从而取消了天窗架和挡风板,降低了高度,减轻了荷载,但增加了构造和施工的复杂程度。根据其下沉部位的不同,下沉式天窗可分为纵向下沉式天窗、横向下沉式天窗和井式天窗三种类型(见图7-34)。

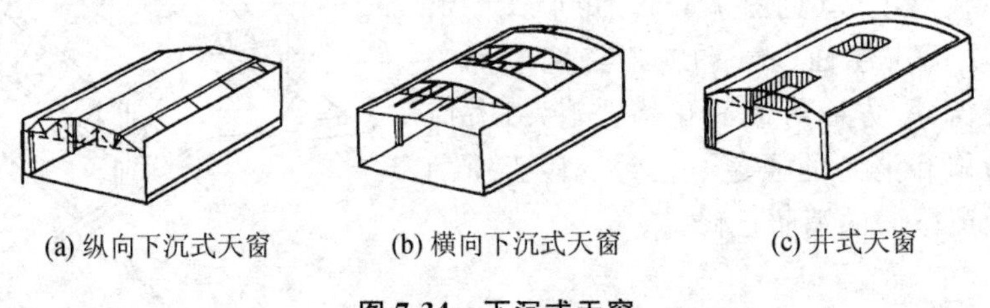

(a) 纵向下沉式天窗　(b) 横向下沉式天窗　(c) 井式天窗

图7-34　下沉式天窗

三、地面及其他构造

1. 地面

1) 地面的特点及要求

为了满足生产及使用要求,厂房地面往往需要具备特殊功能,如防尘、防爆、防腐蚀等,同一厂房内不同地段要求往往不同，这些都增加了地面构造的复杂性。另外，单层厂房地面面积大，所承受的荷载大，如汽车载重后的荷载，因此，地面厚度也大，材料用量也多。

2）地面的组成

厂房地面一般也是由面层、垫层、基层（地基）组成。当只设这些构造层还不能满足生产与使用要求时，还要增设找平层、结合层、隔离层、保温层、隔声层、防潮层等构造层。

（1）面层

厂房地面的面层可分为整体式面层及块材面层两大类。

（2）垫层

厂房地面的垫层要承受并传递荷载，按材料性质不同可分为刚性垫层、半刚性垫层及柔性垫层三种。

刚性垫层是以混凝土、沥青混凝土、钢筋混凝土等材料构筑而成的垫层。半刚性垫层是以灰土、三合土、四合土等材料构筑的垫层。柔性垫层是以砂、碎石、卵石、矿渣、碎煤渣等构筑的垫层，受力后产生塑性变形。

3）地面的类型

在实践中，地面的类型多按构造特点和面层材料来分，可分为单层整体地面（如矿渣和素土地面等）、多层整体地面（如水磨石和混凝土地面等）及块料地面（如陶板和石板地面）等。

2. 设施

1）金属梯

在厂房中，便于生产操作和检修，需设置各种金属梯，主要有作业平台钢梯、吊车钢梯。

屋面检修及消防等金属梯，主要形式有直跑、多跑式斜梯和直爬梯等，梯的一般宽度为600～800 mm，每级高度视钢梯形式不同，可为220～300 mm，金属梯需先涂防锈漆，后刷油漆，并定期维修以防锈蚀。

2）吊车梁走道板

吊车梁走道板亦称安全走道板，是为维修吊车沿吊车梁顶面设的安全通道，此外，它还可作为开关和擦洗厂房侧窗的通道，当吊车为中级制，轨顶高度小于8 m时，只在吊车操纵室一侧的吊车梁上通长设置，其他应在两侧吊车梁上通长设置。

吊车梁走道板在厂房中的位置通常有三种，第一种是在边柱位置，第二种是在中柱位置，第三种是对于露天跨的吊车梁走道板，一般设在露天柱上而不设在靠车间外墙的一侧。

吊车梁走道板的铺设有两种方式，一种是一端支撑在侧墙上，另一端搭在吊车梁翼缘上，另一种是走道板铺设在吊车梁侧面的支架上。

3）隔断

在厂房中，出于生产、管理、安全、卫生等要求，需将厂房内部分隔成不同的生产工段或办公室、工具管理室和临时仓库等辅助用房，这种起分隔作用的构件即为隔断。

隔断按材料不同有砖、金属网、预制钢筋混凝土板、混合材料隔断及木、硬质塑料、玻璃钢、石膏板等轻质材料隔断。

一、问答题

1.工业建筑有哪些特点？工业建筑有哪些类型？

2.试述单层厂房的构造组成。

3.单层厂房基础有哪些类型？杯形基础的构造是什么？

4.说明基础梁的位置。

5.柱在构造上有哪些要求？为什么单层厂房在山墙处要设抗风柱？

6.屋盖结构是由哪两大部分组成的？

7.圈梁和连系梁的作用是什么？

8.单层厂房的支撑系统包括哪两部分？屋盖支撑包括哪些？柱间支撑怎么布置？

9.单层厂房为什么要设天窗？天窗包括哪些形式？

10.地面的组成有哪些？

11.矩形通风天窗是怎样形成的？

二、实训练习题

识读一套单层厂房施工图，找出定位轴线与各承重构件的关系。

学习情境8 建筑工程项目管理

学习目标

了解建设程序、法规及建筑技术政策，熟悉建筑工程项目管理的概念、职能及类型，掌握工程项目管理的主要方法，熟悉建设工程监理的依据、内容等，掌握建设工程招标投标和建设工程合同的相关知识。

任务 1 建设工程法规

工程建设是一项综合性技术经济活动，工程建设涉及面广，工期长，加上新型材料不断出现，技术发展速度快，质量要求高，项目实施较为困难。同时，工程的参加单位和协作单位较多，如果工程实施中有一家出现工作失误，就有可能会对其他方的工作产生干扰，影响整个建设项目目标的实现。所以，在工程建设中确定各方的权利和义务关系，规范各方行为，“深化立法，严格执法，强化监督”是一件刻不容缓的大事。

依法治国，建设社会主义法治国家，是我国社会主义建设的一项重要决策。迄今为止，我国已制定了大量法律法规，逐步将我国经济建设纳入法制环境。作为经济活动中不可或缺的工程建设活动的法律环境也日趋完善。自 1998 年以来，《中华人民共和国建筑法》《中华人民共和国合同法》及《中华人民共和国招标投标法》的相继实施，标志着我国工程建设已步入法制轨道。

一、建设法规的概念和调节对象

1. 建设法规的概念

建设法规是由国家权力机关或其授权的行政机关制定的，旨在调整国家及其有关机构、企事业单位、社团、公民之间在建设活动中或建设行政管理活动中发生的各种社会关系的法律规范的总称。它表现为建设法律、建设行政法规和部门规章、地方性建设法规、规章、建设法律或法规(内容集中的专门的规范性文件)、宪法、经济法、民法、刑法等各部门法律中有关建设活动及其建设关系的法律调整。

建设法规由特定的活动或行业行为规范内容构成，如《中华人民共和国城乡规划法》规范的是特定活动，《中华人民共和国城市房地产管理法》规范的是特定行业，《中华人民共和国注册建筑师条例》规范的是特定职业。

2. 建设法规的调节对象

(1) 建设活动中的行政管理关系

建设活动中的行政管理关系，包括国家及其建设行政主管部门同建设、设计、施工单位及有关单位(中介)之间发生的相应的管理与被管理关系，主要有两个相互关联的方面：一是规划、指导、协调与服务，二是检查、监督、控制与调节。

(2) 经济协作关系

平等自愿、互利互助的横向协作关系。经济协作关系以工程建设为中心，以经济利益追求为目的，因此，它的建立应以经济合同设立为标志。

(3) 建设民事关系

建设民事关系是因从事建设活动而产生的国家、单位法人、公民等之间的，以权利、义务为中心的民事关系，包括建设财产关系、建设人身关系（人格、人身安全）。这些关系须按民法和建设法规中的民事法律规范予以调整。

二、建设法规立法的基本原则

建设法规立法的基本原则是指建设立法时必须遵循的基本准则及要求，主要有以下几种。

1. 市场经济规律原则

① 建立健全市场主体体系。
② 确保建设市场体系具有同一性和开放性。
③ 确立以间接手段为主的宏观调控体系。
④ 建设法规立法本身具有完备性、系统性和严谨性。

2. 建设活动责、权、利相一致的原则

① 建设法规主体享有的权利和履行的义务是统一的。
② 建设行政主管部门行使行政管理权既是其权利，也是其责任或义务。

3. 建设活动确保工程质量和安全的原则

建设工程的质量与安全是整个建设活动的核心，它直接关系到人民生命、财产安全。建设工程的安全是确保建设工程和建设活动中不发生人身伤亡和财产损失，对工程质量要求“安全、适用、经济、美观”。

4. 建设活动不得损害社会公共利益和他人合法权益的原则

社会公共利益是全体社会成员的整体利益，保护公共利益是我国法律规范的基础和目的，是我国法律的本质。

三、建设法规的法律地位和作用

1. 建设法规的法律地位

法律地位指法律在整个法律体系中所处的状态，具体指法律属于哪一个部门、层次。确定建设法规的法律地位，就是确定建设法规属于哪一个部门法。部门法的划分是以某一类社会关系为共同调整对象作为标准的。

建设法规主要调整建设活动中的行政管理关系、经济关系和民事关系。对于行政管理关系的调整采取的是行政手段的方式；对于经济关系的调整采取的是行政的、经济的、民事的手段相结合的方式；对于民事关系的调整主要是采取民事手段的方式。这表明建设法规是运用综合的

手段对行政的、经济的、民事的社会关系加以规范调整的法规。但就建设法规主要的法律规范性质来说，多数属于行政法或经济法调整的范围。

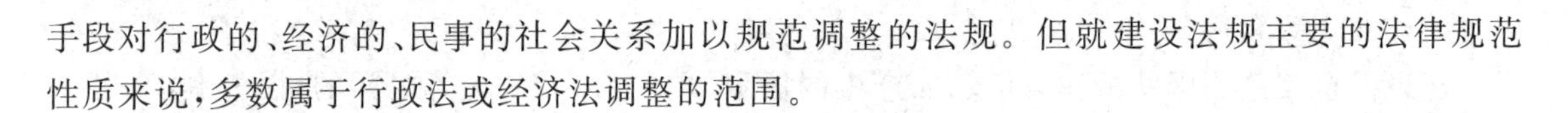

2. 建设法规的作用

① 规范指导建设行为，规定了必须为的建设行为及禁止为的建设行为。
② 保护合法建设行为。
③ 处罚违法建设行为。

四、建设法规的实施

建设法规的实施，指国家机关及其公务员、社会团体、公民实现建设法规规范的活动，包括建设法规的执法、司法和守法三个方面。建设法规的司法又包括建设行政司法和专门机关司法。

1. 建设行政执法

建设行政执法是指建设行政主管部门和被授权或被委托的单位依法对各项建设活动和建设行为进行检查监督，并对违法行为执行处罚的行为，包括建设行政决定（行政许可、行政命令和行政奖励）、建设行政检查（实地检查、书面检查）、建设行政处罚（财产处罚、行为处罚）、建设行政强制执行。

2. 建设行政司法

建设行政司法指建设行政机关依据法定的权限和法定的程序进行行政调解、行政仲裁，以解决相应争议的行政行为。

3. 专门机关司法

专门机关司法是指司法机关对建设行为做出审理、判决的行为。

五、建设法规体系

1. 建设法规体系的概念

建设法规体系是指把已经制定和要制定的建设法律、建设行政法规和建设部门规章等衔接起来，形成的一个相互联系、相互补充、相互协调的完整统一的体系，它既是国家法规体系的重要组成部分，又相对自成体系，具有相对独立性。根据法制统一原则、协调配套原则，要求建设法规体系必须服从国家法规体系的总要求，必须与宪法和相关法律保持一致，建设方面的法规不得与宪法、法律以及上位法相抵触。建设法规应能涵盖建设事业的各个行业、各个领域以及建设行政管理的全过程，使建设活动的各个方面都有法可依、有章可循，把每一环节都纳入法制轨道。此外,建设法规体系内部,不仅纵向的不同层次的法规之间应相互衔接、不能抵触,而且横向的法规之间亦应协调配套,不能重复、矛盾或留有“空白地带”。

2. 建设法规体系的构成

建设法规体系是由很多不同层次的法规组成的,它的结构形式一般有宝塔形和梯形两种。我国建设法规体系采用的是梯形结构形式。

(1) 建设行政法律

建设行政法律是指国家制定或认可,体现人民意志,由国家强制力保证实施的并由国家建设管理机构从宏观上、全局上管理建筑业的法律规范,它在建设法规中居主要地位,如《中华人民共和国建筑法》(以下简称《建筑法》)就是我国工程建设和建筑业的一部大法,是建设活动的基本法,又如城市规划法、工程设计法、税法等。

(2) 建设民事法律

建设民事法律是指国家制定或认可的,体现人民意志的,由国家强制力保证实施的调整平等主体的公民之间、法人之间、公民与法人之间的建设关系的行为准则,如《中华人民共和国合同法》《公司法》等。

(3) 建设技术法规

建设技术法规是指国家制定或认可的,由国家强制力保证实施的工程建设规划、勘察、设计、施工、安装、检测、验收等方面的技术规程、规则、规范、条例、办法、定额、指标等规范性文件,如施工验收规范、建设定额等。

任务2 工程项目管理

一、工程项目管理的概念、职能和类型

工程项目管理是以工程项目为管理对象,在既定的约束条件下,为最优地实现项目目标,根据工程项目的内在规律,对工程项目寿命周期全过程进行有效的计划、组织、指挥、控制和协调的系统管理活动。

工程项目管理的职能包括策划职能、决策职能、计划职能、组织职能、控制职能、协调职能、指挥职能、监督职能。

工程项目管理是项目管理的一大类,是一门综合学科,应用性很强,其管理对象是工程项目。因此,工程项目管理包括建设项目管理、设计项目管理、施工项目管理和咨询(监理)项目管理。工程项目的管理者包括业主单位、设计单位、施工单位和咨询(监理)单位。

二、工程项目管理的内容、程序和目标

1. 工程项目管理的内容

在工程建设项目管理的过程中，由于项目管理的主体不同，管理所包含的内容也有所不同。

(1) 业主的项目管理

业主的项目管理是全过程的，包括项目决策和实施阶段的各个环节，也即从编制项目建议书开始，经可行性研究、设计和施工，直至项目竣工验收、投产使用的全过程管理。

(2) 工程建设总承包单位的项目管理

在设计、施工总承包的情况下，业主在项目决策后，通过招标择优选定总承包单位，全面负责工程建设项目的实施过程，直至最终交付使用功能和质量标准符合合同文件规定的工程建设项目。由此可见，总承包单位的项目管理是贯穿于项目实施全过程的全面管理，既包括工程建设项目的设计阶段，也包括工程建设项目的施工安装阶段。总承包单位为了实现其经营方针和目标，必须在合同条件的约束下，依靠自身的技术和管理优势，通过优化设计和施工方案，在规定的时间内，按质、按量地全面完成工程建设项目的承建任务。

(3) 设计单位的项目管理

设计单位的项目管理是指设计单位受业主委托，拟定工程建设项目的设计任务后，根据设计合同所界定的工作目标及责任、义务，对建设项目设计阶段的工作进行的自我管理。设计单位通过设计项目管理，对建设项目的实施在技术和经济上进行全面而合理的安排，引进先进技术和科研成果，形成设计图纸和说明书，以便实施，并在实施过程中进行监督和验收。由此可见，设计项目管理不仅仅局限于工程设计阶段，而是延伸到了施工阶段和竣工验收阶段。

(4) 施工单位的项目管理

施工单位通过投标获得工程施工承包合同，并以施工合同所界定的工程范围组织项目管理，简称施工项目管理。施工项目的目标体系包括工程施工质量(quality)、成本(cost)、工期(delivery)、安全和现场标准化(safety)，简称 QCDS 目标体系。显然，这一目标体系既和整个工程建设项目目标相联系，又带有很强的施工企业项目管理的自主性特征。

2. 工程项目管理的程序

工程项目管理的各种职能及各管理部门在项目过程中形成的关系，有工作过程的联系(工作流)，也有信息联系(信息流)，构成了一个项目管理的整体，形成了一个项目管理的整体运作的基本逻辑关系。工程项目管理的程序如下。

① 编制工程项目管理规划大纲。

② 编制投标书并进行投标。

③ 签订施工合同。

④ 选定项目经理。

⑤ 项目经理接受企业法定代表人的委托组建项目经理部。

⑥ 企业法定代表人与项目经理签订“项目管理目标责任书”。

⑦ 项目经理部编制“项目管理实施规划”。

⑧ 进行项目开工前的准备。

⑨ 施工期间按“项目管理实施规划”进行管理。

⑩ 在项目竣工验收阶段，进行竣工结算，清理各种债权债务，移交资料和工程。

⑪ 进行经济分析，做出项目管理总结报告并送企业管理层有关职能部门。

⑫ 企业管理层组织考核委员会对项目管理工作进行考核评价并兑现“项目管理目标责任书”中的奖罚承诺。

⑬ 项目经理部解散。

⑭ 保修期满前，企业管理层根据“工程质量保修书”和相关约定进行项目回访保修。

3. 工程项目管理的目标

① 在预定的时间内完成项目的建设，及时实现投资目的，达到预定的项目要求。

② 在预算费用(成本或投资)范围内完成，尽可能降低费用消耗，减少资金占用，保证项目的经济性。

③ 满足预定的使用功能要求，达到预定的生产能力或使用效果，能经济、安全、高效率地运行并提供较好的运行条件。

④ 能被使用者(用户)接受和认可，同时又照顾到社会各方面及各参加者的利益，使各方都感到满意，使企业由此获得信誉和形象。

⑤ 能合理、充分、有效地利用各种资源。

⑥ 项目实施按计划、有秩序地进行，变更较少，没有发生事故或其他损失，较好地解决项目过程中出现的风险、困难和干扰。

⑦ 与环境协调一致，即项目必须被它的上层系统所接受，包括与自然环境的协调，没有破坏生态或恶化自然环境，具有良好的审美效果；与人文环境的协调，没有破坏或恶化优良的文化氛围和风俗习惯；项目的建设与运行，和社会环境有良好的接口，被法律允许，或至少不能招致法律问题，有助于社会就业、社会经济发展。

三、工程项目管理的主要方法

1. 工程项目管理方法的分类

按管理目标分类，工程项目管理方法有进度管理方法、质量管理方法、成本管理方法和安全管理方法；按管理方法的数量、性质分类，工程项目管理方法有定性方法、定量方法和综合管理方法；按管理方法的专业性质分类，工程项目管理方法有行政管理方法、经济管理方法、技术管理方法和法律管理方法等。

2. 工程项目管理的主要方法

工程项目管理的基本方法是目标管理方法，而各项目目标的实现还有其适用的主要专业方法。例如，进度目标控制的主要方法是网络计划方法，质量目标控制的主要方法是全面质量管理方法，成本目标控制的主要方法是可控责任成本方法，安全目标控制的主要方法是安全责任制等。

施工项目管理的任务集中在实现质量、进度、成本和安全等具体目标上。这几个目标的特点不一样，必须有针对性地采取相应的管理方法。

四、工程项目管理的任务

工程建设项目管理期的主要任务就是在可行性研究、投资决策的基础上，对建设准备、勘察、设计、施工、竣工验收等全过程的一系列活动进行规划、协调、监督、控制和总结评价，以保证工程建设项目的质量、进度、投资目标的顺利实现。

1. 工程项目投资控制

工程项目投资的有效控制是工程项目管理的重要组成部分。工程项目投资控制，就是在项目决策阶段、设计阶段、承发包阶段和建设实施阶段，把投资的发生控制在批准的投资限额以内，随时纠正发生的偏差，以保证项目投资管理目标的实现，有效使用人力、物力、财力，取得较好的投资效益和社会效益。

2. 工程项目成本控制

施工成本指施工过程中所发生的全部生产费用的总和，具体包括人工费、材料费、机械使用费、其他直接费用，以及施工企业管理费等间接费用。施工成本是项目总成本的主要组成部分，一般占总成本的90%以上。因此，从某种意义上讲，工程项目成本控制实际上是施工成本控制。施工成本控制就是在保证工程质量、工期等方面满足合同要求的前提下，对项目实际发生的费用支出采取一系列监督措施，及时纠正发生的偏差，把各项费用支出控制在计划成本规定的范围内，以保证成本计划的实现。建设单位，所关心的是投资控制；施工企业，为获得最大利润，所关心的是施工成本控制。

3. 工程项目进度控制

工程项目进度控制是指对项目各建设阶段的工作内容、工作程序、持续时间和衔接关系编制计划，实际进度与计划进度出现偏差时进行纠正，并控制整个计划的实施。从经济角度看，并非所有工程项目的工期越短越好。如果盲目地缩短工期，会造成工程项目财政上的极大浪费。工程项目的工期确定下来后，就要根据具体的工程项目及其影响因素对工程项目的施工进度进行控制，以保证在预定的工期内完成工程建设任务。

4. 工程项目质量控制

工程项目质量控制是指为满足工程项目的质量需求而采取的作业技术和活动。对工程质量的控制是实现工程项目管理三大控制的重点。工程项目质量包括工程建设各个阶段的质量及其相应工作质量，即项目论证决策阶段、项目设计阶段、项目施工阶段和项目使用保修阶段的质量。

工程项目质量有普遍性和特殊性两个方面，普遍性有国家的相关法律、法规的规定；特殊性则根据具体的工程项目和业主对它们的要求而定，它们分别体现在工程项目的适用性、经济性、可靠性、外观及环境协调等方面。因此，工程项目质量的目标必须由业主用合同的形式约定。

5. 合同管理

建设工程合同是业主和参与项目实施的各主体之间明确责任关系、权力关系的具有法律效力的协议文件，也是运用市场经济体制，组织项目实施的基本手段。建设工程合同管理，主要是针对各类合同的依法订立过程和实行过程的管理，包括合同文本的选择，合同条件的协商、谈判，合同的签署，合同履行、变更、纠纷的处理，总结评价等。

6. 信息管理

信息管理是工程建设项目管理的基础工作，是实现项目目标控制的保证。工程建设项目的信息管理主要是对有关工程建设项目的各类信息的收集、储存、加工整理、传递与使用等一系列工作的总称。信息管理的主要任务是及时、准确地向项目管理的各级领导、各参与单位及各类人员提供所需的综合程度不同的信息，以便在项目进行的全过程中，动态地进行项目的规划，迅速、正确地进行各种决策，并及时检查决策执行结果，反映工程实施中暴露的各类问题，为实现项目总目标服务。

信息管理工作的好坏，将会直接影响项目管理的成败。在我国工程建设的长期实践中，由于缺乏信息、难以及时取得信息、所得到的信息不准确或信息的综合程度不能满足项目管理的要求、信息存储分散等原因，造成项目决策、控制、执行和检查的困难，以至影响项目总目标的实现的情况屡见不鲜，应该引起广大项目管理人员的重视。

7. 组织协调

组织协调是管理技能和艺术，也是实现项目目标必不可少的方法和手段。在项目实施过程中，各个项目参与单位需要处理和协调众多复杂的业务组织关系。

任务 3 建设工程监理

一、概述

1. 建设工程监理的概念

所谓建设工程监理，就是指在工程建设中，监理的执行者依据建设行政法规和技术标准，运用法律、经济或技术的手段，对工程建设参与者的行为和他们的责、权、利进行必要的协调与约束，以保证工程建设的顺利进行。

建设工程监理是指社会化和专业化的、具有相应资质的工程监理企业，受建设单位的委托，依据国家批准的工程项目建设文件，有关工程建设的法律、法规和建设工程监理合同及其他建设工程合同对工程建设实施的监督管理行为。

建设工程监理可分为投资监理、设计监理、施工监理三类。

2. 必须实行监理的建设工程

2000 年 1 月执行的《建设工程质量管理条例》，明确规定下列建设工程必须实行监理：

① 国家重点建设工程。

② 大、中型公用事业工程。

③ 成片开发建设的住宅小区工程。

④ 利用外国政府或者国际组织贷款、援助资金的工程。

⑤ 国家规定必须实行监理的其他工程。

3. 建设工程监理的依据

根据《中华人民共和国建筑法》和建设监理的有关规定，建设工程监理的依据有以下几点。

① 国家法律、行政法规。

② 国家现行的技术规范、技术标准。

③ 建设文件、设计文件和设计图纸。

④ 依法签订的各类工程合同文件等。

4. 建设工程监理的内容

建设工程监理总的工作内容是控制工程建设的投资、建设工期和工程质量，进行建设工程合同管理，根据工程实施的各种信息，协调相关单位的工作关系。在工程建设的不同阶段，监理工作有自己的具体内容，只有实施全方位、全过程的监理，才能更好地发挥建设工程监理的作用。

(1) 建设前期监理的主要内容

协助建设单位准备项目报建手续、项目可行性研究咨询、技术经济论证、编制工程建设预算、组织设计任务书编制。

(2) 设计阶段监理的主要内容

结合工程项目的特点，收集设计所需的技术经济资料、编写设计要求文件、组织工程项目设计方案竞赛或设计招标，协助建设单位选择勘测设计单位，拟定和商谈设计委托合同内容，参与主要设备、材料的选型，审核工程估算和概算，审核主要设备和材料清单，审核工程项目设计图纸，检查和控制设计进度，组织设计文件的报批。

(3) 施工招标阶段监理的主要内容

拟定工程项目施工招标方案并征得建设单位的同意，办理施工招标申请，编写施工招标文件，组织工程项目施工招标工作，组织现场勘察与答疑会并回答投标人提出的问题，组织开标、评标及定标工作，协助建设单位与中标商签订承包合同。

(4) 施工阶段监理的主要内容

协助承包单位撰写开工报告，选择分包单位，审查施工组织设计和施工技术方案，检查工程使用材料和设备的质量,检查工程进度,签署工程付款凭证,检查安全措施,协调建设单位与施工单位之间的争议,组织工程竣工的初步验收,提出竣工报告,审查工程结算等。

(5) 保修阶段监理的主要内容

检查工程情况,鉴定质量问题报告单,督促责任单位保修等。

5. 建设工程监理的工作制度

1) 建设项目立项阶段

① 可行性研究报告评审制度;

② 工程预算审核制度;

③ 技术咨询制度。

2) 建设项目设计阶段

① 设计大纲、设计要求编写及审核制度;

② 设计委托合同管理制度;

③ 设计咨询制度;

④ 设计方案评审制度;

⑤ 工程估算、概算审核制度;

⑥ 施工图纸审核制度;

⑦ 设计费用支付签署制度;

⑧ 设计协调会及会议纪要制度;

⑨ 设计备忘录签发制度等。

3) 建设项目施工招标阶段

① 招标准备工作的有关制度;

② 编制招标文件的有关制度;

③ 标底编制及审核制度;

④ 合同条件拟定及审核制度;

⑤ 组织招标实务的有关制度等。

4) 建设项目施工阶段

① 施工图纸会审及设计交底制度;

② 施工组织设计审核制度;

③ 工程开工申请制度;

④ 工程材料、半成品质量检验制度;

⑤ 隐蔽工程分项(分部)工程质量验收制度;

⑥ 技术复核制度;

⑦ 单位工程、单项工程中间验收制度;

⑧ 技术经济签证制度;

⑨ 设计变更处理制度;

⑩ 现场协调会及会议纪要签发制度;

⑪ 施工备忘录签发制度;

⑫ 施工现场紧急情况处理制度；

⑬ 工程款支付签审制度；

⑭ 工程索赔签审制度。

二、监理单位

监理单位是指从事工程监理业务并取得工程监理企业资质证书的经济组织。监理单位的资质是企业技术能力、管理水平、业务经验、经营规模、社会信誉等综合性实力指标的体现。工程监理单位应当按照所拥有的注册资本、专业技术人员数量和工程监理业绩等资质条件申请资质，经审查合格，取得相应等级的资质证书后，方能在其资质等级许可的范围内从事工程监理活动。

按照我国现行相关法律法规的规定，我国工程监理单位的组织形式有公司制监理企业、合伙制监理企业、个人独资经营监理企业、中外合资经营监理企业和中外合作经营监理企业。目前我国监理公司的种类有两种，即监理有限责任公司和监理股份有限公司。

1. 监理单位的资质管理

监理单位的资质是指从事建设工程监理业务的工程监理企业，应当具备的注册资本、从业技术人员的素质、管理水平及工程监理业绩等。

工程监理企业的资质等级分为甲级、乙级和丙级，并按照工程性质和技术特点划分为若干个工程类别。

2. 监理单位与建设单位的关系

① 建设单位与监理单位的关系是平等的合同约定关系，是委托与被委托的关系。监理单位所承担的任务由双方事先按平等协商的原则确定于合同之中，建设工程委托监理合同一经确定，建设单位不得干涉监理工程师的正常工作；监理单位依据监理合同中建设单位授予的权力行使职责，公正、独立地开展监理工作。

② 在工程建设项目监理实施的过程中，总监理工程师应定期(月、季度、年度)根据委托监理合同的业务范围，向建设单位报告工程进展情况、存在问题，并提出建议。

③ 总监理工程师在工程建设项目实施的过程中，严格按建设单位授予的权力，执行建设单位与承建单位签署的建设工程施工合同，但无权自主变更建设工程施工合同，可以及时向建设单位提出建议，协助建设单位与承建单位协商变更建设工程施工合同。

④ 总监理工程师在工程建设项目实施的过程中，是独立的第三方，建设单位与承建单位在执行建设工程施工合同过程中发生任何的争议，均须提交总监理工程师调解。

总监理工程师接到调解要求后，必须在 30 日内将处理意见书面通知双方。如果双方或其中任何一方不同意总监理工程师的意见，在 15 日内可直接请求当地建设行政主管部门调解，或请当地经济合同仲裁机关仲裁。

⑤ 建设工程监理是有偿服务活动，酬金及计提办法，由建设单位与监理单位依据所委托的监理内容、工作深度、国家或地方的有关规定协商确定，并写入委托监理合同。

3. 监理单位与承建单位的关系

① 监理单位在实施监理前，建设单位必须将监理的内容、总监理工程师的姓名、所授予的权限等，书面通知承建单位。

监理单位与承建单位之间是监理与被监理的关系，承建单位在项目实施的过程中，必须接受监理单位的监督检查，并为监理单位开展工作提供方便，按照要求提供完整的原始记录、检测记录等技术、经济资料；监理单位应为项目的实施创造条件，按时、按计划做好监理工作。

② 监理单位与承建单位之间没有合同关系，监理单位之所以对工程项目实施中的行为具有监理身份，一是建设单位的授权，二是在建设单位与承建单位为甲、乙方的建设工程施工合同中已经事先予以承认，三是国家建设监理法规赋予监理单位监督实施有关法规、规范、技术标准的职责。

③ 监理单位是存在于签署建设工程施工合同的甲、乙双方之外的独立一方，在工程项目实施的过程中，监督合同的执行，体现其公正性、独立性和合法性；监理单位不直接承担工程建设中进度、造价和工程质量的经济责任和风险。

监理人员也不得在受监工程的承建单位任职，或与其合伙经营、发生经营性隶属关系，不得参与承建单位的盈利分配。

4. 监理单位与质量监督机构的区别

建设工程监理和质量监督是我国建设管理体制改革中的重大措施，是为确保工程建设的质量、提高工程建设的水平而先后推行的制度。质量监督机构在加强企业管理、促进企业质量保证体系的监理、确保工程质量、预防工程质量事故等方面起到了重要作用，两者关系密不可分。监理单位要接受政府委托的质量监督机构的监督和检查；质量监督机构对工程质量的宏观控制也有赖于监理单位的日常管理、检查等微观控制活动。监理单位在工程建设中的地位和作用，也只有通过工程中的一系列控制活动才能得到进一步加强。正确认识和了解质量监督机构和监理单位，将有助于工程项目管理工作更好地开展。

三、监理工程师的素质

建设工程监理是一种高智能的技术服务活动，这种活动的效果，不仅取决于监理队伍的总量能否满足监理业务的需要，还取决于监理人员，尤其是监理工程师的水平。

1. 监理工程师的概念和素质

监理工程师是一种岗位职务。监理工程师是指在建设工程监理工作岗位上工作，并经全国统一考试合格，又经国家注册的监理人员，它包含三层含义：

第一，他是从事建设工程监理工作的人员；

第二，已取得国家承认的监理工程师资格证书；

第三，经省、自治区、直辖市建委（建设厅）或由国务院工业、交通等部门的建设主管单位核准注册，取得了监理工程师岗位证书。

虽然从事建设工程监理工作，但尚未取得监理工程师岗位证书的人员统称为监理员。在工作中，监理员与监理工程师的区别主要在于监理工程师具有相应岗位责任的签字权，监理员没有相应岗位责任的签字权。

监理单位的职责是受工程项目建设单位的委托对工程建设进行监督和管理。具体从事监理工作的监理人员，不仅要有较强的专业技术能力和较高的政策水平，能够对工程建设进行监督管理，提出指导性的意见，而且要能够组织、协调与工程建设有关的各方共同完成工程建设任务。就是说，监理人员既要具备一定的工程技术或工程经济方面的专业知识，还要有一定的组织协调能力。就专业知识而言，监理人员既要精通某一专业，又要具备一些其他专业的知识。因此，监理工程师是一种复合型人才。对这种高素质复合型人才的要求，主要体现在以下几个方面。

1）具有良好的专业背景和多学科专业知识

现代工程建设采用的工艺越来越先进，材料、设备越来越新颖，而且规模大、应用技术门类多，因而需要组织多专业、多工种人员，形成分工协作的群体。在监理工作中，监理工程师不仅要担负一般的组织管理工作，而且要指导参加工程建设的各方搞好工作。所以，监理工程师不具备上述理论知识就难以胜任监理岗位的工作。

工程建设涉及的学科很多，其中主要学科就有十余种。作为一名监理工程师，不可能学习和掌握这么多的专业理论知识。但是，起码应学习、掌握一种专业理论知识。没有专业理论知识的人员决不能担任监理工程师。监理工程师还应了解或掌握更多的专业理论知识。不论监理工程师已掌握哪一门专业理论知识，都必须学习、掌握一定的工程建设经济、法律和组织管理等方面的理论知识，从而做到一专多能，成为工程建设中的复合型人才。

2）要有丰富的工程建设实践经验

工程建设实践经验就是理论知识在工程建设中应用后获得的经验。一般来说，一个人从事工程建设工作的时间越长，经验就越丰富；反之，经验则不足。不少研究指出，工程建设中出现的失误，往往与经验不足有关。当然，若不从实际出发，单凭以往的经验，也难以取得预期的效果。

因此，要求监理工程师必须具有丰富的实践经验。为此，只有在取得中级技术职称后，再有三年的工作实践，才可以参加监理工程师的资格考试。

3）要有良好的品德和健康的体魄、充沛的精力

监理工程师的良好品德主要体现在以下几个方面：热爱祖国、热爱人民、热爱建设事业；具有科学的工作态度；廉洁奉公、为人正直、办事公道；能听取不同意见，而且有良好的包容性。

尽管建设工程监理是一种高智能的技术服务，以脑力劳动为主，但是，也必须有健康的身体和充沛的精力，才能胜任繁忙、严谨的监理工作。在工程建设施工阶段，由于是露天作业，工作条件比较艰苦，加之工期紧迫、业务繁忙，因此更需要有健康的身体，否则，就会难以胜任工作。因此，规定满65周岁的监理工程师不能再注册。

2. 监理工程师的职业道德与纪律

建设工程监理是建设领域中一项高尚的工作。为了确保建设工程监理事业的健康发展，对监理工程师的职业道德和工作纪律都有严格的要求，在有关法规里也做了具体的规定。

1）职业道德

维护国家的荣誉和利益，按照“守法、诚信、公正、科学”的准则执业；执行有关工程建设的法律、法规、规范、标准和制度，履行监理合同规定的义务和职责；努力学习专业技术和建设工程监理知识，不断提高业务能力和监理工作水平；不以个人名义承揽监理业务；不同时在两个或两个以上的监理单位注册和从事监理活动，不在政府部门和施工、材料设备的生产供应等单位兼职，不得为所监理项目指定承建商、建筑构配件、设备、材料和施工方法；不收取被监理单位的任何礼金；不泄露所监理工程各方认为需要保密的事项；坚持独立自主地开展工作。

2）工作纪律

遵守国家的法律和政府的有关条例、规定和办法等；认真履行建设工程监理合同中所承诺的义务和承担约定的责任；坚持公正的立场，公平地处理有关各方的争议；坚持科学的态度和实事求是的原则；坚持按监理合同的规定，在向业主提供技术服务的同时，帮助被监理者完成其担负的建设任务；不以个人的名义在报刊上刊登承揽监理业务的广告；不得损害他人名誉；不泄露所监理的工程需要保密的事项；不在任何承建商或材料设备供应商处兼职；不擅自接受业主额外的津贴，也不接受被监理单位的任何津贴，不接受可能导致判断不公的报酬。

当监理工程师违背职业道德或违反工作纪律时，由政府执法部门没收其非法所得，收缴或吊销其监理工程师岗位证书并处以罚款。情节严重者，追究其刑事责任。

任务4 建设工程招标投标

一、概述

1. 建设工程招标投标的概念

工程招标，是指项目建设单位（业主）将建设项目的内容和要求以文件形式标明，招引项目承包单位（承包商）来报价（投标），经比较，选择理想承包单位并达成协议的活动。对于业主来说，招标就是择优。由于工程的性质和业主的评价标准不同，择优可能有不同的侧重面，但一般包含如下四个主要方面：较低的价格、先进的技术、优良的质量和较短的工期。业主通过招标，从众多的投标者中进行评选，既要从侧重面进行衡量，又要综合考虑上述四个方面的因素，最后确定中标者。

工程投标，是指承包商向招标单位提出承包该工程项目的价格和条件，供招标单位选择以获得承包权的活动。对于承包商来说，参加投标就如同参加一场赛事竞争，关系到企业的兴衰存亡。这场竞争不仅要比报价的高低，而且要比技术、经验、实力和信誉。特别是当前国际承包市场上，工程越来越多的是技术密集型项目，势必给承包商带来两方面的挑战：一方面是技术上的挑战，要求承包商具有先进的科学技术，能够完成高、新、尖、难工程；另一方面是管理上的挑战，要求承包商具有现代先进的组织管理水平，能够以较低价中标，靠管理和索赔获利。

招标投标的适用范围包括工程项目的前期阶段（可行性研究、项目评估等），以及建设阶段的勘测设计、工程施工、技术培训、试生产等各阶段的工作。由于这两个阶段的工作性质有很大差异，实际工作中往往分别进行招标投标，也有实行全过程招标投标的。

2. 建设工程招标投标的分类

1）按工程建设程序分类

建设工程招标投标按工程建设程序不同可分为建设项目可行性研究招标投标；工程勘察设计招标投标；材料、设备采购招标投标；施工招标投标。

2）按行业和专业分类

建设工程招标投标按行业和专业不同可分为工程勘察设计招标投标；设备安装招标投标；土建施工招标投标；建筑装饰、装修施工招标投标；工程咨询和建设监理招标投标；货物采购招标投标。

3）按建设项目的组成分类

建设工程招标投标按建设项目的组成不同可分为建设项目招标投标；单项工程招标投标；单位工程招标投标；分部分项工程招标投标。

4）按工程发包、承包的范围分类

建设工程招标投标按工程发包、承包的范围不同可分为工程总承包招标投标；工程分承包招标投标；工程专项承包招标投标。

5）按工程是否有涉外因素分类

建设工程招标投标按工程是否有涉外因素可分为国内工程招标投标和国际工程招标投标。

3. 建设工程招标投标的特征和意义

建设工程招标投标有平等性、竞争性和开放性三大特征。实行建设项目的招标投标是我国建筑市场趋向规范化、完善化的重要举措，对于择优选择承包单位、全面降低工程造价，进而使工程造价得到合理有效的控制，具有十分重要的意义。具体表现在以下几个方面。

1）形成了由市场定价的价格机制

实行建设项目的招标投标基本形成了由市场定价的价格机制，使工程价格趋于合理。其最明显的表现是若干投标人之间出现激烈竞争（即相互竞标），这种市场竞争最直接、最集中的表现就是在价格上的竞争。通过竞争确定工程价格，使其趋于合理或下降，这将有利于节约投资、提高投资效益。

2）不断降低社会平均劳动消耗水平

实行建设项目的招标投标能够不断降低社会平均劳动消耗水平，使工程价格得到有效控制。在建筑市场中，不同投标者的个别劳动消耗水平是有差别的。通过推行招标投标，最终是那些个别劳动消耗水平最低或接近最低的投标者获胜，这样便实现了生产力资源较优配置，也对不同投标者实行了优胜劣汰。面对激烈竞争的压力，为了自身的生存与发展，每个投标者都必须切实在降低自己的个别劳动消耗水平上下功夫，这样将逐步而全面地降低社会平均劳动消耗水平，使工程价格更为合理。

3）工程价格更加符合价值基础

实行建设项目的招标投标便于供求双方更好地相互选择，使工程价格更加符合价值规律，进而更好地控制工程造价。由于供求双方各自的出发点不同，存在利益矛盾，因而单纯采用“一对一”的选择方式，成功的可能性较小。采用招标投标方式就为供求双方在较大范围内进行相互选择创造了条件，为需求者（如建设单位、业主）与供给者（如勘察设计单位、施工企业）在最佳点上结合提供了可能。需求者对供给者的选择（即建设单位、业主对勘察设计单位和施工单位的选择）的基本出发点是“择优选择”，即选择那些报价较低、工期较短、具有良好业绩和管理水平的供给者，这样即为合理控制工程造价奠定了基础。

4）贯彻公开、公平、公正的原则

实行建设项目的招标投标有利于规范价格行为，使公开、公平、公正的原则得以贯彻。我国招标投标活动有特定的机构进行管理，有严格的程序必须遵循，有高素质的专家支持系统、工程技术人员的群体评估与决策，能够避免盲目、过度的竞争和营私舞弊现象的发生，对建筑领域中的腐败现象也是强有力的遏制，使价格形成过程变得透明而较为规范。

5）能够减少交易费用

实行建设项目的招标投标能够减少交易费用，节省人力、物力、财力，进而使工程造价有所降低。我国目前从招标、投标、开标、评标直至定标，均在统一的建筑市场中进行，并有较完善的法律、法规规定，已进入制度化操作阶段。招标投标中，若干投标人在同一时间、地点报价竞争，在专家支持系统的评估下，以群体决策方式确定中标者，必然减少交易过程的费用，这本身就意味着招标人收益的增加，对工程造价必然产生积极的影响。

建设项目招标投标活动包含的内容十分广泛，包括建设项目强制招标的范围、建设项目招标的种类与方式、建设项目招标的程序、建设项目招标投标文件的编制、标底编制与审查、投标报价以及开标、评标、定标等。所有这些环节的工作均应按照国家有关法律、法规规定认真执行并落实。

4. 建设工程招标投标的基本原则

建设工程招标投标活动的基本原则，即进行建设工程招标投标活动的普遍的指导思想和准则。我国建设工程招标投标活动应当遵循的基本原则主要有：

① 合法、正当原则。

② 统一、开放原则。

③ 公开、公正、平等竞争原则。

④ 诚实信用原则。

⑤ 自愿、有偿原则。

⑥ 实效、择优原则。

⑦ 招标投标权益不受侵犯原则。

二、工程项目招标

1999 年 8 月 30 日，第九届全国人大常委会第十一次会议审议通过了《中华人民共和国招标投标法》，并于2000年1月1日起实施。凡是在中国境内进行的工程项目招标投标活动，不论招标主体的性质、招标投标的资金性质、招标投标项目的性质如何，都要执行《中华人民共和国招标投标法》的有关规定。

1. 工程项目招标的范围

1）强制执行招标的范围

（1）必须进行招标的工程建设项目

《中华人民共和国招标投标法》（以下简称《招投标法》）规定，凡在中华人民共和国境内进行下列工程建设项目，包括项目的勘察、设计、施工、监理以及与工程建设有关的重要设备、材料等的采购，必须进行招标。

① 基础设施、公用事业等关系社会公共利益、公共安全的项目。

② 全部或者部分使用国有资金投资或国家融资的项目。

③ 使用国际组织或者外国政府贷款、援助资金的项目。

（2）进行招标的工程建设项目的具体要求

依据《招投标法》的规定，2000年5月1日国家发展计划委员会发布了《工程建设项目招标范围和规模标准规定》，对必须招标的工程建设项目的具体范围和规模作出了进一步细化的规定。

必须依法采用招标的项目，并不仅限于《招投标法》所列项目，《招投标法》规定以外的属于政府采购范围内的其他大额采购，也应纳入强制招标的范围，详见《中华人民共和国政府采购法》。

2）可以不进行招标的建设项目范围

①《招投标法》规定：涉及国家安全、国家机密、抢险救灾或者属于利用扶贫资金实行以工代赈、需要使用农民工等特殊情况，不适宜进行招标的项目，按照国家有关规定可以不进行招标。

② 建设项目的勘察、设计，采用特定专利或者专有技术的，或者其建筑艺术造型有特殊要求的，经项目主管部门批准，可以不进行招标。

由于中国幅员辽阔，各地情况各异，为了适应当地的建设实际情况，我国允许各地区自行确定本地区招标项目的具体范围和规模，但不得缩小国家发展计划委员会所确定的必须招标的范围。在此范围以外的项目，建设单位本着自愿的原则，决定是否招标，但建设行政主管部门不得拒绝其招标要求。

2. 工程项目招标的条件

招标项目按照规定应具备以下两个基本条件。

① 项目审批手续已履行。

② 项目资金来源已落实。

3. 工程项目招标的方式

工程项目招标的方式在国际上通行的为公开招标、邀请招标和议标，但《中华人民共和国招标投标法》未将议标作为法定的招标方式，即法律所规定的强制招标项目不允许采用议标方式，主要因为我国国情与建筑市场的现状条件，不宜采用议标方式，但法律并不排除议标方式。

1）公开招标

公开招标是指招标人以招标公告的方式邀请不特定的法人或者其他组织投标。公开招标又称无限竞争性招标，是招标人按照法定程序，在公共媒体上发布招标公告，所有符合条件的供应商或者承包商都可以平等参加投标竞争，招标人从中择优选择中标单位的招标方式。

2）邀请招标

邀请招标是指招标人用投标邀请书的方式邀请特定的法人或者其他组织投标。邀请招标又称有限竞争性招标，是一种由招标人选择若干符合招标条件的供应商或承包商，向其发出招标邀请，被邀请的供应商、承包商投标竞争，招标人从中选定中标单位的招标方式。

3）议标

议标（又称协议招标、协商议标）是一种以议标文件或拟议的合同草案为基础，直接通过谈判方式，分别与若干家承包商进行协商，选择自己满意的一家，签订承包合同的招标方式。议标通常适用于涉及国家安全的工程或军事保密的工程，或紧急抢险救灾工程及小型工程。

4. 施工招标程序

从招标人的角度看，依法必须进行施工招标的工程，一般遵循下列程序。

① 成立招标组织，由招标人自行招标或委托招标

② 办理招标备案手续，申报招标的有关文件

③ 发布招标公告或者发出投标邀请书。

④ 对投标资格进行审查。

⑤ 分发招标文件和有关资料，收取投标保证金。

⑥ 组织投标人踏勘现场，对招标文件进行答疑。

⑦ 成立评标组织，召开开标会议（实行资格后审的还要进行资格审查）。

⑧ 审查投标文件，澄清投标文件中不清楚的问题，组织评标。

⑨ 择优定标，发出中标通知书。

⑩ 将合同草案报送审查，签订合同。

三、工程项目投标

1. 投标的组织

投标过程竞争十分激烈，需要专门的机构和人员对投标全过程加以组织与管理，以提高工作效率和中标的可能性。建立一个强有力的、内行的投标班子是投标获得成功的根本保证。

不同的工程项目，由于其规模、性质等不同，建设单位在择优时可能各有侧重，但一般来说建设单位主要考虑如下几个方面：较低的价格、先进的技术、优良的质量和较短的工期。因而在确定投标班子人选及制订投标方案时必须充分考虑这几个方面。

投标班子应由以下三类人才组成。

1）经营管理类人才

经营管理类人才是来自专门从事工程业务承揽工作的公司的经营部门管理人员和拟定的

项目经理。经营部门管理人员应具备一定的法律知识，掌握大量的调查和统计资料，具备分析和预测等科学手段，有较强的社会活动与公共关系能力，而项目经理应熟悉项目运行的内在规律，具有丰富的实践经验和大量的市场信息。这类人才是投标班子的核心，制定和贯彻经营方针与规划，负责工作的全面筹划和安排。

2）专业技术人才

专业技术人才主要指工程施工中的各类技术人才，诸如土木工程师、水暖工程师、专业设备工程师等各类专业技术人员。他们具有较高的学历和技术职称，掌握本学科最新的专业知识，具备较强的实际操作能力，在投标时能从本公司的实际技术水平出发，确定各项专业实施方案。

3）商务金融类人才

商务金融类人才指从事预算、财务和商务等方面工作的人才，他们具有概预算、材料及设备采购、财务会计、金融、保险和税务等方面的专业知识，投标报价主要由这类人才进行具体编制。

另外，在参加涉外工程投标时，还应配备懂得专业和合同管理的翻译人员。

2. 投标的程序

投标工作过程应与招标程序相配合、相适应。《招投标法》中有严格的规定，将这些规定与实际工作相结合，可知主要的投标工作流程。

从投标人的角度看，投标的一般程序，主要包括以下几个环节：

① 向招标人申报资格审查，提供有关文件资料。

② 购领招标文件和有关资料，缴纳投标保证金。

③ 组织投标班子，委托投标代理人。

④ 参加现场踏勘和投标预备会。

⑤ 编制、递送投标书。

⑥ 接受评标组织就投标文件中不清楚的问题进行的询问，举行澄清会谈。

⑦ 接受中标通知书，签订合同，提供履约担保，分送合同副本。

1. 建设法规立法的基本原则主要有哪些？

2. 我国建设法规的调节对象有哪些？

3. 工程项目管理的程序包括哪些？

4. 工程项目管理的任务有哪些？

5. 建设工程监理的工作制度是什么？

6. 工程项目招标的范围中，强制执行招标的范围包括哪些？

7. 从投标人的角度看，建设工程投标的一般程序主要包括哪几个环节？

参考文献

[1] 董海荣.房屋建筑学[M].北京:北京大学出版社,2014.
[2] 刘光忱,刘志杰.土木建筑工程概论[M].3版.大连:大连理工大学出版社,2008.
[3] 王崇杰,崔艳秋.建筑设计基础[M].北京:中国建筑工业出版社,2002.
[4] 郭呈周,焦志鹏.建筑概论[M].哈尔滨:哈尔滨工业大学出版社,2009.
[5] 钱坤,吴歌.建筑概论[M].2版.北京:北京大学出版社,2010.
[6] 王鳌杰,苏洁.建筑概论[M].陕西:西北工业大学出版社,2013.
[7] 杨木旺.建筑概论[M].上海:华东师范大学出版社,2012.
[8] 李万渠,陈卫东,何江.建筑工程概论[M].郑州:黄河水利出版社,2010.
[9] 商如斌.建筑工程概论[M].天津:天津大学出版社,2010.
[10] 胡楠楠,邱星武.建筑工程概论[M].武汉:华中科技大学出版社,2016.
[11] 王新武,孙犁.建筑工程概论[M].2版.武汉:武汉理工大学出版社,2013.
[12] 李钰.建筑工程概论[M].2版.北京:中国建筑工业出版社,2014.
[13] 刘红梅.土木工程概论[M].武汉:武汉大学出版社,2012.
[14] 屈钧利,杨耀秦.土木工程概论[M].西安:西安电子科技大学出版社,2014.
[15] 中华人民共和国住房和城乡建设部.GB 50010—2010 混凝土结构设计规范[S].北京:中国建筑工业出版社,2011.
[16] 中国建筑防水材料工业协会等.GB 18242—2008 弹性体改性沥青防水卷材[S].北京:中国标准出版社,2008.
[17] 中华人民共和国住房和城乡建设部.GB 50001—2010 房屋建筑制图统一标准[S].北京:中国计划出版社,2011.
[18] 中华人民共和国住房和城乡建设部.GB/T 50103—2010 总图制图标准[S].北京:中国计划出版社,2011.
[19] 中国建筑标准设计研究院.16G101—1 混凝土结构施工图平面整体表示方法制图规则和构造详图(现浇混凝土框架、剪力墙、梁、板)[S].北京:中国计划出版社,2016.
[20] 中华人民共和国住房和城乡建设部.GB 50003—2011 砌体结构设计规范[S].北京:中国建筑工业出版社,2012.
[21] 中华人民共和国住房和城乡建设部.GB 50011—2010 建筑抗震设计规范(2016年版)[S].北京:中国建筑工业出版社,2010.
[22] 中华人民共和国住房和城乡建设部.GB 50007—2011 建筑地基基础设计规范[S].北京:中国建筑工业出版社,2012.

[23] 中华人民共和国住房和城乡建设部. GB/T 50106—2010 建筑给水排水制图标准[S]. 北京:中国建筑工业出版社,2010.

[24] 中华人民共和国住房和城乡建设部. GB 50203—2011 砌体结构工程施工质量验收规范[S]. 北京:中国建筑工业出版社,2011.

[25] 中华人民共和国住房和城乡建设部. GB 50666—2011 混凝土结构工程施工规范[S]. 北京:中国建筑工业出版社,2014.